陳繼文、楊紅娟、張進生　著

機電產品智慧化
裝配技術

崧燁文化

智　慧　製　造

前言

　　製造業是國民經濟的支柱產業和經濟增長的發動機，體現了社會生產力的發展水平，是決定國家發展水平的最基本因素之一。 全球主要經濟體已不約而同地把機械製造業的發展放在首要位置，先後提出了國家性的製造業或工業轉型升級戰略規劃布局。 以技術創新引領製造產業升級，智能化已成爲製造業高質量發展的必然趨勢。 智能製造產業的發展成爲世界各國競爭的焦點，把握智能製造將是當前各國競相推動的新一輪產業革命的關鍵。 特別是以人工智能爲代表的新一代信息技術爆發式發展，智能技術與製造技術深度融合，將重塑製造業的模式。 裝配是製造系統的重要組成環節，是產品製造全生命週期中最重要的、耗費精力和時間最多的步驟之一，在很大程度上決定了產品最終質量、製造成本和生產週期。 因此，採用先進的人工智能技術，提升產品裝配的自動化、智能化程度是新一代智能製造中急需解決的關鍵問題，具有非常重要的工程意義。

　　本書圍繞機電產品智能化裝配，重點闡述了藉助人工智能技術提升機電產品裝配規劃的能力，實現基於人工智能的機電產品智能化裝配的關鍵技術。 全書共分 8 章：第 1 章綜述了智能製造及其關鍵技術、智能化裝配及其關鍵技術；第 2 章闡述智能化裝配技術基礎，著重介紹裝配技術基礎和裝配生產線設計基礎；第 3 章論述人工智能技術基礎，主要包括知識工程、神經網絡及遺傳算法等；第 4 章闡述建立時空語義知識本體模型的原則與方法，建立產品時空語義知識模型，系統地研究面向裝配序列規劃的時空語義知識獲取，建立產品時空語義知識系統，實現了基於 Solid-Works 和 CATIA 的產品時空語義知識提取；第 5 章研究基於知識檢索與規則推理的裝配規劃，主要包括系統框架設計、基於本體檢索與推理的裝配規劃、裝配規劃的評價及篩選及其在直線電動機裝配中的應用；第 6 章建立面向裝配規劃的裝配模型，進行基於神經網絡的裝配規劃與仿真；第 7 章闡述生產調度理論，研究重卡裝

配生產線設計與調度，建立重卡柔性裝配生產線數學模型並進行優化；第 8 章進行重卡裝配生產線的數據採集與處理，進行基於遺傳算法的重卡裝配生產線調度優化仿真及裝配車間的 3D 仿真。

本書由陳繼文、楊紅娟、張進生著，崔嘉嘉、呂洋、王琛、王凱、尹國運、周金林等的研究成果爲本書的形成做出了貢獻。

鑒於著者學術水平有限，一些學術觀點的不妥之處懇請專家、學者指正。 書中文法的欠妥之處，懇請讀者指正。

著者

目録

95 第 4 章　面向裝配序列智能規劃的時空語義知識建模與獲取

202　第 8 章　裝配生產線調度仿真

230　參考文獻

第1章

智能製造及
智能化裝配

1. 智能製造及其關鍵技術

1.1.1 智能製造的背景與意義

　　製造業是國民經濟的支柱產業和經濟增長的發動機，體現了社會生產力的發展水平，是決定國家發展水平的最基本因素之一。中國工業增加值占 GDP 比重一直維持在 40% 以上，中國經濟崛起中最重要的因素就是製造業騰飛。同期，美、日、德三強的工業增加值占比均超過 20%，以製造業為核心的工業仍然是國民經濟的壓艙石。在國際競爭日益激烈的今天，沒有強大的製造業就不可能實現生產力的跨越式發展。製造業是高新技術產業化的載體和技術創新的主戰場。核技術、空間技術、信息技術、生物技術等都是通過製造業的發展轉化為規模生產力的，進而產生了諸如核電站、人造衛星、航天飛機、大規模集成電路、科學儀器、智能機器人、生物反應器、醫療儀器等，形成了製造業中的高新技術產業。全球主要經濟體已不約而同地把機械製造業的發展放在首要位置，先後提出了國家性的製造業或工業轉型升級戰略規劃布局，如美國的「先進製造業國家戰略計劃」、德國的「工業 4.0」、日本的「智能製造系統 IMS」、歐盟的「IMS 2020 計劃」、中國的「中國製造 2025」以及英國的「工業 2050 戰略」等。中國已成為世界製造業大國，在核電、航天、高鐵、信息通信等領域具有全球競爭力。然而，中國中高端製造業增長面臨的考驗、製造業提質升級的任務、落實製造業高質量發展的需求，都對先進製造業提出了新的要求。

　　以技術創新引領製造產業升級，智能化已成為製造業高質量發展的必然趨勢。智能製造產業的發展成為世界各國競爭的焦點，把握智能製造將是當前各國競相推動的新一輪產業革命的關鍵。美國、英國的「再工業化」，重視發展高技術的製造業；德國、日本竭力保持在智能製造產品領域的優勢。當前各國製造業轉型升級的戰略規劃側重有所不同，美國意在通過工業互聯網實現數據與信息的獲取、建模、應用、分析，德國側重物理網絡系統（CPS）的應用和生產新業態，中國則強調工業化和信息化深度融合。信息化與工業化的融合，使得自感知、自診斷、自優化、自決策、自執行的高度柔性生產方式成為可能。特別是以人工智能為代表的新一代信息技術爆發式發展，智能技術與製造技術深度融合，

將重塑製造業的模式，爲實體經濟「增質」「增效」。發展智能製造既符合中國製造業發展的內在要求，也是重塑中國製造業新優勢和實現製造業轉型升級的新方向、新趨勢。

1.1.2 智能製造的概念

智能製造（intelligent manufacturing，IM）在 20 世紀 80 年代由美國 Purdue 大學智能製造國家工程中心（IMS-ERC）提出並實施。該中心以研究人工智能在製造領域的應用爲出發點，開發了面向製造過程中特定環節、特定問題的智能單元，包括智能設計，智能工藝過程編制，生產過程的智能調度，智能檢測、診斷及補償，加工過程的智能控制，智能質量控制等 40 多個製造智能化單元系統。在 IM 領域，最具代表的爲日本在 1993 年 2 月正式實施的「智能製造系統 IMS」國際合作研究計劃，美國、歐洲共同體、加拿大、澳大利亞等參加了該項計劃。該計劃共計劃投資 10 億美元，把日本工廠和車間的專業技術與歐洲共同體的精密工程技術、美國的系統技術充分地結合起來，開發出能使人和智能設備都不受生產操作和國界限制且彼此合作的高技術生產系統，對 100 個項目實施前期科研計劃。中國國家自然科學基金重點項目「智能製造技術基礎的研究」在 1994 年正式實施，由華中理工大學、南京航空航天大學、西安交通大學和清華大學共同承擔，研究內容爲 IM 基礎理論、智能化單元技術（如智能設計、智能工藝規劃、智能製造、智能數控技術、智能質量保證等）、智能機器（如智能機器人、智能加工中心）等。

智能製造是人工智能技術和製造技術結合的產物。有關智能製造的概念在中國機械工程學會 2011 年制定的《中國機械工程技術路線圖》中指出：智能製造是研究製造活動中的信息感知與分析、知識表達與學習、智能決策與執行的一門綜合交叉技術。科技部於 2012 年組織編制的《智能製造科技發展「十二五」專項規劃》中指出：智能製造是面向產品全生命週期，實現泛在感知條件下的信息化製造。科普中國·科學百科指出：智能製造是一種由智能機器和人類專家共同組成的人機一體化智能系統，它在製造過程中能進行智能活動，諸如分析、推理、判斷、構思和決策等。李培根院士從智能製造的本質特徵出發，給出一個智能製造的普適定義：「面向產品的全生命週期，以新一代信息技術爲基礎，以製造系統爲載體，在其關鍵環節或過程，具有一定自主性的感知、學習、分析、決策、通信與協調控制能力，能動態地適應製造環境的變化，從而實現某些優化目標」。譚建榮院士指出：「智能製造是智能技術與製造

技術的融合，用智能技術解決製造的問題，是指對產品全生命週期中設計、加工、裝配等環節的製造活動進行知識表達與學習、信息感知與分析、智能決策與執行，實現製造過程、製造系統與製造裝備的知識推理、動態傳感與自主決策。」由上可知，智能製造涉及產品全生命週期中各環節的製造活動，包括智能設計、智能加工、智能裝配三大關鍵環節。由知識庫/知識工程、動態傳感與自主決策，構成了智能製造的三大核心。在製造過程的各個環節幾乎都廣泛應用人工智能技術。專家系統技術可以用於工程設計、工藝過程設計、生產調度和故障診斷等。也可以將神經網絡和模糊控制技術等先進的計算機智能方法應用於產品裝配、生產調度等，實現製造過程智能化。

智能製造包含智能製造技術（IMT）和智能製造系統（IMS）。智能製造技術藉助人工智能實現製造過程的自感知、自診斷、自適應、自學習，從而實現製造的自動化和智能化。智能製造技術利用計算機模擬製造業領域專家的分析、判斷、推理、構思和決策等智能活動，並將這些智能活動與智能機器有機融合起來，將其貫穿應用於整個製造企業的各個子系統（如產品設計、生產計劃、製造、裝配、質量保證等），以實現製造的高度柔性化和集成化，從而取代或延伸製造業領域專家的部分腦力勞動，並對製造業領域專家的智能信息進行收集、存儲、完善、共享、繼承和發展，是一種極大提高生產效率的先進製造技術。智能製造技術包括數字化、信息化、自動化、網絡化、智能化等智能製造共性基礎技術和智能設計、智能加工和裝配、智能服務、智能管理等集成應用技術。智能製造系統是指基於 IMT 的、面向生產組織和業務過程的，並在製造活動中表現出相當的智能行爲的、高度自主可控的智能平臺。利用計算機綜合應用人工智能技術（如知識工程、深度學習、人工神經網絡等）、智能製造機器、信息技術、自動化技術、系統工程理論與方法，使製造系統的各個子系統分別智能化，形成網絡集成的、高度自動化的一種製造系統。按照不同行業產品自身的特點以及覆蓋的任務、流程與職能，可分爲智能單元、智能生產線、智能車間、智能工廠、智能製造聯盟等層次。智能製造系統不僅能夠在實踐中不斷充實知識庫，還具有自學習功能，還有收集與理解環境信息和自身信息，並進行分析判斷和規劃自身行爲的能力。

隨著新一代信息技術呈現爆發式增長，新一代人工智能技術實現了戰略性突破，新一代人工智能技術與先進製造技術深度融合，形成了新一代智能製造技術，成爲新一輪工業革命的主要驅動力與核心技術。中國工程院周濟院士指出：新一代智能製造系統最本質的特徵是其信息系

統增加了認知和學習的功能，人將部分認知與學習型的腦力勞動轉移給信息系統，人和信息系統的關係發生了根本性的變化，即從「授之以魚」發展到「授之以漁」。信息系統不僅具有強大感知、計算分析與控制能力，還具有學習提升、產生知識的能力。新一代智能製造形成了自我學習、自我感知、自適應和自我控制，實現了精確建模和複雜系統的實時優化和決策。新一代智能製造是一個大系統，主要由智能產品、智能生產、智能服務三大功能系統以及智能製造雲和工業智聯網兩大支撐系統集合而成，如圖１１所示。

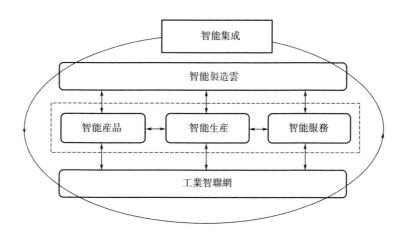

圖 1-1　新一代智能製造的系統整合

　　智能產品是主體，新一代人工智能和新一代智能製造將給產品與製造裝備創新帶來無限空間，使產品與製造裝備產生革命性變化，從「數字一代」整體躍升至「智能一代」；智能生產是主線，智能生產線、智能車間、智能工廠是智能生產的主要載體，實現優質、高效產品製造；以智能服務為核心的產業模式變革是主題，在智能時代，市場、銷售、供應、運營維護等產品全生命週期服務，均因物聯網、大數據、人工智能等新技術而被賦予全新的內容。同時，隨著新一代通信技術、網絡技術、雲技術和人工智能技術的發展和應用，智能製造雲和工業智聯網將實現質的飛躍，為新一代智能製造生產力和生產方式變革提供發展的空間和可靠的保障。

1.1.3　智能製造的特徵

　　智能製造通過工業自動化與製造技術的融合，大幅度優化提高生產效率和質量。智能製造技術的發展經歷了如下 3 個主要階段。

　　(1) 第一階段——車間、企業集成

　　在這一階段，典型的製造車間使用信息技術、傳感器、智能電機、計算機控制、生產管理軟件等來管理每個特定階段或生產過程的操作。智能製造將工廠企業互連，使整個工廠共享數據。機器收集的數據和人類智慧相互融合，協調製造生產的各個階段，推進車間級優化和生產效率的提高。

　　(2) 第二階段——從車間優化到製造智能

　　這一階段應用高性能計算平臺（雲計算）連接各個工廠和企業，進行建模、仿真和數據集成，可以在整個工廠內建立更高水平的製造智能，實現生產節拍變化、柔性製造、最佳生產速度和更快產品定製。企業可以開發先進的模型並模擬生產流程，改善當前和未來的業務流程。

　　(3) 第三階段——從製造智能到智能服務

　　這一階段將廣泛應用信息技術來改變商業模式。靈活可重構工廠和工廠最優化供應鏈將改變生產過程，激勵製造過程和產品創新。信息化與自動化廠商的界限變得越來越模糊；在滿足零件的強度要求前提下，通過將增材製造與拓撲優化等技術相結合，可以製造出內空的零件，其重量甚至可以減少 70%；物聯網技術在實現設備數據採集的基礎上，可以進行分析與優化，並與應用軟件集成，例如某臺設備出現故障時車間排產軟件自動不排該設備。

　　通過將人工智能技術與先進製造技術深度融合，並應用於各個製造子系統，實現製造過程的智能感知、智能推理、智能決策和智能控制，可顯著提高整個製造系統的自動化和柔性化程度。在智能製造技術基礎上構建智能製造系統，「信息深度自感知」「智慧優化自決策」與「精準控制自執行」是智能製造系統的重要特徵。

　　① 信息深度自感知系統　智能製造系統中的製造裝備具有對自身狀態與環境的感知能力。對製造車間人員、設備、工裝、物料、刀具、量具等多類製造要素進行全面感知，完成製造過程中的物與物、物與人及人與人之間的廣泛關聯。針對要採集的多源製造數據，通過配置各類傳感器和無線網絡，實現物理製造資源的互聯、互感，從而確保製造過程

多源信息的實時、精確和可靠獲取，智能製造系統的感知互聯覆蓋全部製造資源以及製造活動全過程。信息深度自感知是進行一切決策活動和控制行爲的來源和依據，通過對自身工況的實時感知分析，支撐智能分析和決策，是實現智能製造的基礎。

② 智慧優化自決策　智能製造系統具有基於感知收集信息進行分析判斷和決策的能力。智能製造系統是一種由智能機器和人類專家共同組成的人機一體化系統，其「製造資源」具有不同程度的感知、分析與決策功能，能夠擁有或擴展人類智能，使人與物共同組成決策主體，促使信息物理融合系統實現更深層次的人機交互與融合。將製造過程中海量、多源、異構、分散的車間現場數據轉化爲可用於製造過程的自主決策，收集與理解製造環境信息和製造系統本身的信息，根據感知的信息自適應地調整組織結構和運行模式，分析判斷和規劃自身行爲，使系統性能和效率始終處於最優狀態。基於對運行數據的實時監控，自動進行故障診斷和預測，實現故障的智能排除與修復。強大的知識庫是智能決策能力的重要支撐。智能製造不僅利用現有的知識庫指導製造行爲，同時具有自學習功能，基於製造運行數據或用戶使用數據進行數據分析與挖掘，通過學習不斷地充實並完善製造知識庫。將製造過程感知技術獲得的各類製造數據，轉化爲可用於精準執行的可視化製造信息，對製造過程的精準控制起著決定性的作用。

③ 精準控制自執行　智能製造系統具有基於智慧優化自決策信息進行精準控制執行的能力。製造活動的精準執行是實現智能製造的最終落腳點，車間製造資源的互聯感知、海量製造數據的實時採集分析、製造過程中的自主決策都是爲實現智能執行服務的。數字化、自動化、柔性化的智能加工設備、測試設備、裝夾設備、儲運設備是製造執行的基礎條件和設施，通過傳感器、RFID 等獲取的製造過程實時數據是製造精準執行的來源和依據，設備運行的監測控制、製造過程的調度優化、生產物料的準確配送、產品質量的實時檢測等是製造的表現形式。製造過程的精準執行是使製造過程以及製造系統處於最優效能狀態的保障，也是實現智能製造的重要體現。

1.1.4　智能製造的關鍵技術

結合信息化與製造業在不同階段的融合特徵，可以總結歸納出智能製造的三個基本範式：數字化製造、數字化網絡化製造、數字化網絡化智能化製造（即新一代智能製造）。這三個基本範式既體現著先進信息技

術與先進製造技術融合發展的階段性特徵，又體現著智能製造發展的融合性特徵。在「並行推進」不同基本式過程中，各個企業根據自身發展的實際需要，充分運用成熟的先進信息技術和先進製造技術，實現向更高智能製造水平的邁進。從數字製造到智能製造的發展模式可以分為以下三大類。

① 在通過數字製造實現數字工廠的基礎上，實現智能工廠，進而實現智能製造。在通過數字製造實現數字工廠的基礎上，基於物聯網和服務互聯網加強產品製造過程的信息管理和服務，提高生產過程的可控性，並利用大數據、雲計算等技術實現加工與裝配過程的智能管理與決策，實現智能工廠與智能製造。具備較好數字製造基礎和較強信息集成能力的大型企業集團，適合採用從數字工廠到智能工廠的發展途徑。

② 數字製造與智能製造並舉，實現信息化、數字化，並且實現實時傳感、知識推理、智能控制，進而實現智能製造。數字製造與智能製造並舉，在利用數字製造先進技術的發展和應用推廣來實現製造信息化和數字化的同時，發展和應用智能製造技術以實現製造裝備的實時傳感、知識推理、智能控制、自主決策。數控機床等基礎製造裝備行業，超精密加工、難加工材料加工、巨型零件加工、高能束加工、化學拋光加工等所需特種製造裝備行業，適合採用數字製造與智能製造並舉的發展途徑。

③ 在單元技術、單元工藝、單元加工實現數字化的基礎上，實現單元製造智能化，一個單元、一個單元逐步實現整機智能化製造，進而實現企業智能製造。對於結構複雜、超大型尺寸產品的製造行業（如大型艦船、大型商用飛機等），產品製造單元數量眾多，且需分佈式協同製造，適合採用將製造單元逐個智能化的途徑以實現整機的智能製造。

智能製造的實現可以分為三個不同的層面，即製造對象或產品的智能化、製造過程的智能化、製造工具的智能化。基於從數字製造到智能製造的三大發展模式，從數字製造到智能製造的實現途徑如下。

① 從智能設計到智能加工、智能裝配、智能管理、智能服務，實現製造過程各環節的智能化，進而實現智能製造，如圖 1-2 所示。

② 通過機器人生產線作業智能化，實現製造過程物質流、信息流、能量流的智能化。利用機器手、自動化控制設備或自動生產線推動技術向機械化、自動化、集成化、生態化、智能化發展，實現製造過程物質流、信息流、能量流的智能化。

③ 通過機器人的應用、推廣，提高機器人的智能性，使機器人不僅能夠替代人的體力勞動，而且能夠替代人的部分腦力勞動。在工業機器人核心技術與關鍵零部件自主研製取得突破性進展的基礎上，提高工業機器人的智能化水平，實現高層次的智能機器人。

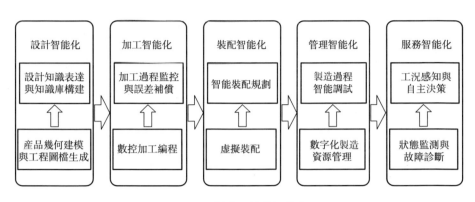

圖 1-2　製造環節的智能化

智能製造是人工智能技術與先進製造技術不斷融合、發展和應用的結果。數據挖掘、機器學習、專家系統神經網絡、計算機視覺、物聯網、雲計算等智能方法與產品設計、產品加工、產品裝配等製造技術融合，就形成了知識表達與建模技術、知識庫構建與檢索技術、異構知識傳遞與共享技術、實時定位技術、無線傳感技術、動態導航技術、自主推理技術、自主補償技術、自主預警技術等各種形式的智能製造技術。

1.2　智能化裝配及其關鍵技術

1.2.1　智能化裝配

裝配是製造系統的重要組成環節，各種零部件（包括自製的、外購的和外協的）必須經過正確的裝配，才能形成最終產品。裝配是產品製造全生命週期中最重要的、耗費精力和時間最多的步驟之一，在很大程度上決定了產品最終質量、製造成本和生產週期。據統計，裝配工作量占整個產品研製工作量的 20％～70％，平均爲 45％，裝配過程約占產品生產製造總工時的 50％，裝配相關的費用占產品生產製造成本的 25％～

35％。裝配成爲智能製造系統的薄弱環節，產品的可裝配性和裝配質量直接影響著產品的性能、製造系統的生產效率和產品的總成本。《機械工程學科發展戰略報告（2011—2020）》指出，「產品整機裝配性能的保障正在由最初的設計加工環節逐漸向裝配環節轉移，相關研究得到了世界各國的廣泛關注」。因此，採用先進的裝配技術、提升產品裝配的自動化、智能化程度是新一代智能製造中急需解決的關鍵問題，具有非常重要的工程意義。

裝配就是將各種零部件或總成按規定的技術條件和質量要求連接組合成完整產品的生產過程，也可稱爲「使各種零部件或總成具有規定的相互位置關係的工藝過程」。產品裝配技術是指機械製造中各種裝配方法、裝配工藝及裝備的技術總稱。北京理工大學劉檢華教授指出：「當前產品裝配技術主要包括面向裝配的設計、裝配工藝設計與仿真、裝配工藝裝備、裝配測量與檢測、裝配車間管理等研究方向，其中設計是主導、工藝是基礎、裝備是工具、檢測是保障、管理是手段。設計是主導：產品的可裝配性和裝配性能主要是由產品的結構決定的，設計時應在結構上保障裝配的可能，採用的結構措施應方便裝配，以減少裝配工作量，提高裝配質量。工藝是基礎：工藝是指導產品裝配的主要技術文件，裝配工藝設計質量直接影響著產品裝配的可裝配性、操作難度、操作時間、工夾具數目和勞動強度等。裝備是工具：工藝裝備是實現自動化、智能化裝配的重要支撐工具。檢測是保障：測量與檢測是裝配質量的直接保障手段。管理是手段：科學的車間管理是提高裝配效率和質量的重要手段。」

智能化裝配是智能製造的重要組成部分，是將人工智能技術應用於產品裝配中面向裝配的產品設計、裝配工藝設計與仿真、裝配工藝裝備、裝配測量與檢測、裝配車間管理等環節，通過知識表達與學習、信息感知與分析、智能決策與執行，實現產品裝配過程的智能感知、智能推理、智能決策，可顯著提高裝配的自動化、智能化程度。主要包括面向智能化裝配的產品設計、智能化裝配工藝設計與仿真、智能化裝配工藝裝備、智能化裝配測量與檢測、智能化裝配車間管理等研究內容。

（1）面向智能化裝配的產品設計

基於裝配知識的模型設計，使產品設計過程和裝配工藝設計過程有機融合；面向裝配，基於知識的產品設計、工藝設計和工裝設計的一體化三維設計技術，開展產品的功能性能仿真分析與優化，保證產品的功能性能滿足用戶要求。

（2）智能化裝配工藝設計與仿真

在智能化裝配工藝設計與仿真階段，建立裝配仿真模型，基於離線仿真、可視化仿真等，對操作可達性和難易程度進行仿真驗證，優化工藝流程和系統布局。把機器學習、神經網絡、知識工程等人工智能領域的理論技術應用到裝配工藝設計中，建立裝配知識庫及其相應的索引與推理機制，並把裝配工程師的經驗知識利用起來，以提高裝配工藝設計的效率與水平，是縮短新機研製週期、降低研製成本的關鍵。

（3）智能化裝配工藝裝備

裝配工藝裝備是實現産品自動化、智能化裝配的工具。裝配工藝裝備的設計過程與待裝配的産品結構、裝配工藝和檢測技術等密切相關，産品結構及工藝的差異性導致裝配工藝裝備是一種特殊的機械，通常爲特定産品而設計製造，具有開發成本高、柔性差等特點。大型複雜機電産品裝配，具有高精度、結構複雜等特點，裝配過程的自動化、智能化必須藉助定製的專用智能化工藝裝備來實現。柔性裝配工裝裝備的可重構模塊化設計，適用於多品種、多對象，縮短工裝製造週期和降低成本，大大提高裝配工裝運動準確度，節省工裝調姿時間。自動精密製孔裝備，改善各連接點的技術狀態（如表面質量、配合性質、結構形式等），具有製孔精度高、效率高的特點。自動化連接設備能顯著提高工作效率及連接質量的穩定性。自動鑽鉚裝備越來越受到航空製造企業的重視。

（4）智能化裝配測量與檢測

裝配中依賴測量系統提供精準的測量數據來保證裝配精度，進而確保裝配質量。按照測量對象的不同，裝配測量與檢測技術主要分爲三類：①幾何量的測量，即産品形狀及位置的測量；②物理量的檢測，即裝配力、變形量、殘餘應力、質量特性等的檢測；③狀態量的檢驗，包括産品裝配狀態、干涉情況、密封性能等的檢驗。建立可覆蓋裝配過程的數字化測量與監控網絡，通過傳感器、RFID、物聯工業網絡等實時感知、監控、分析裝配狀態，並利用雲計算、大數據等先進技術對收集到的海量數據進行系統分析，實現裝配過程的描述、監控、跟蹤和反饋。

（5）智能化裝配車間管理

生産車間作爲製造企業的具體執行單位和效益源頭，是企業信息流、物料流和控制流的匯集點，製造執行系統（Manufacturing Execution System，MES）是近年來迅速發展的面向車間執行層的生産信息化管理系統。面向裝配的 MES 技術，通常包含裝配車間作業計劃編制、裝配質量分析、裝配成本控制、物料動態跟蹤與管理、車間設備能力管理等功

能，可以有效提高裝配車間生產效率，並保障產品裝配質量。目前裝配MES 的研究對象多爲自動化裝配生產線，比較典型的應用行業如汽車等。裝配系統是由一系列離散型工位和物料配送系統組成的，物料配送在產品裝配過程中具有非常重要的作用。車間在物料配送過程中要求智能配送小車以裝配工具包爲單元，並選擇最短移動路徑運輸。以裝配知識管理技術爲基礎，應用人工智能算法優化裝配過程，模擬專家智能活動的能力，研究裝配車間智能調度，適應裝配環境和裝配流程的改變。

將人工智能技術中的專家系統、神經網絡、深度學習、智能優化、計算機視覺、數據挖掘、物聯網、雲計算等智能方法與產品裝配中面向裝配的產品設計、裝配工藝設計與仿真、裝配工藝裝備、裝配測量與檢測、裝配車間管理等融合，就形成了知識表達與建模技術、知識庫構建與檢索技術、知識傳遞與共享技術、實時定位技術、無線傳感技術、動態導航技術、自主優化技術、自主推理技術、自主預警技術等各種形式的智能化裝配技術，如圖 1-3 所示。

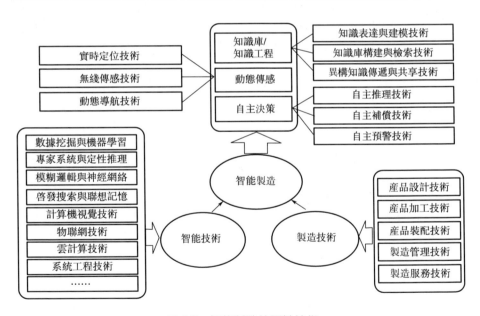

圖 1-3　智能製造的關鍵技術

良好的裝配序列可以減少 20％～40％的製造費用，同時能將生產效率提高 100％～200％。可行的裝配序列規劃解決方案可能只有所有解決方案的 0.4％。智能裝配規劃是智能製造領域降低產品製造成本、提高產

品裝配自動化和智能化水平的重要手段。即使是自動化程度極高的企業，也會有 6%～11% 的製程時間浪費在等待和延遲的過程中。裝配線的調度優化是實現各類資源利用最大化、時間最小化和使用合理化的重要手段。因此，在現有裝配工藝裝備不變的條件下，以產品的設計結構爲基礎，採用人工智能技術優化產品裝配工藝設計和裝配車間管理，爲提高裝配效率和質量提供了可行的思路。實現產品設計和裝配規劃同步智能化的智能裝配規劃、裝配生產線調度優化是數字化製造與智能製造領域的研究熱點，是工業 4.0 中利用計算機技術、信息技術、人工智能技術改造和提升製造業中智能裝配與調度的基礎，具有重要的理論價值。

1.2.2 智能裝配規劃

裝配規劃的目的是確定產品的最優裝配方案，即尋求最優裝配序列。制定最優裝配工藝，從而保證產品的裝配質量，同時使裝配成本最小、裝配效率最高。裝配規劃實質上是一個複雜的組合優化問題，假設一個裝配體由 N 個零件組成，每個零件至少有 m 種可能的裝配方法，則裝配體可能的裝配序列爲 $m^N \times N!$；同時，設計中的微小改動也可能引起裝配順序的較大變換，隨著產品中零件數目的增加，可能的裝配方案會呈指數級增長，出現「組合爆炸」。

智能規劃通過人工智能理論與技術自動或半自動地生成一組動作序列，用以實現期望的目標，其主要任務是動作排序。裝配規劃的主要任務之一是尋求產品的最優裝配序列。智能裝配規劃用人工智能科學的理論、方法和技術實現裝配規劃問題的智能求解，其研究對象是裝配規劃問題，人工智能爲有效解決裝配規劃問題提供重要的手段和方法，旨在實現產品的智能化裝配。

智能裝配規劃是將智能計算、知識工程、智能優化等人工智能理論方法和技術應用於裝配規劃問題產生的一項綜合技術。它是製造過程智能化的重要組成部分，屬於智能製造的範疇，是自動化裝配的最高發展階段，是智能裝配技術的核心；同時也屬於智能規劃的研究範疇，屬於智能規劃研究中的工程規劃問題。

智能裝配規劃的主要研究內容包括產品裝配建模、裝配序列規劃、裝配序列評價、裝配路徑規劃、裝配過程仿真、裝配規劃信息管理、裝配規劃系統開發以及面向特定產品的智能裝配規劃技術等。

① 產品裝配建模　產品裝配建模是智能裝配規劃的基礎。它描述了裝配體中零部件的基本信息及相互間的裝配關係（如零件間的幾何位置

關係、零件間的約束連接關係等），爲裝配規劃提供必要的裝配信息。産品裝配建模的依據主要是産品的裝配體 CAD 模型以及裝配規劃人員需要的零件屬性信息等。零件間裝配關係的表達方式主要有連接圖法、層次樹結構、連接矩陣等。

② 裝配序列規劃　裝配同一産品可以採用不同的裝配順序，不同的裝配順序形成了不同的裝配序列。裝配序列規劃就是在給定産品設計的條件下，找出合理、可行的裝配序列，或者根據給定的裝配目標尋求産品的最佳裝配序列。裝配序列規劃是智能裝配規劃的核心內容。

③ 裝配序列評價　産品的裝配序列首先應該滿足可行性條件，此外裝配序列應該具有較低的裝配成本、較高的裝配效率和較小的裝配難度，並且盡量符合裝配人員的裝配習慣。裝配序列評價是智能裝配規劃的重要內容，它爲優選裝配序列提供依據。

④ 裝配路徑規劃　裝配路徑規劃是指爲裝配過程中的零部件尋找合理、可行的裝配路徑，或者根據要求對已有的裝配路徑進行優化。

⑤ 裝配過程仿真　裝配過程仿真是將裝配序列、裝配路徑等裝配過程以動態演示的方式在計算機上顯示出來，使裝配規劃直觀、可視化地展現在用戶面前，便於進一步驗證並改進産品的裝配規劃結果；此外，裝配過程仿真還可以爲裝配教學和培訓提供指導。

⑥ 裝配規劃信息管理　裝配規劃信息管理是對裝配規劃過程中的有關信息進行全面管理，包括裝配信息的記錄、存儲、處理、分析和輸出等。一方面，裝配規劃信息管理可以爲裝配規劃活動提供必要的信息支持；另一方面，輸出的規劃結果信息可以爲實際生産中實施裝配規劃和開展裝配培訓提供參考和指導。

⑦ 裝配規劃系統開發　裝配規劃系統開發旨在利用 CAD、虛擬現實、計算機網絡、數據庫等技術，面向用戶提供産品的智能裝配規劃平臺，全面支持智能裝配規劃中的各項活動，並負責相關軟件系統之間的數據通信，從而實現系統集成。

⑧ 面向特定産品的智能裝配規劃技術　對於不同産品，如汽車、航空發動機、部件等在複雜程度、組成結構、裝配工藝及要求等方面存在著很大的不同之處，其裝配規劃活動從內容到採用的技術、方法也不盡相同。因此，有必要針對特定産品，及其裝配特點，對其智能裝配規劃技術進行深入研究，以便採用有效方法爲産品制定最佳裝配方案。

裝配序列規劃是在保證産品裝配體各零件間物理約束的前提下，在可行裝配序列中選擇一條最合理的裝配序列。裝配序列規劃被認爲是典型的 NP-hard 組合優化問題，涉及建立裝配信息模型、構建裝配序列規

劃算法和評價可行的裝配序列。

（1）建立裝配信息模型

裝配信息與知識的建模是裝配序列規劃的基礎。Ou 認爲裝配 CAD 模型中使用的裝配約束可以提供裝配過程有關的重要信息。從產品 CAD 模型出發，研究了基於關係矩陣的自動裝配序列生成。Zha 基於專家系統與傳統的 Petri 網結合，用於裝配知識的統一表示。Yin 研究了基於連接關係圖模型、空間約束圖的分層機械裝配序列規劃。Wang 提出一種裝配語義建模方法，由概念/功能級別、結構級別和部件/特徵級別三層語義抽象來描述產品裝配信息。于嘉鵬設計了可方便定義子裝配體和編輯裝配樹的裝配結構重構功能，通過對原始裝配關係信息的整合，柔性化生成面向層次化結構的裝配關係矩陣。Kim 針對裝配模型中各種具有相似的幾何形狀和拓撲結構的連接建模，提出使用分體拓撲表示連接的不同以及定義裝配設計術語及其關係，使用 SWRL 連接推理規則區分裝配連接。Gruhier 考慮產品設計中空間與裝配序列規劃中時間的關係，從異構信息處理的角度，提出面向產品設計和裝配序列規劃的時空信息管理框架。孟瑜將本體技術引入到裝配建模中，構建面向裝配序列規劃的裝配本體描述裝配對象、裝配規則，形成統一的裝配知識表示層次體系。分析已有的研究，現有的方法還不能直接同時實現減少裝配序列的搜索空間需要的子裝配體語義、重用典型結構裝配序列規劃的典型結構語義、裝配先驗知識的信息建模。因此，有必要研究能同時表達 CAD 裝配模型零部件層次結構關係、特徵連接語義關係、典型結構語義、裝配先驗知識的時空語義裝配信息模型及表達，爲先驗知識與 CAD 模型數據驅動的裝配序列智能規劃提供可靠的理論基礎。

（2）構建序列生成算法

近二十年來，中國內外學者圍繞剛性產品單調性裝配序列規劃開展了一系列的研究，主要有經典規劃算法、基於智能優化算法的裝配序列規劃、基於知識推理的裝配序列規劃、基於虛擬的裝配序列規劃。

① 經典規劃算法　經典規劃算法是一種以圖理論爲基礎的圖搜索算法。一般用連接圖表達產品中零件之間的連接關係，並利用「優先約束」或「割集算法」得到所有可能的裝配序列，然後按照評價標準從中選取較好的裝配序列。圖搜索算法本質上是一種枚舉法，從理論上講，該方法可以得到可行的甚至最優的裝配序列。但是由於存在「組合爆炸」問題，當產品的零件數目較多時，圖搜索算法的效率很低，有時甚至無法得到令人滿意的計算結果。傳統機器智能中的符號智能以知識爲基礎，

通過推理進行問題求解；而經典規劃算法以連接圖表達裝配體的信息，基於「優先約束」或利用「割集算法」推理得到裝配序列。

　　② 基於智能優化算法的裝配序列規劃　　裝配序列規劃是典型的 NP-hard 組合優化問題，智能優化算法具有很好的搜索及優化能力，成為裝配規劃問題求解的一種重要方法。基於智能優化的裝配規劃，隨著智能計算的興起和發展，「遺傳算法」「人工神經網絡」「模擬退火」「蟻群算法」和「人工免疫系統」等紛紛被成功用於求解裝配規劃問題。智能計算方法利用了計算過程中的啓發式信息，本質上是一種啓發式搜索方法，能夠較好地解決裝配規劃過程中的「組合爆炸」問題。基於智能計算的裝配規劃方法正是利用了計算機智能這種機器智能中不同於符號智能的新興智能來實現智能化的裝配規劃。Smith 考慮穩定性、接觸和重新定位等因素，基於遺傳算法實現裝配序列規劃。徐周波提出將螞蟻算法、混沌算法和遺傳算法結合，解決遺傳算法在求解裝配序列規劃問題中速度慢、產生重複解等問題。李明宇提出了面向裝配序列規劃的混沌粒子群優化算法，在離散粒子群算法基礎上，引入改進的進化方向算子，減少算法平均迭代的步數。Wang 提出採用蟻群優化算法在搜索過程中同步生成拆卸計劃，獲得最佳裝配序列。曾冰提出了面向裝配序列規劃問題的改進型離散螢火蟲算法。Chang 提出面向裝配序列規劃的人工免疫算法，克服遺傳算法局部最優解收斂的缺點。Zhang 研究了基於免疫算法和粒子群優化算法的裝配序列規劃。Marian 以裝配連接圖、連接表建立裝配信息模型，分析裝配內在優先關係和外在優先關係，採用引導搜索自動生成可行的裝配序列。在裝配序列規劃中，搜索空間與產品中零部件的數量呈指數比例關係。利用子裝配體減小裝配序列的搜索空間、利用裝配先驗知識減小裝配序列的搜索空間可以提高基於智能優化算法的裝配序列規劃求解效率。

　　③ 基於知識推理的裝配序列規劃　　產品裝配模型中零件的連接關係、約束關係、幾何信息等裝配知識，是進行裝配序列規劃的重要依據。裝配知識可以為裝配活動提供有效引導，簡化裝配規劃的難度，使規劃結果更符合工程實際需要。因此，基於知識的裝配規劃成為裝配規劃研究的一個熱點領域。「智能」由兩部分組成：其一是知識；其二是知識的利用，即運用知識解決問題。基於知識的裝配規劃通過連接件、連接結構、裝配語義和裝配實例等不同類型裝配知識的導航，降低了問題求解難度，從而較好地解決了裝配規劃問題。Zha 提出基於面向對象知識 Petri 網，開發了智能集成設計與裝配規劃系統原型。Dong 基於連接語義裝配樹表達產品裝配中的幾何信息和非幾何知識，實現基於知識的裝配序列規劃。Demoly 引入和使用裝配過程知識，提出面向產品結構和裝配

序列規劃的設計框架。Gruhier 引入了基於分體拓撲學和時間關係，研究了基於本體時空分體拓撲的集成產品設計和裝配序列規劃。Hsu 基於知識工程系統，採用反向傳播神經網絡協助工程師及時預測接近最佳的裝配序列。李榮以連接結構作爲基本裝配單元，建立基於知識的裝配 Petri 網模型，求解裝配體基於連接結構的可行裝配序列；Dong 基於連接語義的裝配關係模型，使用部分裝配約束滿足策略，集成基於幾何推理和基於知識推理實現裝配序列規劃。Su 基於 CAD 模型抽取裝配優先關係，自動推理幾何和工程上可行的裝配序列。Kim 使用 SWRL 推理連接規則，區分裝配連接。Kashkoush 以相似產品的可行的裝配序列爲基礎，提出基於知識的混合整數規劃模型生成給定產品的裝配序列。Yoonho 提出了兩個相似性係數來尋找類似的實例和相似的關係，開發了基於實例推理的裝配規劃系統以用於造船的組裝。Qu 以零件、連接關係、裝配序列的相似性量度爲依據，提出一種基於案例推理和基於軟硬約束推理改進複雜產品的裝配規劃。王禮健研究了基於連接關係穩定性的子裝配體識別，根據子裝配體功能和結構的相似性，構造相似子裝配體。Demoly 建立裝配連接關係、優先關係有向圖，通過子裝配體識別規則、子裝配體有效性規則、子裝配體串聯實現裝配序列生成。劉林構建面向拆卸的全語義模型，求解裝配體的裝配序列，解決了裝配序列工程可行性問題。分析已有的研究，發現裝配的純幾何描述並不能總是生成好的裝配序列。檢索典型序列加速裝配序列規劃過程，減小裝配序列的搜索空間，可以提高裝配序列規劃效率。集成非幾何信息，如裝配先驗知識可以獲得更好的規劃。

④ 基於虛擬的裝配序列規劃　隨著虛擬現實技術的興起和發展，虛擬裝配逐漸成爲裝配規劃的一種重要手段，使得操作者在虛擬環境中將零部件裝配到具有相應約束關係的空間位置上，干涉檢測，模擬實際的裝配過程。通過數據手套以沉浸方式操作虛擬零部件進行裝配，從而產生可行的裝配序列。虛擬裝配的主要研究內容包括：虛擬裝配環境下裝配信息的自動獲取；基於物理屬性的虛擬裝配過程研究；虛擬工具建模與操作技術；虛擬裝配環境下的人機交互技術；碰撞檢測算法；虛擬手建模與抓持規劃；虛擬裝配過程的人機工程學分析等。虛擬裝配技術具有能同時利用人的直覺、經驗和知識以及計算機強大的存儲能力以及快速、精確的計算能力，從而達到較優的人機協同。Leu 研究了運動捕捉、裝配建模、VR/AR 系統間數據交換等技術，實現基於 CAD 模型的虛擬裝配仿真以及規劃與訓練。Makris 研究了裝配序列生成算法，在裝配操作中集成仿真與增強現實。Müller 研究了面向裝配規劃中複雜性管理的

虛擬與現實間的一致數據使用和交換，爲裝配規劃工程師提供了連接虛擬規劃環境和實際裝配系統的方法。分析已有的研究，發現能同時處理幾何和實際數據的裝配序列重用算法，集成裝配先驗知識，減小裝配序列的空間，提高虛擬裝配序列規劃的效率，拓寬虛擬裝配序列規劃的應用。分析已有的研究，以典型結構裝配知識爲基礎的知識檢索與推理，爲解決知識系統中不包含與待規劃產品完全一致信息的序列規劃，彌補知識系統的信息有限的不足提供了一種可行的思路；研究定性裝配先驗知識的推理，可以提高產品裝配序列規劃的效率。

(3) 評價可行的序列

定量標準如裝配時間和成本、工作站數目、操作員數目和部件優先級等指標常用於選擇最佳裝配順序。袁寶勛建立了包含零件級和系統級指標的裝配序列綜合評價指標體系，定義了各個系統級指標的定量化方法，採用逼近理想解方法綜合評價候選裝配序列，確定最佳序列。馬紅占研究了基於人因仿真分析的裝配序列評價模型。Smith 考慮零件拆卸方向、重新定位的次數和工具更改次數，以找到優化的拆卸計劃，提出的部分拆卸順序規劃方法可以用於降低環境成本。分析已有的研究，發現在序列生成算法的基礎上，研究裝配序列定量化綜合評價方法，結合數字化工廠資源，進行裝配序列規劃仿真，生成最佳裝配序列。

分析已有的研究取得了比較好的效果，主要面臨以下三個問題：① 如何減小裝配序列的搜索空間；② 如何重用典型結構的裝配序列規劃，提高裝配序列規劃的效率；③ 如何利用非幾何信息如裝配經驗知識，指導裝配序列規劃。以上問題，制約了裝配序列規劃的智能化及其在智能化裝配中的應用。產品 CAD 模型蘊含的裝配層次關係，幾何、拓撲約束關係是進行產品裝配序列規劃的重要依據。裝配經驗知識是指導裝配序列規劃的重要原則。因此，先驗知識與 CAD 模型數據驅動的裝配序列智能規劃是當前數字化製造與智能製造領域智能化裝配中亟待研究的重要內容。

1.2.3　裝配生產線調度優化

在國際化競爭的衝擊下，爲了要保證高端產品質量、成本和交貨期，製造企業逐漸意識到合理的生產線設計及規劃將會提高企業的競爭力。目前製造企業大多採用混流生產模式，由於這種生產模式的裝配線設計複雜、規劃難度大的現狀以及用戶的個性化需求不斷提高，導致實際生產節拍達不到目標設定值，造成製造企業的生產效率無法滿足要求。

　　柔性化混流裝配生產線調度優化就是將各類資源利用最大化、時間最小化和使用合理化，在空間和時間上對各類裝配物料的組織及產品的生產進行優化，一方面保證設備布局合理、上下工序銜接順暢，另一方面不斷提升裝配工人的操作效率、縮短產品製造時間、保證製程庫存，以降低成本和效益最大化。自 J. R. Jackson、S. M. Jackson 和 W. E. Smith 提出生產調度問題以來，生產優化調度問題就受到了廣泛的關注。針對智能加工車間，考慮工件隨機動態到達、機器故障等情況，考慮多個調度目標函數，進行生產調度優化主要涉及調度問題的建模、調度算法設計以及調度系統的實現等。

　　經典調度理論的核心是按照目標函數的要求計算出最優或近似最優的任務安排方案。在經典調度算法研究方面，非線性規劃、仿真方法、拉格朗日法等啓發式方法，一般只適合於求解小規模問題，難以解決具有建模困難、不確定性強等複雜的實際生產調度問題。

　　智能優化調度方法如模擬退火算法、神經網絡、遺傳算法、進化規劃、免疫算法、蟻群算法等，使生產調度問題的研究方法走向了智能化。劉琳通過設計混合遺傳算法確定關鍵工序集和最優調度順序，爲解決作業車間滾動重調度問題提供新思路；王曉娟通過設計混合遺傳禁忌搜索算法，實現多目標柔性作業車間調度；余建軍利用免疫記憶和疫苗接種增強搜索穩定性，設計出一種雙種群雙倍體自適應免疫算法，實現多目標柔性作業車間調度；徐新黎利用多 Agent 動態調度方法解決染色車間調度問題。董建華研究了混合遺傳算法與禁忌搜索算法，解決了混流排序的問題。

　　面向對象的建模和仿真實現調度優化，將系統分解爲若干類對象，具有相似功能和行爲的對象被歸爲一類對象，每個對象類之間以信息傳遞關係相連，用於解決生產物流系統的仿真及模擬。生產調度優化是複雜的動態離散事件系統，具有並發性、複雜性、隨機性、遞階性等特性，面向對象的技術具有遞階、分解、抽象等特點，對於複雜問題的求解十分適合。Anglanil 基於 UML 建模語言和 ARENA 過程仿真語言，使用面向對象的方法建立了柔性化系統仿真模型的開發環境 UMSIS，從而將概念框架轉化爲實際模型；Wolfgang 將面向對象的概念應用到離散事件系統的仿真與建模中，並提出了 BetaSIM 系統框架。

　　系統仿真法調度優化，是組建實際系統的計算機仿真模型，以系統技術、相似原理、信息技術以及應用領域的技術爲依據，利用模型對已有的或設想的體系進行研究的技術，適合用來解決多條件離散動態系統的決定性問題。仿真調度技術最早應用在美國國防軍事戰略規劃中，具

備求解速度快、結果適用性好的優勢。Muhl 等對汽車整廠內部的物料搬運車的流程進行優化研究；Marshall L. Fisher 等針對多車型混流裝配的問題，提出了減少緩存區容量以釋放部分裝配生產線空間；Deogratias Kibira 利用遺傳數據驅動開發出汽車生產系統的分佈式集成仿真模型；熊金猛等用增強現實技術來試驗車間布局設計的通行性，設計了系統結構，並實現了其原型系統；許立等引入關係數據庫啟動三維仿真模型，用於生產車間的結構分析，實現了開放式的生產車間布局設計體系。

　　仿真技術以德國西門子公司的 Plant Simulation 和法國達索公司的 Delmia 爲主，能夠在數字化環境中進行模擬仿真，而且在汽車領域的仿真調度研究非常多，主要集中在以下幾個方面：①車身存儲區的出入庫調度問題，混流裝配線中多車型的排序問題；②車間生產線布局，混流生產線平衡、生產排程等問題；③物流輸送系統的輸送路徑，吊具、托盤、叉車等所需數量等物流配置問題；④工藝工位的加工、裝配和仿真，動作路徑的可行性分析等問題。已有的研究有：曹振新研究了 JIT 環境下物流配送系統和看板運行流程；劉紀案採用仿真方法對摩托車企業發動機裝配線進行簡單的優化；劉光富對裝配線利用仿真軟件進行節拍分析；楊塈在不同的優化目標下，根據企業實際的參數和條件提出了可行的優化措施。

　　分析已有的研究，每一類生產線調度優化方法在解決實際生產中的部分調度優化問題方面，進行了有益的探索。綜合多種生產調度優化方法，進一步解決實際生產中的不確定性事件、大規模和多目標等複雜調度問題方面，但當前的研究還不夠深入。

第2章

智能化裝配
技術基礎

2.1 裝配技術基礎

2.1.1 產品的可裝配性

產品的可裝配性是指產品設計中所確定的形狀、結構、連接方式、材料、精度等結構要素，在產品裝配過程中對裝配成本、裝配效率、裝配質量等的影響。產品的可裝配性還經常考慮產品維修時拆卸操作的方便性、產品報廢的材料回收和再利用時零部件分解操作的可行性。因此，產品的可裝配性不僅影響產品製造過程中的裝配工藝，也對產品最終質量、產品維護有一定的影響。

在產品設計的初期應當從裝配工藝過程的角度對產品進行評價，通過優化產品結構，採用方便靈活的連接方式，選擇合理的零件材料、精度，減少零部件的數量等手段，提高最終裝配效率，降低裝配成本，縮短整個製造週期，並提高企業設備資源等的利用效率。通過可裝配性分析、仿真軟件對裝配過程進行評價。

產品的可裝配性還與產品的裝配方式有關。對於手工裝配，產品設計應當滿足工人在操作中的限制，如搬運重量、手工抓取、手臂操作的空間和距離、視線阻礙等。對於自動裝配，產品設計應當滿足在自動裝配過程中零件的搬運、定位等工藝的要求，同時還應當滿足在裝配生產線上對裝配節拍、裝配工具等的使用要求。

產品設計中確定了零部件的數量、組成關係，零部件的形狀和精度要求。下面分析不同的產品設計對裝配工藝的影響。

① 對裝配工序數量的影響　零件的數量和部件的劃分決定了產品最終的裝配工序的數量。由於在每個裝配工序中都需要進行獨立的裝配操作，需要分配裝配操作的工位和空間，如果需要，還將設計製造裝配的工裝，並按照裝配工序安排車間的生產調度、成品/半成品的庫存，因此產品的零部件對最終的裝配效率、裝配成本具有重要的影響。

② 對裝配順序的影響　產品裝配中需要按照一定的操作順序完成零部件的裝配，合理的裝配結構設計應使裝配過程中可以方便地進行零部件的搬運、插入和定位，減少由於不合理的裝配順序所得產品的重新定位與調整，並且使裝配過程中零部件保持穩定，不需要額外的工裝進行固定。

③ 對零件輸送、搬運、抓取的影響　對於手工裝配，零件的重量和尺寸應當易於裝配人員的抓取和搬運，對稱的設計或者明顯不對稱的設計可以縮短人工識別零件方向的時間。對於自動裝配，零件應當易於在輸送設備上自動定向，並且具有易由自動設備拾取的形狀。

④ 對裝配連接固定操作的影響　產品設計中根據零件的材料、性能要求和配合精度選擇螺栓連接、鉚接、過盈配合等不同的連接方法，不同的連接方法影響連接性能、連接操作效率、裝配質量。不同的連接方法一般還要求採用特定的裝配工裝和裝配工具完成最終的裝配。

⑤ 對裝配精度的影響　對於精度要求高的產品，產品設計中應當包括在裝配中進行調整的環節。對於裝配連接中需要加熱、加壓以及容易變形的零件，應當考慮裝配過程中對零件形狀、內部應力的影響，以保證在裝配後能滿足設計的精度要求。

⑥ 對裝配效率的影響　零件應設計自定位的形狀，通過設計導向結構和合理的裝配基準，使零件在裝配中能快速插入、定位，減少裝配中的調整，並減少在裝配中採用特定的工裝進行測量、定位。

⑦ 對裝配中夾具、工裝使用的影響　產品設計中的零件的重量、形狀和精度等，會對裝配過程中使用的工裝有一定的要求。精密零件在裝配中通常需要一定的定位工裝。

2.1.2　產品裝配過程

產品裝配是按照一定的精度要求和技術條件，將具有一定形狀、質量、精度的零件結合成部件，將零件、部件組合成最終產品的過程。裝配過程中需要把產品的自製件、外協件、外購件和標準件等分別按照裝配過程進行存放和集結，在裝配車間經過輸送、裝載與定位、裝配、調整與修配、檢驗與測試等操作裝配成成品。裝配操作過程和連接方法如圖 2-1 所示。

（1）輸送

輸送是將需要裝配的零件、部件或半成品從一個操作工位運送到下一個操作工位或者運送到裝配操作的位置。對於不同的產品類型、生產類型，零部件可以採用小車、自動傳送裝置、自動引導小車、吊車等不同的搬運方式。對於單件小批的手工裝配，主要採用各種工業小車由裝配工人將零部件運送至裝配現場或下一個裝配工位，小車中可以採用貨架放置多個零件。對於自動裝配或者裝配線裝配，一般採用各種自動傳送裝置，包括皮帶輪、滾輪等。對於自動化生產線，組成自動化生產線

的各種專機按一定的工藝流程各自完成特定的工序操作，工件必須在各臺專機之間順序流動，一臺專機完成工序操作後要將半成品自動傳送到下一臺相鄰的專機進行新的工序操作。

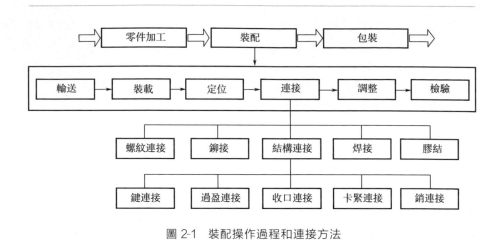

圖 2-1　裝配操作過程和連接方法

（2）裝載與定位

零件的裝載是指將零件從輸送裝置上取下，並搬運到安裝位置。零件的定位是指將待裝配的零件放置到基準零件上，並放置在正確的位置上。對於手工裝配，一般由裝配工人在裝配夾具和輔助工具的幫助下完成零件的裝載和定位。對於自動裝配則通過自定位的零件形狀、裝載和定位裝置完成零件的自動定位。在零件連接前，可能需要採用裝配工裝或者相應的輔助定位夾具將完成裝載和定位的零件保持在確定的位置上。為了使零件在每一次工序操作過程中都具有確定的、準確的位置，以保證操作的精度，定位夾具可以保證每次操作時零件位置的一致性，實際上通常將工件最後移送到定位夾具內實現零件的定位。在某些工序操作過程中可能產生一定的附加力作用在零件上，這種附加力有可能改變零件的位置和狀態，所以在工序操作之前必須對零件進行自動夾緊，保證零件在固定狀態下進行操作。因此在很多情況下都需要在定位夾具附近設計專門的自動夾緊機構，在工序操作之前先對零件進行可靠的夾緊。

（3）裝配操作

裝配操作是完成裝配的核心功能。裝配操作採用特定的工藝方法、工具、材料，每種類型的工藝操作對應著一種特定的結構模塊。裝配操作的內容非常廣泛，僅裝配的工藝方法就有許多，例如螺紋連接、焊接、

鉚接、黏接以及通過機械結構相互鎖緊的過盈連接、卡緊連接等。連接方式一般分爲可拆卸連接和不可拆卸連接。可拆卸連接在拆卸時不會損壞任何零件，拆卸後還可以重新連接，不會影響產品的正常使用。常見的可拆卸連接有螺紋連接、鍵連接及銷釘連接等，其中最常見的是螺紋連接。螺紋連接的質量與裝配操作有很大的關係，應根據被連接件形狀和螺栓的分佈、受力情況，合理確定各螺栓的緊固力、多個螺栓間的緊固順序和緊固力平衡等參數。不可拆卸連接在被連接件的使用過程中是不拆卸的，拆卸時往往會損壞某些零件。常見的不可拆卸連接有焊接、鉚接和過盈連接等，其中過盈連接常應用於軸、孔的配合。實現過盈連接常用壓入配合、熱脹配合和冷縮配合等方法。一般產品可以採用壓入配合法，精密產品常採用熱脹、冷縮配合法。

（4）調整與修配

在裝配操作前後，對零部件的位置進行校正和調整。校正是指零部件間相互位置的找正、找平作業，一般用在大型機械的基準件的裝配和總裝配中。常用的校正方法有平尺校正、角尺校正、水平儀校正、光學校正及激光校正等。調整是指零部件間相互位置的調節作業，配合校正作業保證零部件的相對位置精度；另外，還可以調節運動副內的間隙，保證運動精度。

對於回轉體還需要進行平衡。通過平衡調整來清除旋轉體內因質量分佈不均勻而引起的靜力不平衡和力偶不平衡，以保證裝配的精度。旋轉體的平衡是裝配精度中的一項重要要求，尤其是轉速較高、運轉平穩要求較高的產品，對其中的回轉零部件的平衡要求更爲嚴格。有些產品需要在總裝後在工作轉速下進行整機平衡。平衡有靜平衡和動平衡，平衡方法的選擇主要依據旋轉體的重量、形狀、轉速、支撐條件、用途、性能要求等。其中直徑較大、長度較小者（長徑比小於等於 0.2）可以只作靜平衡，對長徑比較大的工件需要作動平衡。其中工作轉速在一階臨界轉速的 75％以上的旋轉體，應作爲撓性旋轉體進行動平衡。對旋轉體的不平衡重量可以用補焊、噴鍍、鉚接、膠結或螺紋連接等方法加配重量，用鑽、銑、磨、銼、刮等手段去除重量，還可以在預製的平衡槽內改變平衡塊的位置和數量。

對於精度較高的裝配還需要進行修配。修配是在裝配現場對裝配精度要求高的零件進行進一步的加工，包括零件配合位置的手工修配和配磨，連接孔的配鑽、配鉸等作業，是裝配過程附加的一些鉗工和機械加工作業。配刮是零部件表面的鉗工作業，多用於運動副配合表面精加工。配鑽和配鉸多用於固定連接。只有在經過認真校正、調整，並確保有關

零部件的準確幾何關係之後，才能進行修配。

（5）檢驗與測試

在組件、部件及總裝配過程中，在重要裝配操作前後往往都需要進行中間檢驗。裝配前的檢驗主要包括裝配件的質量文件的完備性、外觀質量、主要尺寸的準確度、產品規格和數量等。總裝配完畢後，應根據要求的技術標準和規定，對產品進行全面的檢驗和測試。對裝配的位置精度、形狀精度、連接質量、密封性、力學性能等進行檢查，確認符合裝配工藝和產品質量的要求。

2.1.3　產品裝配組織形式

產品裝配的組織形式是在工藝方面組織實施一種裝配作業的種類和方式，可以具體化爲空間排列、物流之間的時間關係、工作分工的範圍和種類、在裝配過程中裝配對象的運動狀態。典型的裝配組織形式可分爲下列幾類。

（1）單工位裝配

全部裝配工作都在一個固定的工位完成，可以執行一種或幾種操作，基礎件和配合件均不需要傳輸。

（2）固定工位順序裝配

將裝配工作分爲幾個裝配單元，將它們的位置固定並相鄰布置，在每個工位上都完成全部裝配工作。即使某個工位出現故障，也不會影響整個裝配工作。

（3）固定工位流水裝配

這種裝配方式與固定工位順序裝配的區別在於裝配過程沒有時間間隔，但裝配單元的位置不發生變化。

（4）裝配車間

將裝配工作集中於一個車間進行，只適用於特殊的裝配方法，如焊接、壓接等。

（5）巢式裝配

幾個裝配單位沿圓周設置，沒有確定的裝配順序，裝配流程的方向可能會發生變化。

（6）非時間聯繫的順序裝配

幾個裝配單位按照裝配流程設置，在裝配過程中相互之間不存在固

定的時間聯繫。

（7）移動的順序裝配

裝配工位按照裝配流程設置，裝配過程中相互之間既可以沒有固定的時間聯繫，也可以存在一定的時間聯繫，但可以有時間間隔。

（8）移動的流水裝配

裝配工位按照裝配操作的順序設置，它們之間有確定的時間聯繫且沒有時間間隔。此時，裝配單元的傳輸需要由適當的鏈式傳輸機構完成。

如果裝配效率要求較高或產品比較複雜，就需要施行流水裝配。裝配任務被分配給幾個相互連接的裝配工位，在局部範圍內按照一定的時間順序不間斷地向前移動。從空間的角度來考慮，各個裝配工位排列的基本方式有開式結構和閉式結構，如圖 2-2 所示。其中，開式結構裝配線的起點和終點是分開的，閉式結構則與之相反。

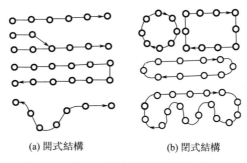

(a) 開式結構　　　　　(b) 閉式結構

圖 2-2　裝配工位空間排列的基本方式

2.1.4　產品裝配流程

為了裝配一個產品，必須首先說明其安裝順序。必須規定哪些裝配工作之間可以串聯，哪些裝配工作之間可以並聯。對複雜的產品經常先裝配子部件，即裝配過程是按多階段進行的。根據包含部件的情況，產品裝配的流程按原理可以劃分為無分支、有分支、單階段、多階段、裝配站、流水作業等，如圖 2-3 所示。

按照時間和地點關係，產品裝配的流程可以劃分為四種：①串聯裝配；②時間上平行的裝配；③在時間上和地點上都相互獨立的裝配；④在時間上獨立而地點相互聯繫的裝配。

　　裝配流程圖是一個網形的計劃圖，其結構可以是有分支的或沒有分支的，它重現了裝配過程。零件的移動方向通過網結，相互關係通過連接線來表示。其排列方式總是由最早的步驟開始。從圖 2-4 所示的流程圖可以知道哪些裝配工作（例如 1）可以先於其他步驟（例如 3～5）開始，在此步驟中哪些零件被裝配到一起；一種裝配操作（例如 2）最早可以在什麼時間開始，什麼步驟（例如 3 和 4）可以與此平行地進行；在哪個裝配步驟（例如 5）中另一零件（D）的前裝配必須事先完成。

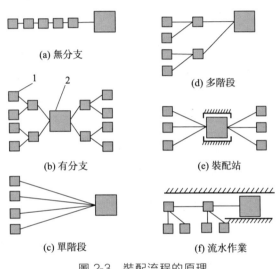

圖 2-3　裝配流程的原理

1—部件；2—產品

　　裝配流程圖為裝配時間的確定帶來極大的方便，同時也為「在哪裡設置緩衝」提供了依據。為了給自動化裝配找出產品裝配的最佳流程，應首先找出可能性，也就是必須把裝配零件間的關係描述清楚（尤其是空間座標關係），否則有可能在技術上難以實現。

　　配合面即裝配時各個零件相互結合的面，用來描述裝配零件間的關係。每一對配合面 f 構成一個配合 e。如圖 2-5 所示的部件裝配關係可以這樣來描述：

$$(e_1[f_1, f_3]) \qquad (e_2[f_2, f_5]) \qquad (e_3[f_4, f_6])$$

圖 2-5 所示的部件包括 3 個配合，即

$$(bg_1[e_1, e_2, e_3])$$

用配合面很容易描述裝配操作。圖 2-5 所示的部件中有以下兩個裝

配操作:

$$(OP_1[f_2,f_3]) \qquad (OP_2[f_2,f_4,f_5,f_6])$$

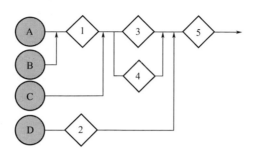

圖 2-4 流程圖

A～D—零件; 1～5—連接過程

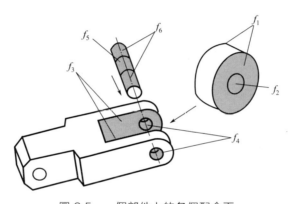

圖 2-5 一個部件上的各個配合面

確定產品裝配流程,找出最佳的裝配順序(流程),主要考慮以下因素。

① 考慮配合面 考慮被占用或者被封閉的配合面。

② 考慮裝配任務 把一個產品適當分解成可傳輸的部件。如當一個 O 形圈裝入槽內,槽就構成一個部件。

③ 考慮裝配對象 把帶有許多配合面、質量最大、形狀複雜的零件視爲基礎件,特別敏感的零件應該在最後裝配。

④ 考慮裝配操作(工藝過程) 裝配操作簡單的步驟(如彈性脹入)應該先於裝配操作複雜的步驟(如旋入)。

⑤ 考慮裝配組織形式 在大批量生產中,若使用裝配機器人進行部件裝配時,應盡量避免頻繁地更換工具。

　　⑥ 考慮裝配功能　不同的零件在產品中實現不同的價值。裝配操作過程和功能的優先權如表 2-1 所示。

表 2-1　在確定最佳裝配順序時優先權的導出

(a)配合過程的優先權

連接方法	特點		
彈性脹入	彈性變形	常規連接	
套　　裝 插　　入 推　　入	配合公差	被動連接	
電　　焊 釺　　焊 黏　　結	材料結合	不可拆卸的連接	主動連接
壓入鉚接	形狀結合		
螺紋連接、夾緊	力結合	可拆卸連接	

(b)從技術功能考慮的優先權

功　能	說　明	例　子
準備支點	構成幾何布局	
定位	確定連接之前 的相對位置	
固定緊固	零件位置被固定	

　　對於產品自動化裝配，在確定裝配流程時需要考慮以下因素：①配合、連接過程的複雜性；②配合、連接位置的可達到性；③配合件的裝備情況；④完成裝配後部件的穩定性；⑤配合件、連接件和基礎件的可傳輸性；⑥裝配流程的方向；⑦部件的可檢驗性。

　　由於技術上、質量上或經濟上的原因，某種裝配操作不能實現自動化，就必須考慮自動化裝配與人工裝配混合的方法。這種混合方式的裝配系統［圖 2-6（c）］有其突出的優點。

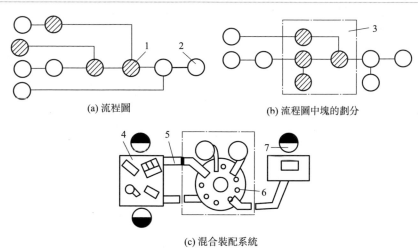

(a) 流程圖　　　　　　　　　　(b) 流程圖中塊的劃分

(c) 混合裝配系統

圖 2-6　流程圖和裝配系統

1—混合裝配系統；2—非自動化裝配；3—自動化裝配段；4—人工裝配工位；

5—中間料倉和傳送鏈；6—自動化裝配機；7—工人

2.1.5　裝配連接方法

設計人員設計產品時就確定了連接方式。各種連接方法的使用因行業而異。機械製造和車輛製造行業比精密儀表行業更多地使用螺紋連接。螺紋連接是一種通過壓緊實現的連接，因為被連接件是通過螺釘、螺栓等被相互緊緊地壓在一起的〔圖 2-7(a)〕，由此產生一對摩擦副。為了能夠從數量上精確地控制連接力，必須對有關的因素加以控制。螺紋連接存在各種不同的形式，如螺釘連接、緊固螺釘連接、螺栓連接和螺柱連接，如圖 2-7(b) 所示。

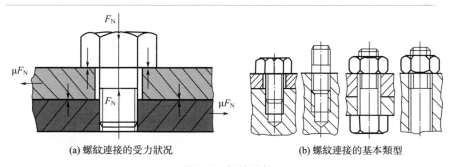

(a) 螺紋連接的受力狀況　　　　　(b) 螺紋連接的基本類型

圖 2-7　螺紋連接

　　除螺紋連接以外，最常用的當數並接（套裝、插入、推入和掛接）。所要求的連接動作取決於兩個被連接件的偶合面的形狀和位置。對於這種連接方式，被連接件之間的接觸力起著重要的作用，因爲它們在連接的瞬間形成一定的力矩（圖 2-8）。

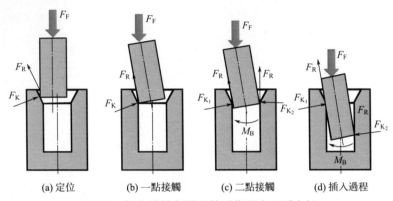

(a) 定位　　　　(b) 一點接觸　　　　(c) 二點接觸　　　　(d) 插入過程

圖 2-8　插入連接各階段的反作用力和反力矩

F_F—連接力；F_K—接觸力；F_R—摩擦力；M_B—力矩

　　因爲兩個被連接件的中心和軸角完全對準是不可能的，必須事先考慮到一定的補償環節。連接過程所需施加外力的大小由接觸部分的摩擦因數來確定。各種連接方式的粗略統計如表 2-2 所示。

表 2-2　各種連接方式被使用的頻繁程度

插入時的轉角	連接方式			
	間隙		過盈	
	大	小	小	大
無	◕	●	◕	◑
小(0°～45°)	○	◕	◕	○
大(45°～360°)	○	◑	◔	○
數倍($n×360°$)	○	螺紋連接	●	—

并接 ← 0　0.30～5　7～(10) → F_F/kN　壓入

s_P/mm　0.2　0.02　0

注：●—最經常使用；○—很少使用。

　　對於裝配過程的研究表明，下列的連接副是經常遇到的：① 連接副

之間有 0.02～0.2mm 的小間隙；②連接副之間有小過盈，裝配壓力最大達到 7kN；③連接副之間有小間隙或小過盈，需要旋入，但旋轉角較小（＜45°）；④在旋入的同時還要施加一定的壓力，最大為 7kN。對配合件施加一定壓力，特別是軸向壓力是經常施加的。70％的壓入裝配需要壓力不超過 5kN。其餘的裝配方法如槽連接、通過塗敷密封材料和黏結材料連接、彈簧卡圈的脹入、齒輪副的裝配、楔連接、壓縮連接以及旋入等，只占很小的比例。表 2-3 中舉出了幾種連接方法並對它們的原理作了解釋。

表 2-3　連接方法示意圖

連接方法	原　理	說　明
拆邊		形狀偶合連接，把管狀零件的邊緣折彎
鑲嵌，插入		把小零件嵌入大零件
熔入		鑄造大零件時植入小零件
脹入		通過預先的變形嵌入
翻邊，咬接		通過板材的邊緣變形形成的連接
填充，傾注		注入流體或固體材料
開槽		配合件插入基礎件，擠壓露出的配合件端部向外翻
釘夾		用扒釘穿透兩個物體並折彎，形成牢固連接

續表

連接方法	原　理	說　明
黏結		用黏結劑黏合在一起,有些需要加熱
壓入		通過端部施加壓力把一個零件插入另一個零件
凸緣連接		使一個零件的凸緣插入另一個零件並折彎
鉚釘		用鉚釘連接
螺紋連接	(a)　　(b)	用螺釘、螺母或其他螺紋連接件連接
焊接		有壓焊、熔焊、超聲波焊等
合縫,鉚合		使薄壁材料變形擠入實心材料的槽形成連接
絞接		把兩種材料絞合在一起形成連接

　　注：B—運動，F—力，P—壓力，T—溫度。

　　每一種連接方法的特點如表 2-4 所示，可以從以下幾個方面進行區分：連接的作用（如剛性的-可動的、可拆卸的-不可拆卸的）、連接結構（如對接、搭接、並接、角接）、連接位置的剖面形狀（板件-實心件、板件-板件等）、結合的種類（如力結合、形狀結合、材料結合）、製造和連接公差、可連接性（材料結合）、連接的要求（負荷）及實現的程度、連接方向與受力方向、實現自動化的可能性、可檢驗性及質量參數的保證

率。各種連接方法按照容易實現自動化程度由高至低排列，依次爲壓接、翻邊、搭接、收縮、焊接、鉚接、螺紋連接、對茬接、掛接、咬邊、釺焊、黏接。

表 2-4　各種連接方法的技術經濟特性

連接方法	力	裝配成品	外形	可靠性	可視性檢驗	可維修性	定心誤差	適合小件	適合大件
螺紋連接	●	○	○	●	●	●	◐	●	●
電阻焊	●	●	◐	○	○	○	○	●	●
電弧焊	●	◐	◐	●	◐	○	◐	●	●
硬釺焊	●	○	●	●	◐	○	◐	●	●
鉚接	●	◐	◐	●	●	●	●	●	●
開槽	●	●	●	○	◐	●	●	◐	○
搭接	◐	●	●	●	●	●	●	●	○
黏接	○	◐	●	◐	○	○	○	●	◐
特殊連接	◐	○	○	●	●	●	◐	○	●

注：●—適合；○—不適合。

　　裝配過程中的裝配動作以及連接力和傳輸力的分佈是開發裝配機械和裝配單元的依據。裝配動作過程決定了裝配機械的運動模式，典型的連接動作要求如表 2-5 所示。

表 2-5　典型的連接動作要求

名　稱	原　理	運　動	說　明
插入 （簡單連接）		↓	有間隙連接，靠形狀定心
插入並旋轉		↧	屬於形狀偶合連接
適配		✳	爲尋找正確的位置精密地補償
插入並鎖住		↓ ←	順序進行兩次簡單連接
旋入		⇟	兩種運動的複合，一邊旋轉一邊按螺距往裡鑽
壓入		⇐	過盈連接

續表

名　稱	原　理	運　動	說　明
取走		↑	從零件儲備倉取走零件
運動		↻	零件位置和方向的變化
變形連接		⊳◁	通過方向相對的壓力來連接
通過材料來連接		↓↑	釺焊、熔焊等
臨時連接		 ◂▸◂▸	爲搬送做準備

2.2　裝配生產線設計基礎

2.2.1　手工裝配生產線節拍與工序設計

（1）手工裝配生產線的基本結構

目前中國製造業中手工裝配生產線是最基本的生產方式之一，具有成本低廉、生產組織靈活的特點，應用於家電、輕工、電子、玩具等製造行業中許多產品的裝配。對於需求量較大、產品相同或相似、裝配過程可分解爲小的操作工序；採用自動化裝配技術難度較大或成本不經濟，一般採用手工裝配生產線進行裝配。適合在手工裝配生產線上進行的工序有：採用膠水的黏結工序、密封件的安裝、電弧焊、火焰釺焊、錫焊、點焊、開口銷連接、零件插入、擠壓裝配、鉚接、搭扣連接、螺紋連接等。

手工裝配生產線是在自動化輸送裝置（如皮帶輸送線、鏈條輸送線等）基礎上由一系列工人按一定的次序組成的工作站系統，如圖 2-9 所示。每位工人（或多位）作爲一個工作站或一個工位，完成產品製造裝配過程中的不同工序。當產品經過全部工人裝配操作後，最終變爲成品。如果生產線只完成部分工序的裝配工作，則生產出來的是半成品。

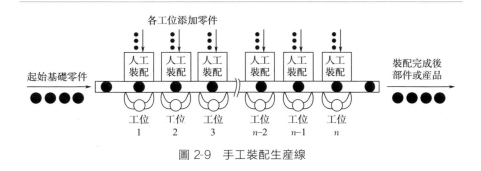

各工位添加零件

起始基礎零件

人工裝配　人工裝配　人工裝配　人工裝配　人工裝配　人工裝配

工位 1　工位 2　工位 3　工位 $n-2$　工位 $n-1$　工位 n

裝配完成後部件或產品

圖 2-9　手工裝配生產線

　　手工裝配生產線上產品的輸送系統有多種形式，如皮帶輸送線、倍速鏈輸送線、滾筒輸送線、懸掛鏈輸送線等。輸送方式既可以是連續式的，也可以是間歇式的。在手工裝配生產線上可以進行各種裝配操作，如焊接、放入零件或部件、螺釘螺母裝配緊固、膠水塗布、貼標籤條碼、壓緊、檢測、包裝等。手工裝配生產線中工人的操作方式包括：可以直接對輸送線上的產品上進行裝配，產品隨輸送線一起運動，工人也隨之移動，操作完成後工人再返回原位置；也可以將產品從輸送線上取下，在輸送線旁邊的工作檯上完成裝配後再送回到輸送線上；還可以通過工裝板在輸送線上輸送工件，工裝板到達裝配位置後停下來重新定位，由工人進行裝配，裝配完成後工裝板及工件再隨輸送線運動。

　　每個工位的操作工序既可以是工序時間較長的單個工序，也可以是工序時間較短的多個工序。工位的排列次序是根據產品的生產工藝流程要求經過特別設計安排的，一般不能調換。工人在操作過程中可以是手工裝配，但更多地使用了手動或電動、氣動工具，也可以有少數工序是由機器自動完成的，或者在工人的輔助操作下由機器完成。

　　（2）手工裝配生產線基本概念

　　① 工位　生產線由一系列工位組成，每個工位由一名工人完成工作，也可以由多名工人共同完成工作。其工作內容可能爲一個裝配工序，也可能爲多個裝配工序。

　　② 工藝操作時間　某一工位實際用於裝配作業的時間，一般用 T_{si} 表示。根據工序內容不同，每個工位工藝操作時間是不同的。

　　③ 空餘時間　在一定的生產節奏（或節拍）下，由於每一工位所需要的裝配時間不同，大部分工位完成工作後尚有一定的剩餘時間，該時間通常稱爲空餘時間，一般用 T_{di} 表示。後一工位的工作需要等待前一工位完成後才能進行，以使整條生產線以相同的節奏進行。

④ 再定位時間　手工裝配生產線上經常需要部分時間進行一些輔助操作，例如：零件在隨行夾具上隨生產線一起運動，工人邊操作邊隨生產線一起移動位置，完成工序操作後又馬上返回到原位置開始對下一個剛完成上一道工序的零件進行操作；零件在工裝板上隨生產線一起運動，工裝板輸送到位後需要通過一定的機構（例如定位銷）對工裝板進行再定位，然後工人才開始工序操作。通常將上述時間稱爲再定位時間，再定位時間包括工人的再定位時間、工件（工裝板）的再定位時間或兩者之和（如果同時存在）。儘管每個工位的再定位時間會有所不同，但是分析時一般假設各工位上述時間相等而且取各工位上述時間的平均值，通常用 T_r 表示。

⑤ 總裝配時間　在生產線上裝配產品的各道裝配工序時間的總和，一般用 T_{wc} 表示，單位爲 min。

⑥ 瓶頸工位　在生產線上的一系列工位需要的工藝操作時間不同，但必有一個工藝操作時間最長的工位，稱爲瓶頸工位。一條生產線至少有一個工位爲瓶頸工位，它所需要的工作時間最長、空餘時間最短。瓶頸工位決定了整條生產線的節拍速度。

⑦ 平均生產效率　平均生產效率是指手工裝配生產線在單位時間內所能完成產品（或半成品）的件數，一般用 R_p 表示，單位爲件/h、件/min。自動化專機或自動化生產線的平均生產效率也具有同樣的意義。

平均生產效率也可以由年產量計劃除以一年中總有效生產時間來表示：

$$R_p = \frac{D_a}{50SH} \qquad (2\text{-}1)$$

式中　R_p ——平均生產效率，件/h；

　　　D_a ——年產量計劃，件；

　　　S ——每週工作天數；

　　　H ——每天工作時間，h；

　　　$50SH$ ——每年 50 週的總工作小時數。

⑧ 節拍時間　節拍時間是手工裝配生產線在穩定生產前提下每生產一件產品（或半成品）所需要的時間，一般用 T_c 表示，單位爲 min/件、s/件。對每一工位而言，節拍時間等於該工位的再定位時間、工藝操作時間、空餘時間三者之和。雖然各工位上的再定位時間、工藝操作時間、空餘時間可能各有差別，但是生產線上每一工位的節拍時間是相同的。

生產線在實際運行時經常會因爲種種原因導致實際工作時間的損失，

例如設備故障停機、意外停電、零件缺料、產品質量問題、工人健康問題等。這種時間損失通常用生產線的使用效率 η 來表示。實際工程中手工裝配生產線的使用效率一般可以達到 $90\%\sim98\%$。考慮生產線的實際使用效率，則實際節拍時間爲

$$T_c = \frac{60\eta}{R_p} \tag{2-2}$$

式中　　η——生產線使用效率；

　　　T_c——實際節拍時間，$\min/$件。

在最理想的情況下，當生產線的使用效率爲 100% 時，生產線的理想生產效率爲

$$R_c = \frac{60}{T_c} \tag{2-3}$$

式中　　R_c——生產線的理想生產效率，件$/h$。

理想生產效率要比所需要的平均生產效率 R_p 高，因爲生產線的使用效率 η 低於 100%，因此生產線的使用效率 η 也可以表示爲

$$\eta = \frac{R_p}{R_c} \times 100\% \tag{2-4}$$

由於瓶頸工位決定了整條生產線的節拍時間，而該工位上工人的操作速度是有變化的，通常所指的整條生產線的節拍時間實際上是指平均節拍時間。

（3）手工裝配生產線工序設計

手工裝配生產線的設計目標是在滿足年生產計劃要求的前提下以最少數量的工人（即最低的製造成本）來組織生產，主要包括工序流程設計、工人數量設計、生產線平衡、生產線評價等。

① 生產線的工序設計　產品的裝配過程是由一系列工序組成的，生產線就是按一定的合理次序完成產品的裝配過程。工序設計主要包含兩方面。

a. 將總裝配工作量分解爲合理的、最小的一系列單個工序。

b. 各工序的安排次序必須符合產品本身的裝配工藝流程。

② 生產線的工人數量設計　採用「網絡圖法」對全部工序向各工位進行分配，確定生產線所需工人數量的步驟。

a. 將各工序按工藝流程的先後次序以節點形式畫成網絡圖，節點序號即表示工序號，並將該工序對應的工藝操作時間寫在序號旁，箭頭方向表示兩相鄰工序的先後次序，如圖 2-10 所示。

b. 從網絡圖最初的節點（工序）開始，將相鄰的符合工藝次序且總工藝操作時間不超過允許的工藝操作時間（節拍時間）的一個（或多個）

工序分配給第 1 個工位；如果可能超過允許的工藝操作時間，則將該工序分配到下一個工位。

  c. 從剩餘的最前面的節點開始，繼續按上述要求依次分配給第 2、3、…個工位，直到將全部的工序分配完爲止，全部的工位數就是所需要的工人數量。

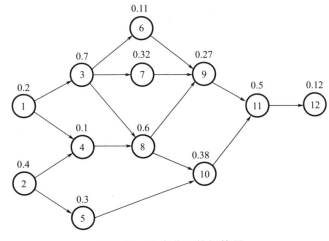

圖 2-10　工序分配的網絡圖

  ③ 生產線平衡　在設計手工裝配生產線時，在同樣的節拍時間下，合理設計生產線的工序，縮小各工位間的工藝操作時間差距，縮短各工位的空餘時間，減少人力資源的浪費，使所需要的工人數量最少，這就是生產線平衡。通常採用以下措施進行生產線平衡。

  a. 將複雜工序盡可能分解爲多個簡單工序，直接縮短生產線的節拍時間。

  b. 對於實在無法分解爲多個簡單工序的複雜工序，可以在該工位上設置 2 名或多名工人同時從事該工序的操作，從而滿足更短節拍時間的要求。

  c. 將普通的直線形生產線設計爲相互錯開、相對獨立的多個工段，提高整條生產線的生產效率。

  d. 在某些含有機器自動操作或半自動操作的生產線上，將人工操作與機器的自動或半自動操作結合起來，可以充分利用工人的閒暇時間，提高生產線的生產效率。

  ④ 生產線評價　手工裝配生產線的設計目標是用最少的工人數量，達到最大的勞動生產效率。目前，通常從以下三個方面評價手工裝配生

產線的設計效果。

a. 生產線平衡效率。爲了衡量生產線的平衡效果，通常用生產線的平衡效率 η_b 來表示：

$$\eta_b = \frac{T_{wc}}{WT_s} \times 100\% \qquad (2-5)$$

式中　T_{wc} —— 產品各工序總裝配時間，min；

　　　W ——實際工人數量；

　　　T_s —— 各工位中的最大工藝操作時間，min/件。

平衡效率 η_b 越高，表示產品總裝配時間 T_{wc} 與 WT_s 越接近，空餘時間越短，生產線平衡效果越好。最理想的平衡水平爲平衡效率等於 100%，實際工程中比較典型的平衡效率一般在 90%～95% 之間。

b. 生產線實際使用效率。生產線實際的開工運行時間要少於理論上可以運行的時間，因此生產線的使用效率 η 總是小於 100%，其實際大小取決於設備的管理維護水平及生產組織管理工作的質量。

c. 再定位效率。在每個工位的時間構成中，工人需要將零件從輸送線上取下、完成裝配後將零件又送回輸送線，或者工人需要隨零件一起在輸送線的不同位置之間來回移動，或者需要對工裝板進行再定位，因此存在各工位平均再定位時間 T_r。通常將生產線各工位中的最大工藝操作時間 $\max\{T_{si}\}$ 與整條生產線節拍時間 T_c 的比值定義爲再定位效率，通常用 η_r 表示：

$$\eta_r = \frac{\max\{T_{si}\}}{T_c} \times 100\% = \frac{T_c - T_r}{T_c} \times 100\% \qquad (2-6)$$

式中，$\max\{T_{si}\}$ 實際上就是瓶頸工位的工藝操作時間 T_s，T_r 爲各工序平均再定位時間。

d. 考慮上述各種效率後生產線實際需要的工人數量 W。考慮生產線的平衡效率 η_b、再定位效率使用效率 η_r、使用效率 η 後，生產線實際需要的工人數量 W 爲

$$W = 最小整數 \geqslant \frac{R_p T_c}{60\eta\eta_b\eta_r} = \frac{T_{Wc}}{T_s\eta_b} \qquad (2-7)$$

式中　T_{wc} ——總裝配時間，min；

　　　T_c ——實際節拍時間，min/件；

　　　η_b ——生產線的平衡效率；

　　　η_r ——生產線的再定位效率；

　　　T_s ——瓶頸工位的工藝操作時間，min。

2.2.2　自動化裝配生產線節拍與工序設計

(1) 單個裝配工作站組成的自動化專機結構

單個裝配工作站組成的自動化專機是自動裝配機械的基本形式，由各種各樣的直線運動模塊組合而成，其結構原理如圖 2-11 所示。在水平面上互相垂直的左右、前後方向上分別完成零件的上料、卸料動作（或將零件從暫存位置移送到裝配操作位置）；上下方向則通常設計各種裝配執行機構，完成產品的各種加工、裝配或檢測工藝工作（如螺紋連接、鉚接、焊接、檢測等）。其中，上料、卸料動作通常採用振盤、料倉送料裝置、機械手等裝置完成。

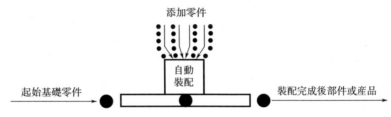

圖 2-11　由單個裝配工作站組成的自動化專機結構原理圖

(2) 單個裝配工作站組成的自動化專機節拍

① 理論節拍時間　單個裝配工作站組成的自動化專機節拍時間由工藝操作時間和輔助作業時間組成。工藝操作時間是直接完成機器的核心功能（例如各種裝配等工序動作）占用的時間。輔助作業時間是在一個循環週期內完成零件的上料、換向、夾緊、卸料等輔助動作所需要的時間。

假設各種操作動作沒有重疊，則這類自動化專機的理論節拍時間為

$$T_c = T_s + T_r \tag{2-8}$$

式中　T_c ——專機的理論節拍時間，min/件或 s/件；

T_s ——專機的工藝操作時間的總和，min/件或 s/件；

T_r ——專機的輔助作業時間的總和，min/件或 s/件。

② 理論生產效率　專機的生產效率是指專機在單位時間內能夠完成加工或裝配的產品數量：

$$R_c = \frac{60}{T_c} = \frac{60}{T_s + T_r} \tag{2-9}$$

式中　R_c ——專機的理論生產效率，件/h。

③ 實際節拍時間　實際上，在自動化裝配生產中經常會因為零件尺寸不一致而出現供料堵塞、機器自動暫停的現象，這個問題始終是自動化裝配生產中最頭痛的問題。因此，實際的節拍時間應考慮零件送料堵塞停機帶來的時間損失。對於零件質量問題導致的送料堵塞可以用該零件的質量缺陷率及一個缺陷零件會造成供料堵塞停機的平均概率來衡量，對於那些不涉及零件添加的連接動作，可以採用每次發生停機的概率來表示。因此，每次裝配循環（即一個節拍循環）有可能帶來的平均停機時間及實際節拍時間分別為

$$p_i = q_i m_i \qquad (2\text{-}10)$$

$$F = \sum_{i=1}^{n} p_i \qquad (2\text{-}11)$$

$$T_p = T_c + F T_d \qquad (2\text{-}12)$$

式中　p_i——每個零件在每次裝配循環中產生堵塞停機的平均概率，或不添加零件動作的平均概率，$i = 1，2，\cdots，n$；

m_i——零件的質量缺陷率，$i = 1，2，\cdots，n$；

q_i——每個缺陷零件在裝配時造成送料堵塞停機的平均概率，$i = 1，2，\cdots，n$；

n——專機上具體的裝配動作數量；

F——專機每個節拍循環的平均停機概率，次/循環；

T_d——專機每次送料堵塞停機及清除缺陷零件所需要的平均時間，min/次；

T_c——專機的理論節拍時間，min/件；

T_p——專機的實際平均節拍時間，min/件。

④ 實際生產效率　實際的生產效率為

$$R_p = \frac{60}{T_p} \qquad (2\text{-}13)$$

考慮送料堵塞停機的時間損失後，專機的實際使用效率為

$$\eta = \frac{T_c}{T_p} \times 100\% \qquad (2\text{-}14)$$

式中　η——專機的使用效率，%。

可以從時間同步和空間重疊兩個方面進行節拍優化設計。

① 時間同步優化。為了縮短機器的節拍時間，部分機構的運動在滿足工藝要求的前提下是可以重疊的，在可能的情況下使部分機構的動作（通常為輔助操作）盡可能重疊或同時進行。

② 空間重疊優化。部分機構的運動在空間上有可能會發生干涉。為

了縮短機器的節拍時間，可以使上述機構同時動作，使它們的運動軌迹在空間進行部分重疊。這種重疊是以相關機構不發生空間上的干涉爲前提的，這就是機構運動空間的優化。

（3）自動化裝配生產線結構組成

自動化裝配生產線上由各種自動化裝配專機來完成各種裝配工序，其結構原理示意如圖 2-12 所示。自動化裝配生產線在結構上主要包括輸送系統，各種分料、擋停及換向機構，自動上下料裝置，自動化裝配專機，傳感器與控制系統。

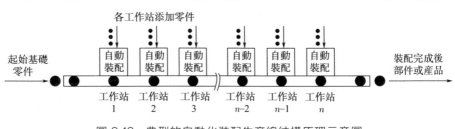

圖 2-12　典型的自動化裝配生產線結構原理示意圖

① 輸送系統　輸送系統通常都採用連續運行的方式，最典型的輸送線有皮帶輸送線、平頂鏈輸送線等。通常將輸送線設計爲直線形式，各種自動化裝配專機直接放置在輸送線的上方。

② 分料、擋停及換向機構　由於零件是按專機排列次序經過逐臺專機的裝配完成全部裝配工序的，通常在輸送線上每臺專機的前方都先設計有分料機構，將連續排列的零件分隔開，然後再設置各種擋停機構，組成各專機所需要的零件暫存位置。工件到達該擋停暫存位置後，經過傳感器確認後專機上的機械手從該位置抓取零件放入定位夾具，然後進行裝配工藝操作。最後由專機上的機械手將完成裝配操作的零件又送回輸送線繼續向下一臺專機輸送。在需要改變零件的姿態時，就需要設置合適的換向機構，改變零件的姿態方向後再進行工序操作。

③ 自動上下料裝置　應用最多的自動上下料裝置就是振盤及機械手。振盤用於自動輸送小型零件，如螺釘、螺母、鉚釘、小型衝壓件、小型注塑件、小型壓鑄件等。而機械手抓取的對象更廣，既可以抓取很微小的零件，也可以抓取具有一定尺寸和質量的零件。爲了簡化結構，通常將自動上下料機械手直接設計成專機的一部分。採用配套的直線導軌機構與氣缸組成上下、水平兩個方向的直線運動系統，在上下運動手臂的末端加上吸盤或氣動手指即可。

④ 自動化裝配專機　自動化裝配專機的組成系統主要包括定位夾具、裝配執行機構、傳感器與控制系統等。其中定位夾具根據具體零件的形狀尺寸來設計；裝配執行機構則隨需要完成的工序而專門設計，而且大量採用直線導軌機構、直線軸承、滾珠絲槓機構等部件。通常在這類自動化裝配專機上完成的工序有自動黏結、零件插入、半導體表面貼裝、螺紋連接、鉚接、調整、檢測、標示、包裝等。

⑤ 傳感器與控制系統　每臺專機需要完成各自的裝配操作循環，必須具有相應的傳感器與控制系統。爲了使各臺專機的裝配循環組成一個協調的系統，在輸送線上還必須設置各種對零件位置進行檢測確認的傳感器。通常採用順序控制系統協調控制各專機的工序操作，前一臺專機的工序完成後才進行下一臺專機的工序操作，當前一臺專機未完成工藝操作時相鄰的下一臺專機處於等待狀態，直到零件經過最後一臺專機後完成生產線上全部的工藝操作。

(4) 自動化裝配生產線節拍

① 理論節拍時間　零件從輸送線的一端進入，首先進入第一臺專機進行裝配工序操作，工序操作完成後才通過輸送線進入相鄰的下一臺專機進行工序操作，直至最後一臺專機完成工序操作後得到成品或半成品。在全部專機中必有一臺專機的工藝操作時間最長，該專機的作用類似於手工裝配生產線上的瓶頸工位。當某一臺專機還未完成工序操作時，即使下一臺專機已經完成工序操作也必須暫停等待。假設各專機的節拍時間是固定的，而且輸送線連續運行，則這種自動化裝配生產線的節拍時間就等於節拍時間最長的專機的節拍時間，即

$$T_c = \max\{T_{si}\} \tag{2-15}$$

式中　T_c——自動化裝配生產線的理論節拍時間，min/件；

　　　T_{si}——自動化裝配生產線中各專機的節拍時間 [其中 $i = 1, 2, \cdots, n$（n 爲專機的臺數）]，min/件。

② 理論生產效率　自動化裝配生產線的理論生產效率爲

$$R_c = \frac{60}{T_c} = \frac{60}{\max\{T_{si}\}} \tag{2-16}$$

式中　R_c——自動化裝配生產線的理論生產效率，件/h。

③ 實際節拍時間與實際生產效率　自動化裝配生產線會因爲零件尺寸不一致導致送料堵塞停機，自動化專機及輸送線也會因爲機械或電氣故障導致停機，因此在評估生產線的實際節拍時間及生產效率時需要考慮上述兩個因素，並根據使用經驗統計出現零件堵塞的平均概率及平均處理時間、機器出現故障的平均概率及平均處理時間，然後分攤到每一

個工作循環。實際平均節拍時間爲

$$T_p = T_c + npT_d \qquad (2\text{-}17)$$

式中　T_p——自動化裝配生產線的實際平均節拍時間，min/件；

　　　T_c——自動化裝配生產線上耗時最長專機的節拍時間，min/件；

　　　n——自動化裝配生產線中自動專機的數量；

　　　p——自動化裝配生產線中每臺專機每個節拍的平均停機頻率，次/循環；

　　　T_d——自動化裝配生產線每次平均停機時間，min/次。

實際平均生產效率爲

$$R_p = \frac{60}{T_p} \qquad (2\text{-}18)$$

式中　R_p——自動化裝配生產線的實際平均生產效率，件/h。

④ 提高自動化裝配生產線生產效率的途徑　自動化裝配生產線的生產效率決定了生產線單位時間內所完成產品的數量，生產效率越高，分攤到每個產品上的設備成本也就越低。提高自動化裝配生產線的生產效率途徑：提高整條生產線中節拍時間最長的專機的生產速度；提高裝配零件的質量水平；盡量平衡各專機的節拍時間；提高專機的可靠性；在專機的設計過程中考慮設備的可維修性，簡化設備結構。

(5) 自動化裝配生產線工序設計

整條生產線的節拍時間與組成生產線的各專機的節拍時間（尤其是個別專機的節拍時間）密切相關，節拍設計是自動化生產線設計的重要內容之一。節拍設計是在生產線總體方案設計階段進行的，不僅與裝配專機本身的速度（節拍時間）有關，還與生產線的工序設計密切相關。自動化裝配生產線的工序設計是節拍設計的基礎，工序設計的主要內容如下。

① 確定工序的合理先後次序　工序的先後次序既要滿足製造工藝的次序，也要從降低設備製造難度及成本、簡化生產線設計製造的角度進行分析優化。

② 對每臺專機的工序內容進行合理分配和優化　分配給每臺專機的工序內容應合理。如果某臺專機的功能過於複雜，則該專機的節拍時間過長、結構過於複雜、設備的可靠性及可維修性降低，一旦出現故障將導致整條生產線停機。

③ 分析優化零件在全生產線上的姿態方向　工序設計時需要全盤考慮零件在生產線上的分料機構、換向機構、擋停機構，盡可能使這些機構的數量與種類最少，簡化生產線設計製造。

④ 考慮節拍的平衡 在各臺專機中需要盡可能使它們各自的節拍時間均衡，只有這樣才能充分發揮整條生產線的效益，避免部分專機的浪費。

⑤ 提高整條生產線的可靠性 從工序設計的角度進行分析優化，不僅要簡化專機的結構和提高專機的可靠性，還要使整條生產線結構簡單、故障停機次數少、維修快捷以及提高整條生產線的可靠性。

由此可見，自動化裝配生產線的工序設計的質量和水平直接決定了生產線上各專機的複雜程度、可靠性、整條生產線的生產效率、生產線製造成本等綜合性能。

第3章

人工智能
技術基礎

3.1 知識工程

3.1.1 知識表示

知識是人們在改造客觀世界的實踐中積累起來的認識和經驗。領域性知識是指面向某個具體專業的專業性知識，只有相應專業領域的人員才能掌握並用來求解領域內的有關問題。目前大多數領域性知識，分爲說明性知識、過程性知識、控制性知識三類。說明性知識用於描述事物的概念、定義、屬性或狀態、環境條件等，回答「是什麼」「爲什麼」。過程性知識是用於問題求解過程的操作、演算和行爲的知識，是如何使用事實性知識的知識，回答「怎麼做」。控制性知識是如何使用過程性知識的知識，例如推理策略、搜索策略、不確定性的傳播策略等。

領域性知識中可以給出其真值爲「真」或「假」的知識是確定性知識，是可以精確表示的知識。不確定性知識是指具有不確定特性（不精確、模糊、不完備）的知識。不精確是指知識本身有真假，但由於受認識水平等限制不能肯定知識的真假，可以用可信度、概率等描述。模糊是指知識本身的邊界就是不清楚的，例如大、小等，可以用可能性、隸屬度來描述。不完備是指解決問題時不具備解決該問題的全部知識。

人工智能問題的求解是以知識表示爲基礎的。知識表示實際上就是對知識的描述，即用一些約定的符號把知識編碼成一組能被計算機接受並便於系統使用的數據結構。只有適當的表示方法，才便於知識在計算機中有效存儲、檢索、使用和修改。一個好的知識表示方法應滿足以下幾點要求。

a. 具有良好定義的語法和語義。

b. 有充分的表達能力，能清晰地表達有關領域的各種知識。

c. 便於有效推理和檢索，具有較強的問題求解能力，適合於應用問題的要求，提高推理和檢索的效率。

d. 便於知識共享和知識獲取。

e. 容易管理，易於維護知識庫的完整性和一致性。

恰當的數據結構對表達知識至關重要，常用的知識表示方法有一階謂詞邏輯表示法、產生式規則表示法、框架表示法、語義網絡表示法、本體表示法等。

（1）一階謂詞邏輯表示法

邏輯表示法是一種敘述性知識表示方法。以謂詞形式來表示動作的主體、客體，利用邏輯公式描述對象、性質、狀況和關係。邏輯表達研究的是假設與結論之間的蘊含關係，即用邏輯方法推理的規律。邏輯表示法主要分為命題邏輯（Propositional Logic）、一階謂詞邏輯（First-Order Predicate Logic）和模糊邏輯（Fuzzy Logic）等。下面是三個典型的例子。

a. 命題邏輯，即陳述性的命題，如 It's raining。

b. 一階謂詞邏輯，即判斷性的命題，如 He is a man。

c. 模糊邏輯，即不確定的命題，如 Most boys are singing。

一階謂詞邏輯表示法接近於自然語言系統且比較靈活，容易被人們理解；謂詞邏輯能很準確地表示知識，無二義性，易為計算機理解和操作；擁有通用的邏輯演算方法和推理規則，並保證推理過程的完全性；具有模塊化特點，每個知識都是相對獨立的。但是，這種表示方法不能很方便地描述有關領域中的複雜結構；邏輯推理過程往往太冗長，效率低；當用於大型知識庫時，可能會發生「組合爆炸」。

（2）產生式規則表示法

產生式規則表示法的求解過程和人類求解問題的思維過程很像，可以用來模擬人類求解問題的思維過程。產生式系統的知識表示主要包括事實和規則兩種表示。

事實可以看成是斷言一個語言變量的值或是多個語言變量間的關係的陳述句。對於確定性知識，事實通常用一個三元組來表示，即（對象，屬性，值）或（關係，對象 1，對象 2）。對於不確定性知識，事實通常用一個四元組來表示，即（對象，屬性，值，可信度因子）或（關係，對象 1，對象 2，可信度因子）。其中，可信度因子是指該事實為真的可信程度，類似於模糊數學中的隸屬程度，可以用 0～1 之間的數來表示。

規則表示的是事物間的因果關係，其表現形式為

$$P \rightarrow Q \text{ 或 IF P THEN Q}$$

其中，P 表示前提條件，Q 表示所得到的結論或一組操作。若要得到結論，需要前提條件必須為真。產生式不僅可以表示確定性知識，還能表示不確定性知識。例如：

```
IF      條件
THEN    結論,可信度為 0.8
```

在該規則中，當前提條件滿足時，就有結論可以相信的程度是 0.8，這個 0.8 是規則強度。

產生式系統由規則庫（又稱知識庫）、綜合數據庫（又稱事實庫）以及推理機組成。規則庫是某領域性知識用規則形式表示的集合。該集合包含了問題初始狀態以及轉換到目標狀態所需要的所有變化規則。綜合數據庫用來存放當前與求解問題有關的各種信息的數據集合，包括問題的初始狀態信息、目標狀態信息以及在問題求解過程中產生的臨時信息。當從規則庫中取出的某規則的前提與綜合數據庫中的已知事實相匹配時，該規則被激活，由該規則庫得到的結論就是中間信息，將被添加到綜合數據庫中。推理機（又稱控制系統）由一組程序組成，用來控制和協調規則庫與綜合數據庫的運行，決定了問題的推理方式和控制策略。即推理機按照一定的策略從規則庫中選擇與綜合數據庫中的已知事實相匹配的規則進行匹配，當匹配有多條時，推理機應能按照某種策略從中找出一條規則去執行，如果該規則的後件滿足問題的約束，則停止推理；如果該規則的後件不是問題的目標，則當其爲一個或多個結論時，把這些結論加入到綜合數據庫中，以此循環操作，直至滿足結束條件爲止。

根據以上推理過程，可以總結出產生式系統的問題求解一般步驟如下。

步驟 1：初始化綜合數據庫（事實庫）。

步驟 2：檢測規則庫中是否有與綜合數據庫相匹配的規則，若有則執行步驟 3，否則執行步驟 4。

步驟 3：更新綜合數據庫，即添加步驟 2 所檢測到與綜合數據庫匹配的規則，並將所有規則作標記。

步驟 4：驗證綜合數據庫是否包含解，若有則終止求解過程，否則轉步驟 2。

步驟 5：若規則庫中不再提供更多的所需信息，則問題求解失敗，否則更新綜合數據庫，轉步驟 2。

產生式系統的正向推理也稱爲數據驅動式推理，從已知事實出發，通過規則庫求得結論。其基本推理過程如下。

第 1 步：用數據庫中的事實與可用規則集中所有規則的前件進行匹配，得到匹配的規則集合。

第 2 步：使用衝突解決算法，從匹配規則集合中選擇一條規則作爲啓用規則。

第 3 步：執行啓用規則的後件，將該啓用規則的後件送入綜合數據庫或對綜合數據庫進行必要的修改。

第 4 步：重複這個過程，直到達到目標或者無可匹配規則爲止。

產生式系統的逆向推理也稱爲目標驅動方式推理，它從目標出發反向使用規則，求得已知事實。其基本推理過程如下。

第 1 步：用規則庫中的規則後件與目標事實進行匹配，得到匹配的規則集合。

第 2 步：使用衝突解決算法，從匹配規則集合中選擇一條規則作爲啓用規則。

第 3 步：將啓用規則的前件作爲子目標。

第 4 步：重複這個過程，直至各子目標均爲已知事實爲止。

產生式系統符合人類的思維習慣，直觀自然，便於推理；規則間沒有相互的直接作用，每條規則可自由增删和修改；每條規則都具有統一的 IF-THEN 結構，便於檢索和推理；既可以表示確定性知識，又可以表示不確定性知識。但是其求解過程是一種重複進行的「匹配→衝突消解→執行」過程，效率較低；具有結構關係或層次關係的知識很難以自然的方式來表示；當規則庫不斷擴大時，若要保證新的規則和已有規則沒有矛盾就會越來越困難，規則庫的一致性越來越難以實現；產生式系統中存在競爭問題，很難設計一個能適合各種情況下競爭消除的策略。

(3) 框架表示法

框架表示法是以框架理論爲基礎的一種結構化知識表示方法。這種表示方法能夠把知識的内部結構關係以及知識間的聯繫表示出來，具有面向對象和性質繼承等特點，可被組織爲嚴格的層次結構（樹結構）或層次的網結構，能夠體現知識間的承屬性，符合人們觀察事物時的思維方式。

框架是一種層次的數據結構，其主體是某個固定的概念、對象或事件。框架的下層由一些槽組成，表示主體每個方面的屬性。框架下層的槽可以看成一種子框架，子框架本身還可以進一步分層次。相互關聯的框架連接起來組成框架系統。一個框架表示一個由屬性集合組成的對象或概念。框架的基本結構中包含以下幾方面。

① 名字　框架具有唯一的名字，它提供一個標誌，可爲任何常量。

② 描述　這部分是框架的主體，由任意有限數目的槽組成。這些槽是數據和過程的組合模塊，用於描述對象的性質（屬性）或連接不同的其他框架。每個槽包含槽的名字和槽的值。一個框架中的每個槽具有唯一的名字，它局限於框架。因而不同的框架可以包含相同的槽名，例如年齡表示爲槽，可被用於表示不同人的框架中，而不會發生概念的衝突。

③ 約束　每個槽可包含一組有關約束條件，如約束槽值的類型、數

量等。這些約束可用若干側面表示。一種側面表示槽值的最少個數和最多個數；一種側面描述槽值的類型和取值範圍，例如一個人的年齡必須是整型數字。另一種側面是附加過程：如果加入過程（if-added）、如果刪除過程（if-deleted）、如果需要過程（if-needed），它們描述對象的行爲特徵，用於控制槽值的存儲和檢索。

④ 關係　關係表達框架對象之間的知識關聯，包括等級關係、語義相似關係、語義相關關係等靜態關聯，還有框架之間的互操作等動態關聯。每個框架可以有一個或多個父輩節點，通過父-子鏈表達等級關係。框架中槽的值也可以是連接其他框架的鏈值。因此，框架可以通過槽的值相互關聯，還可以使用規則相互動態連接。當一個系統中的不同框架共享同一個槽時，這個共享槽可以把從不同角度收集來的信息相互協調起來。

一個框架的基本結構由框架名、關係、槽、槽值及槽的約束條件與附加過程所組成。框架的一般描述形式如下：

```
《框架名》
《關係》
《槽名 1》《值 1》《約束 1》《過程 1》
《槽名 2》《值 2》《約束 2》《過程 2》
      ⋮
《槽名n 》《值n 》《約束n 》《過程n 》。
```

一個框架可以表達一個類對象，稱爲類節點（或原型框架）。它還可表達一個具體實體對象，稱爲實例節點（或實例框架）。只有在框架中填入具體的值，才能表示一個特定的實體，這個過程叫做框架的實例化。類之間的類屬關係用 kind-of 表示，實例與類之間的關係用 inst-of 表示。

在框架表示法中，允許每個框架附加一些信息。這些信息用於描述領域的決策規則和有關活動，以建立對象和專知的行爲模式。框架系統使用附加過程來表達行爲信息。三種附加過程如下所示。

① if-added（如果加入過程）　用於存儲和修改槽的值。當新的信息加入槽內時執行該過程，且首先檢查給定的項目是否是某槽的合法值。

② if-deleted（如果刪除過程）　從槽中刪除信息時執行。

③ if-needed（如果需要過程）　用於控制槽值的檢索，當需要某槽的值而該槽爲空時，用某種方法產生槽的值。常用的方法有：繼承一個值；參考一個期望值的表；向用戶詢問值；執行一個函數計算求值或運行一個演繹規則的集合獲得一個值。如果需要過程可輔助提高檢索的靈活性。

　　附加過程可用於檢查、控制槽值的存儲和檢索，維護知識的正確性和完整性。附加過程還用於知識信息的動態管理，可以基於其他信息直接計算槽的值，或動態地決定槽值的可容許範圍。在推理過程中，附加過程提供的自動觸發規則的功能可用於修改框架的基本結構，如增加槽、增加或删除框架等。

　　框架表示法具有的存儲、檢索及動態知識管理的功能，提供了實現智能數據庫的好方法。框架系統中使用的推理方法可分爲如下三種類型。

　　① 面向檢索的繼承推理　　這是一種以框架間層次關係的性質繼承及利用默認值爲主的推理策略。它的意思是低層框架可以繼承較高層框架的性質。當檢索某槽的值而該槽爲空（默認值）時，可從該框架的父輩框架或其祖先框架中繼承有關槽值、限制條件或附加過程。

　　② 面向過程的推理　　框架表示法能把描述性知識與過程性知識的表示組合到同一數據結構中。因此，可利用槽中的附加過程（或子程序）實現控制。這個程序體放在另外的地方，以供多個框架共同使用。

　　③ 面向規則的推理　　這是在綜合運用框架表示法和產生式規則表示法的機制中使用的推理方式。框架與規則的連接有兩種方式：將規則連入框架和將框架連入規則。

　　a. 將規則連入框架。也就是在框架中包含規則，即用附加過程調用規則集合，來控制信息的存儲、檢索和推理。但事實上，應用框架中的附加過程執行所有的推理，將起副作用。這種纏結結構產生的後果是，不僅理解和維護是困難的，而且效率低。

　　b. 將框架連入規則。這種方式將規則中的前提和結論表示爲框架。在推理中，應用規則控制推理，而用框架組織智能數據庫來維護推理所需要的知識。

　　框架表示法善於表示結構性知識，它能夠把知識的内部結構關係以及知識間的特殊聯繫表示出來；可以從多方面、多重屬性表示知識，還可以通過槽以嵌套結構分層地對知識進行表示；下層框架可以繼承上層框架的槽值，也可以進行補充和修改，既減少知識冗餘，又較好地保證知識的一致性；框架能夠把與某個實體或實體集的相關特性都集中在一起，高度模擬人腦對實體多方面、多層次的存儲結構，易於理解。但是至今還沒有建立框架的形式理論，其推理和一致性檢查機制並非基於良好定義的語義；框架系統不便於表示過程性知識，推理過程需要用到一些與領域無關的推理規則，而這些規則在框架系統中又不易表達；各框架本身的數據結構不一定相同，從而使框架系統的清晰性很難保證。

（4）語義網絡表示法

　　語義網絡（Semantic Networks）是由 Quillian 作為人類聯想記憶的一個顯式心理學模型提出的。1970 年，Simmon 將語義網絡應用在自然語言理解的研究中，正式提出了語義網絡的概念。語義網絡表示領域性知識，一是表達事實性知識；二是表達這些事實間的聯繫，即能夠從一些事實找到另一些事實的信息。語義網絡是一種用語義和語義關係來表示且帶有方向的網絡圖，由節點和弧（有向線段）組成。節點代表語義，即各種概念、事物、屬性、狀態、動作等；弧代表語義關係，表示兩個語義之間的某種聯繫；弧的方向性表示節點間的主次關係。語義網絡的結構如圖 3-1 所示。在語義網絡中為知識節點間的聯繫賦予權值，用於表示一些特殊的附加知識，如知識元素間的相關程度、知識聯繫的重要性、知識的置信度等。

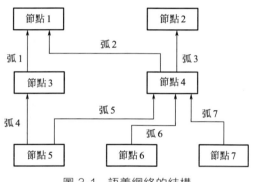

圖 3-1　語義網絡的結構

　　弧所表示的各種關係可以歸納為以下六類。

　　① 類屬關係　類屬關係（kind-of）是指具有共同性質的不同事物間的分類關係、成員關係或實例關係。類屬關係最主要的特徵是繼承性。例如，專業圖書館是圖書館的一種類型。

　　② 整部關係　整部關係（part-of）表示整體與其組成部分之間的關係。例如，人體系統與器官之間的關係。

　　③ 屬性關係　屬性關係是指事物和其屬性之間的關係。例如，Have 含義為「有」，表示一個節點具有另一個屬性；Can 含義是「能」「會」，表示一個事物能做另一件事情。

　　④ 位置關係　位置關係是指不同事物在位置方面的關係，節點間的屬性不具有繼承性。常用的位置關係有以下幾個。

a. Located-on，含義爲「在……上」，表示某一個物體在另一個物體之上。

b. Located-at，含義爲「在」，表示某一個物體處在某一位置。

c. Located-under，含義爲「在……下」，表示某一個物體在另一個物體之下。

d. Located-inside，含義爲「在……內」，表示某一個物體在另一個物體之內。

e. Located-outside，含義爲「在……外」，表示某一個物體在另一個物體之外。

⑤ 時序關係　時序關係是指不同事件在其發生時間方面的先後次序關係。例如，Before 表示一個事件在另一個事件之前發生；After 表示一個事件在另一個事件之後發生；At 表示某一事件發生的時間。

⑥ 其他語義相關關係　相關關係是指不同事物在形狀、內容等方面相似、接近、相關等。常用的相近關係有以下兩種：Similar-to，含義爲「相似」，表示某一事物與另一事物相似；Near-to，含義爲「接近」，表示某一事物與另一事物接近。

語義網絡表示的問題求解系統主要由兩部分組成：一是匹配推理方法，依據是語義網絡構成的知識庫存放的許多已知事實的語義網絡；二是繼承推理方法，即推理機。

匹配推理方法，是指在知識庫的語義網絡中尋找與待求解問題相符的語義網絡模式，待求解問題是通過設立空的節點或弧來實現的。其推理過程如下。

a. 根據待求問題的要求構造局部語義網絡，包含一些空節點或弧，即待求解的問題。

b. 根據該局部網絡到知識庫中尋找所需要的信息。

c. 當局部網絡與知識庫中的某個語義網絡匹配時，則與未知處相匹配的事實就是問題的解。

繼承推理方法是指將抽象事物的屬性傳遞給具體事物。通常具有類屬關係的事物之間具有繼承性。繼承一般包括值繼承和方法繼承兩種。值繼承又稱爲屬性繼承，它通常沿著語義關係鏈繼承。方法繼承又稱爲過程繼承，屬性值是通計算才能得到的，但它的計算方法是從上一層節點繼承下來的。繼承的一般過程如下。

a. 建立一個節點表，用來存放待求解節點和所有繼承弧與此節點連接的那些節點。初始情況下，表中只有待求解節點。

b. 檢查表中的第一個節點是否有繼承弧。如果有繼承弧，就把該弧

所指的所有節點放節點表的末尾。記錄這些節點的所有屬性，並從節點表中刪除第一個節點。如果沒有繼承弧，僅從節點表中刪除第一個節點。

　　c. 重複步驟 b，直到節點表爲空。此時，記錄下來的所有屬性都是待求解節點繼承來的屬性。

　　語義網絡是一種結構化的知識表示方法，將事物屬性以及事物間的各種語義聯繫顯式地表示出來，符合人們表達事物間關係的習慣；下層節點可以繼承、新增和變異上層節點屬性，實現信息的共享；基於聯想記憶模型，可執行語義搜索，相關事實可以從其直接相連的節點中推導出來，而不必遍歷整個龐大的知識庫；利用等級關係可以建立分類層次結構實現繼承推理。但是語義網絡的主要缺點是：語義網絡沒有公認的形式表示體系，推理過程中有時不能區分物體的「類」和「個體」的特點，通過推理網絡而實現的推理不能保證其正確性；網絡結構複雜，建立和維護知識庫較困難；網絡搜索、調控的執行效率是難題。

　　(5) 本體表示法

　　在人工智能領域，Neches 等最早給出了 Ontology 的定義，即「給出構成相關領域詞彙的基本術語和關係，以及利用這些術語和關係構成的規定這些詞彙外延的規則的定義」。斯坦福大學的 Gruber、Borst Pim 認爲本體是一套得到大多數人認同的、關於概念體系的、明確的、形式化的規範說明。德國卡爾斯魯厄大學的 Stude 等學者認爲本體有以下四大特徵。

　　① 明確 (Explicit)　是指「被引用的概念所屬的上位類與在使用此概念時的限制條件應預先得到明確的定義和說明」。

　　② 形式化 (Formal)　是指「本體應該具有機器可讀性」。本體的形式化程度有四個級別，即高度非形式化 (自然語言形式)、半非形式化 (受限的結構化自然語言形式)、半形式化 (人工的、形式定義的語言形式)、嚴格形式化 (形式化的語義、定理和證明)。

　　③ 共享 (Shared)　是指在一個本體中，知識所表達的觀念、觀點應該「抓住知識的共性，也就是說，它不只是爲某一小部分人所接受的，而是爲整個群體所接受的」，體現的是共同認可的知識，反映的是相關領域中公認的概念集。

　　④ 概念化 (Conceptualization)　是指「客觀世界中某些現象的一個抽象模式，該模式是通過定義這些現象的相關概念形成的」。

　　一個本體其實就是一套關於某一領域概念的規範而清晰的描述。它包括類 [classes，有時也被稱作概念 (concepts)]，每一個概念的屬性 (properties)，描述了有關概念的各種特徵和屬性 (又稱 attributes)，還

有屬性的限制條件（restrictions，也被稱作 constraints），如圖 3-2 所示。
一個完整的本體還要包括一系列與某個類相關的實例（instances），這些
實例組成了一個知識庫（Knowledge Base，KB）。

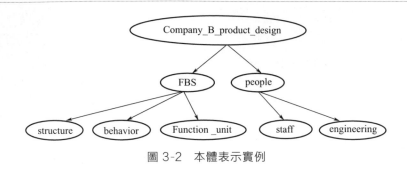

圖 3-2　本體表示實例

　　本體的描述語言能將領域模型表達成清晰的、形式化的概念描述，
其形式化的程度越高越有利於機器的自動處理。本體的表示方式主要有 4
類：①完全非形式化方式，用自然語言進行表示，結構非常鬆散，典型
的如術語列表；②半非形式化方式，用受限的或結構化的自然語言進行
表示，能有效提高本體的清晰度，減少模糊性，如 Enterprise Ontology
的文本版本；③半形式化方式，用人工定義的形式化語言進行表示，目
前已有許多研究機構開發制定了這類形式化本體表示語言；④完全形式
化方式，具有詳細的概念項定義、語義關係的形式化定義以及穩固和完
整的公理和證明。如果對本體的處理需要由機器自動完成，則其形式化
程度越高越好。

　　目前本體知識表示法很多，按它們的支撐理論基礎可分為三個：
①自然語言，以自然語言處理為基礎，從語法層次深入到語義和語用
層次，揭示概念及其關聯的語義知識；②一階謂詞邏輯，以形式邏輯
為基礎，應用知識概念的邏輯理論來描述知識模型；③框架和語義網
絡，以人類的認知模型和認知理論為基礎，使本體的表示符合人類的
認知規律。

　　當前的本體描述語言基本可以分為兩大類，即基於謂詞邏輯的本體
表示語言和基於圖的本體表示語言。基於謂詞邏輯的本體表示語言採用
了 XML 語法，比較有代表性的有 OIL（Ontology Interchange Lan-
guage）、KIF（Knowledge Interchange Format）、Ontolingua、Loom、
F-logic（Frame logic）、XOL（XML-based Ontology exchange Language）。
基於圖的本體表示語言的最大特點是直觀，比較有代表性的有 WordNet

的語義網絡、概念圖（Conceptual Graghs）、Conceptual Representation、Directed Acyclic Graph（DAG）、Lexical Semantic Graph、Lexical Conceptual Graph（LCG）等。

本體表示法能夠對文本中複雜的、多樣化的知識及其隱含的深層語義進行有效處理，識別出領域概念的本質和聯繫，採用語義明確、定義統一的術語和概念使知識共享成爲可能。本體表示法在語義表現、挖掘隱含信息方面有很大改善，使得知識表示關係豐富化。本體表示法以其清晰的層次性、關聯性、便於共享、可重用、易於推理爲知識的形式化描述提供了基礎，成爲語義理解的基石，便於系統間的知識共享和集成。

3.1.2　知識建模

（1）本體建模基元

知識表示可以看成是一組描述事物的約定，把人類知識表示成機器能處理的數據結構，採用 OWA 形式化定義，進行知識的本體建模。根據 OWA 形式化定義，本體包含 $\{C, A^C, R, A^R, H, X\}$。其中 C 表示某領域的概念集，A^C 是建立在 C 上的屬性集，R 是建立在 C 上的關係集，A^R 是建立在 R 上的屬性集，H 是建立在 C 上的概念層次，X 是公理集（指概念的屬性值和關係的屬性值的約束或者概念對象之間關係的約束）。

一個本體可由概念、關係、屬性、函數、公理和實例等元素組成。

① 概念又稱爲類（Concept，Class）　類是相似術語所表達的概念的集合體。概念的含義非常廣泛，可以指任何事物。

② 關係（Relation）　關係表示概念之間的關聯，例如常用的關聯有等級關係、等同關係、相似關係等語義關係。概念之間有四種基本關係：Part of 是一種常見的本體關係，表達概念部分與整體的關係；Kind-of 表達概念間的繼承關係，類似面向對象中的父類和子類之間的關係，從繼承關係上實現知識之間的關聯，實現沿著本體關係網的任意方向的追溯；Instance-of 表達實例和概念之間的關係，類似面向對象中的對象和類之間的關係；Attribute-of 表達某個概念是另一個概念的屬性。在實際應用中，概念之間的關係不會局限於上述四種關係，可以根據特定領域的具體情況定義相應的關係，以滿足需要。

③ 屬性（Property，Slot）　屬性用來描述類中的概念，具有限制類中概念和實例的功能。一些類具有某一屬性，另外一些類不具有這一屬性。屬性是區分類的標準。屬性具有繼承性。一個屬性必須具有相應的

屬性值。

④ 函數（Function） 函數是關係（Relation）的特定表達形式。函數中規定的映射關係，可以使得推理從一個概念指向另一個概念。

⑤ 公理（Axiom） 公理是公認的事實或推理規則，用於知識推理。在本體中，屬性、關係和函數都具有一定的關聯和約束，這些約束就是公理。

⑥ 實例（Instance） 實例表示屬於某個概念類的具體實體元素，也稱爲個體。歸根結柢，類是實例的類，實例是類的實例。函數是實例的函數，實例是函數的實例。實例是本體中最小對象。它具有原子性，即不可再分性。實例可以代入函數中進行運算，而函數的運算結果一定是另外一些實例或者類。類包含實例，而每個實例都有不屬於其他實例的屬性。

(2) 建立本體的方法

本體的開發是本體應用的基礎。本體開發還沒有成爲一種工程性的活動，仍然需要各領域的專家按照自己的本體構建原則實現構建，不同的本體開發人員構建本體遵循不同的原則。

Gruber 在 1995 年根據本體的定義和構建目的給出了構建本體的五個原則：①清晰化原則；②一致性原則；③可擴展性原則；④編碼偏好程度最小化原則；⑤本體約定最小化原則。這些原則對本體的構造給出了理論性指導。

Arpirez 提出面向具體操作的本體構建三原則：①概念名稱命名標準化；②概念層次多樣化；③語義距離最小化。

Perez 在 Gruber 的本體構建五原則的基礎上進行了適當修改和擴充，並融合 Arpirez 等學者的觀點，提出了被實踐所證明的本體構建的十原則：①明確性；②客觀性；③完全性；④一致性；⑤最大單調且可擴展性；⑥最小本體化承諾；⑦本體差別原則；⑧層次變化性；⑨最小模塊耦合；⑩同屬概念具有最小語義距離。

在確定本體的領域和範圍時，通過回答一些問題（如本體覆蓋的領域、本體的用途、本體中的信息應提供何種類型的答案、誰將使用和維護這些本體），就可以確定所需要建立的本體的大致框架。在確定了開發對象後檢查是否有可重用的本體，當本體庫不斷豐富後，就可以大量借用原有本體，以方便開發。然後枚舉本體中的術語，這些術語盡量要全面，包括各種聲明和解釋。接下來是本體構建的核心，定義本體類和類的層次關係。爲進一步準確描述類，還要定義類的特性，並在此基礎上定義類的屬性約束，如屬性基數約束、屬性值的類型約束、屬性的領域

和範圍、逆屬性和屬性默認值。在定義類和屬性後填充相應的屬性值，生成類的實例。隨著人們對客觀認識的不斷深入，爲了滿足新應用的需求，對所建立的本體還要不斷地修改和維護。

目前比較成形的本體開發方法有：Uschold 用於企業模擬的 Enterprise Ontology 方法；Gruninger Fox 的 TOVE 方法；西班牙馬德里理工大學人工智能實驗室提出的 METHONTOLOGY 方法；Fernandez 與 Dieng 等提出的本體的生命週期法開發方法；Berneras 等提出的 CommonKADS 和 KACTUS 方法。這些本體開發方法雖然有所不同，但是都包含一些主要過程，如圖 3-3 所示。

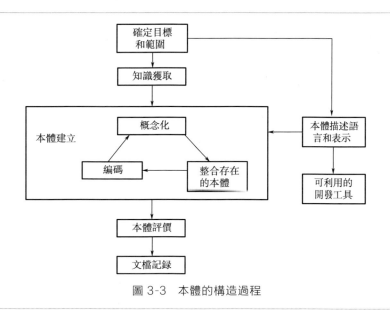

圖 3-3　本體的構造過程

① 明確所建立本體的用途和確定本體的覆蓋範圍　首先明確構建的本體將覆蓋的專業領域、應用本體的目的與作用以及它的系統開發、維護和應用對象，這些與領域本體的建立過程有著很大的聯繫。能力問題是由一系列基於該本體的知識系統應該能回答的問題組成，能力問題被用來檢驗該本體是否合適；本體是否包含了足夠的信息來回答這些問題，問題的答案是否需要特定的細化或需要一個特定領域的表示。

② 建立本體　定義本體中所有術語的意思及其之間的各種關係。建立本體可由以下三個子步驟實現。

a. 本體獲取：即確定關鍵的概念、關係和相應的公理，給出精確定義，並確定標識這些概念、關係和公理的術語。

b. 本體編碼：選擇合適的、形式化的表示語言表達概念、關係和

公理。

c. 本體集成：集成已經獲取的概念或者關係的定義，使它們形成一個整體。

③ 本體評估　根據需求描述，從清晰性、一致性、完善性及可擴展性評估本體是否符合要求，如果不能則還要轉回②。

④ 文檔記錄　把所開發的本體以及相關內容以文檔形式記錄下來。

(3) 本體開發工具

本體的開發是一項複雜的工程。任何領域都包括大量概念、概念的性質、概念之間的各種關聯和約束等，若要正確地建立相關概念的本體，僅僅靠人手工完成是不現實的，本體建造工具（環境）可以極大簡化本體建立。本體開發環境可以方便地存儲和呈現已獲取概念和概念之間的各種關係，便於本體工程師正確理解並添加新的概念和關係；本體開發環境可以幫助本體工程師查找、選擇已有本體，通過重用已有本體降低新本體開發的工作量；本體開發環境可以自動檢測本體中的知識是否一致，及時提醒用戶改正本體中不一致的知識；本體開發環境可以提供共享機制，輔助多個用戶共同完成本體的開發工作；本體開發環境可以提供本體的查詢、推理和學習、不同本體語言和格式間的轉換等。許多組織和團體開發了各種類型的本體開發工具，比較著名的本體開發工具有以下幾個。

① Apollo　Apollo 是一個用 Java 實現的、介面友好的本體開發工具，用它可以方便地使用知識模型技術，而且不需要複雜的語法和環境。Apollo 支持所有基本的知識模型：本體、類、實例、函數和關係，在編輯過程中能夠完成一致性檢測，如能檢測未定義的類。Apollo 定義了自己的語言來實現本體的存儲，而且根據用戶的不同需求把它導出爲不同的表示語言。

② OILEd　OILEd 是由曼徹斯特大學計算機科學係信息管理組構建的基於 OIL 的圖形化的本體編輯工具，它允許用戶使用 DAML＋OIL 構建本體。它的基本設計受到類似工具（如 Protégé、OntoEdit）的很大影響，它的新穎之處在於對框架編輯器範例進行擴展，使之能處理表達能力強的語言；使用優化的描述邏輯推理引擎，支持可跟蹤的推理服務。OILEd 更多地作爲這些工具的原型測試和描述一些新方法，它不提供合作開發的能力，不支持大規模本體的開發，不支持本體的移植和合併、本體的版本控制以及本體構建期間本體工程師之間的討論。

③ OntoEdit　OntoEdit 是由卡爾斯魯厄大學開發的支持用圖形化的方法實現本體開發和管理的工程環境。它將本體開發方法論（骨架法）與合作開發和推理的能力相結合，關注本體開發的三個步驟：收集需求

階段、提煉階段、評估階段。OntoEdit 支持 RDF（S）、DAML＋OIL，OntoEdit 提供對於本體的並發操作。OntoEdit 不開放源代碼，已經產品化。OntoEdit 具有很好的擴展性，支持各種插件，既可以擴展其建模功能，又可以豐富其輸入/輸出格式，適應不同用戶的應用需要。

④ OntoSaurus OntoSaurus 是南加州大學為 Loom 知識庫開發的一個 Web 瀏覽工具，提供了一個與 Loom 知識庫鏈接的圖形接口。OntoSaurus 同時提供了一些對 Loom 知識庫的編輯功能，然而它的主要功能是瀏覽本體。由於 OntoSaurus 使用 Loom 語言，它具有 Loom 語言提供的全部功能，例如支持自動的一致性檢查、演繹推埋，也支持多重繼承。OntoSaurus 的本體開發方式是自頂向下的。它首先建立一個大的、通用的本體結構框架，然後逐步往這個框架添加領域性知識，形成內容豐富的本體。如果要創建一個本體，特別是比較複雜的本體，那麼需要用戶對 Loom 語言有一定的了解。對於一個新用戶，使用 OntoSaurus 編輯本體不是很方便。

⑤ WebODE WebODE 是馬德里理工大學開發的一個本體建模工具，它支持 METHONTOLOGY 本體構建方法論，WebODE 是 ODE（Ontology Design Environment）的一個網絡升級版本，並提供一些新的特性。WebODE 是通過 Java、RMI、COBRA、XML 等技術實現的，提供了很大的靈活性和可擴展性，可以方便地整合其他的應用服務。WebODE 支持的本體表示語言有 XML、RDF（S）、DAML＋OIL、OWL 等，WebODE 通過定義實例集來提高概念模型的可重用性。這個特性使得不同用戶可以使用不同方法對同一個概念模型進行實例化，使得應用間的交互性得到提高。同時，WebODE 允許用戶創建對本體的訪問類型、使用組的概念，用戶可以編輯或瀏覽一個本體，並且提供了同步機制來保證多個用戶無差錯地編輯同一個本體。

⑥ Protégé Protégé 由斯坦福大學設計開發，是集本體論編輯和知識庫編輯為一體的開發工具，是用 Java 編寫的。Protégé 系列的介面風格與普通 Windows 應用程序風格一致，用戶比較容易學習使用。它提供圖形介面和交互式的本體論設計開發環境，開發人員直接對本體論進行導航和管理操作，利用樹形控制方法迅速遍歷本體論的類層次結構。

Protégé 以 OKBC 模型為基礎，支持類、類的多重繼承、模板、槽、槽的側面和實例等知識表示要素，可以定義各種知識規則，如值範圍、默認值、集合約束、互逆屬性、元類、元類層次結構等。Protégé 最大的特點在於其可擴展性，它具有開放式接口，提供大量的插件，支持幾乎所有形式的本體論表示語言，包括 XML、RDF（S）、OIL、DAML、

DAML＋OIL、OWL 等系列語言，並且可以將建立好的知識庫以各種語言格式的文檔導出，同時還支持各種格式間的轉換。由於 Protégé 開放源代碼，提供了本體建設的基本功能，使用簡單方便，有詳細友好的幫助文檔，模塊劃分清晰，提供完全的 API 接口，因此它已成爲中國内外眾多本體研究機構的首選開發工具。

本體是對客觀概念及其關係的規範化說明，本體的開發步驟概括爲：定義本體的類；安排類之間的層次；定義類的屬性並描述屬性的允許值；填充類的屬性值形成本體的實例，如圖 3-4 所示。

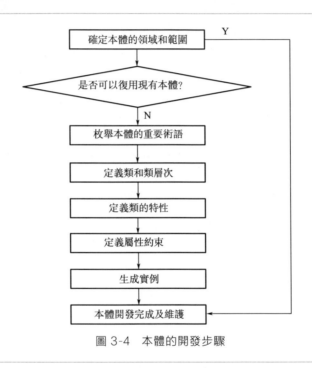

圖 3-4　本體的開發步驟

使用 protégé 進行本體開發的基本過程如下。

a. 建立新的項目。打開 protégé，然後會出現對話框，單擊「Project」→「Create New Project…」，出現「Create New Project」對話框，選擇「OWL Flies (.owl or.rdf)」後，單擊「Finish」按鈕。

b. 建立類。Protégé 的主頁面中會出現 OWL Classes（OWL 類）、Properties（屬性）、Forms（表單）、Individuals（個體）、Metedata（元類）這幾個標籤。我們選擇「OWL Classes」來編輯。在「Asserted Hierarchy」（添加階層）中，在有所有類的超類「owl：Thing」上單擊「Asserted Hierarchy」旁邊的「Create subclass」或者在「OWL：

Thing」右擊選擇「Create subclass」，會出現 protégé 自動定義名爲「Class_1」的類。在右邊的「CLASS EDITOR」（類編輯器）的「Name」選項中，輸入自定義的類名。

　　c. 建立屬性。屬性的作用是表示兩個個體之間的關係，主要分爲兩種：事物關聯（object properties）和數據類型關聯（datatype properties）。事物關聯連接兩個個體。數據類型關聯連接一個個體和一個 XML Schema 數據類型值（XML Schema datatype value）或 RDF 描述（RDF literal）。對於事物關聯，新建一個「ObjectProperty」，選擇「Properties」標籤，Name 改爲「is_part_of」，然後在右下角「Transitive」前面打上對號，說明這是一個傳遞性屬性。然後建立一個對象屬性（owl：ObjectProperty），在「Domain」（定義域）中定義該屬性所屬的主體類，「Range」代表了該屬性取值的範圍，可以是一般的數據類型，也可以是一個類的實例。最後建立屬性的逆關係（owl：inverseOf）。

　　d. 建立實例。爲相關的屬性進行賦值，創建本體實例。

3.1.3　知識檢索與推理

（1）基於本體的知識檢索

　　知識檢索是根據用戶需求或問題的實際情況找出可利用的知識使問題得到圓滿解決的過程。知識檢索是在知識組織的基礎上，通過知識關聯和概念語義檢索，從知識庫中檢索出知識的過程。知識檢索具有兩個顯著特徵：一是基於某種具有語義模型的知識組織體系。知識組織體系與知識檢索相輔相成，前者是後者實現的前提與基礎，而後者則是前者運用的結果。二是對資源對象進行基於元數據的語義標注。元數據是知識組織系統的語義基礎。因此只有以知識組織體系爲基礎，並對資源進行語義標注，才能實現真正意義上的知識層面的檢索。

　　知識檢索的基本思想是充分利用知識內容和知識關聯來實現檢索，例如概念檢索、語義檢索、啓發式搜索等。啓發式搜索利用知識關聯和人類的啓發式知識（即經驗知識），沿著最佳或最有希望的路徑搜索。知識檢索還充分利用知識推理、機器學習等多種智能技術，從各種信息源中有效地獲取高質量的知識，具有較高程度的智能性和學習性。理想的知識檢索系統應具有以下基本特徵。

　　a. 檢索機制和介面的設計均體現「面向用戶」的思想，即用戶可以根據自己的需求靈活選擇理想的檢索策略與技術。

　　b. 知識檢索具有知識推理和學習功能，利用概念邏輯和人工智能邏輯，實現多種語義推理、邏輯推理和學習、挖掘及知識發現，綜合應用

各種分析、處理和智能技術，既能滿足用戶的現實信息需求，又能向用戶提供潛在內容知識，全面提高檢索效率。

c. 知識檢索系統具有可視化、智能化檢索功能。除提供關鍵詞實現主題檢索外，還可以結合各種結構化信息、半結構化信息和非結構化信息，提供多途徑和多功能的檢索。

本體具有良好的概念層次結構和邏輯推理能力，爲知識檢索提供了有效的知識表示方法、資源描述及查詢所需要的全部概念詞彙，並通過領域語義模型爲知識資源提供語義標注信息，從而使系統內所有模塊對領域內的知識形成統一的認識，提高檢索系統的推理能力和精確性。知識本體作爲組織領域知識的語義基礎和本體概念對資源的語義標引滿足了知識檢索的兩個特徵需求，給長期困擾檢索專家的知識組織和知識表示問題帶來了良好的解決方案。

基於本體的知識組織能夠充分表達知識元素的內容及其相互之間的各種關係，如靜態的語義關係、邏輯關係和動態的互操作與控制關係等，能支持基於知識的邏輯推理和檢索，因而有利於獲取信息源深層的知識，有效提高檢索效率。基於本體的知識檢索不僅具有較高的查全率和查準率，而且在知識挖掘、智能性需求獲取、知識定位以及檢索結果處理等方面都有明顯的優勢。

a. 具有知識挖掘能力，體現在新詞學習等方面。當使用本體作爲知識組織方式時，就能將新詞的描述詞彙與本體中的具體概念名對應，並通過技術推理得出新詞的具體含義。

b. 智能化程度高。運用本體良好的層次結構關係，可以對概念進行語義擴展，實現用戶檢索需求的智能獲取。

c. 知識定位準確。以本體作爲概念語義分析基礎後，就可以縮小範圍，準確地進行知識定位。

d. 檢索結果綜合。如果在相同領域下使用同一本體進行開發，就可以解決數據庫異構的問題，使用戶得到的知識更加全面。

本體的知識描述能力、邏輯推理能力以及形式化能力都更強。使用本體進行知識表示能對用戶的檢索請求進行統一且全方位的描述。本體內豐富的詞彙語義關係及演繹規則爲檢索需求的進一步挖掘提供基礎。以知識本體組織領域知識，構建一個涵蓋領域概念及概念關係的領域本體庫，形成具有語義關聯的知識系統，作爲知識表示與資源描述的語義模型。

概念語義擴展是基於本體概念的知識語義檢索的前提。首先將初始概念映射到知識庫中相關的概念和關係上，名詞一般映射爲概念，動詞

一般映射爲關係；然後訪問領域概念知識庫，依據庫中存儲的領域知識概念語義關係（即本體中的概念之間的同義及上下義關係）進行概念擴展而得到對應的一組概念集，對用戶所輸入的概念進行語義關聯擴充，以獲得擴展概念集。對本體概念進行擴展是依據領域本體中的層次結構關係，查詢擴展中常用的本體關係有：①同義詞關係，擴展概念與查詢概念是本體層次結構中的兄弟節點；②上下義關係，擴展概念與查詢概念是本體層次結構中的父子節點。概念語義擴展基本思想就是以初始概念即查詢關鍵詞 K 爲基礎，將 K 進行查詢語義擴展得到擴展集 K'。概念語義擴展的基本過程如圖 3-5 所示。

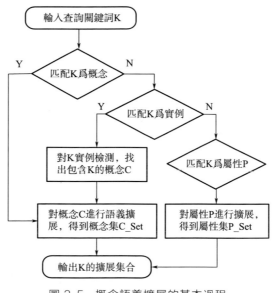

圖 3-5　概念語義擴展的基本過程

　　從用戶的初始概念，即查詢關鍵詞 K 出發，對查詢關鍵詞 K 進行語義擴展後得到 K 的擴展集合。K'的概念語義擴展的基本過程如下。

　　步驟 1：將 K 和領域本體中的概念、實例和屬性進行匹配。如果 K 爲本體中的概念，轉到步驟 2；如果 K 爲本體中的實例，轉到步驟 3；如果 K 爲本體中的屬性，轉到步驟 4。

　　步驟 2：K 爲本體中的概念 C，對概念 C 進行語義擴展，主要用到了子關係、父關係和等價關係的擴展。概念的同義詞和多義詞對應於等價關係，上義詞對應於父關係，下義詞對應於子關係。用 ［Ck］、［Fk］ 和 ［Ek］ 分別表示與這個關鍵詞 K 具有子關係、父關係和等價關係的概念

集合，則 C 的擴展集 C_Set＝{C,[Ck],[Fk],[Ek]}＝K′。

步驟3：K 爲本體中的實例，則對 K 進行實例檢測推理出包含 K 的概念 C，然後轉到步驟2。

步驟4：K 爲本體中的屬性 P，對屬性 P 進行語義擴展，主要應用子屬性、父屬性和等價屬性的擴展。用［PCk］、［PFk］和［PEk］分別表示與這個關鍵詞 K 具有子屬性、父屬性和等價屬性的屬性集合，則 P 的擴展集 P_Set＝{P,[PCk],[PFk],[PEk]}＝K′。

訪問概念知識庫，對初始概念進行泛化處理、下溯處理以及同級擴展等操作，尋找和用戶輸入概念匹配的節點，再將這個新的概念節點作爲源節點，激活與其語義相關的其他概念節點，依次類推，不斷激活更多的語義相關節點，直到沒有新的概念被激活爲止，以實現語義關聯擴充。以擴展概念集爲基礎，進入知識檢索過程。訪問知識本體庫時，根據知識庫中的概念和規則分析、確定檢索請求與知識系統的概念相似度，進行知識檢索匹配，獲得與擴展概念集相匹配的知識集合，對檢索結果進行分析、過濾、轉換、分類與整合，學習和提取知識，生成匹配結果。基於本體的知識檢索模型主要通過本體概念內容、知識結構及其關聯規則實現對深層知識內容的檢索，如圖 3-6 所示。

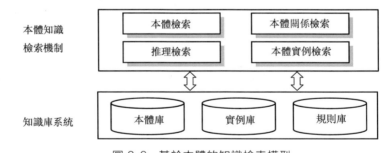

圖 3-6　基於本體的知識檢索模型

本體知識檢索機制提供了語義概念檢索、本體關係檢索、規則推理檢索、本體實例檢索等功能。

① 語義概念檢索　在本體庫提供的概念空間的基礎上實現語義概念的邏輯匹配檢索，提供粗粒度和細粒度的檢索操作，提供彈性語義範圍及精確的語義匹配檢索。

② 本體關係檢索　在語義提取過程中，保存本體之間的層級關係、語義關聯等各種關係，支持直接的不同深度的關係檢索。

③ 規則推理檢索　推理檢索主要建立在知識資源組織的層級體系、

屬性體系和語義概念關係體系的基礎上。表達這些關係的主要規則包括父子對象類之間的傳遞規則、知識對象類的組合規則、性質繼承規則和其他邏輯關係推理規則。基於規則的推理檢索可以對知識資源實現不同深度、不同廣度的檢索，尤其可以獲得知識系統中隱含的知識。

④ 本體實例檢索　該檢索模式直接對本體實例庫中的元素及其屬性和關聯進行檢索。

查詢結果分析系統處理，依據概念語義擴展時擴展概念與初始概念間有著不同的相關度，依據相關度的計算公式計算出它們之間的相關度，對檢索結果進行排序，以一種清晰、合理的方式返回檢索結果。

（2）基於本體的知識推理

推理是從已知的事實出發，通過運用已掌握的知識，找出其中蘊含的事實或歸納出新的知識的過程。按照推理的邏輯基礎，常用的推理方法可分爲演繹推理和歸納推理。

① 演繹推理　演繹推理是從已知的一般性知識推出蘊含在這些知識中的適合於某種個別情況的結論。它是由一般到個別的推理方法，其核心是三段論。常用的三段論由一個大前提、一個小前提和一個結論三個部分組成。其中，大前提是已知的一般性知識或推理過程得到的判斷；小前提是關於某種具體情況或某個具體實例的判斷；結論是由大前提推出的，並且適合於小前提的判斷。

② 歸納推理　歸納推理是從一類事物的大量特殊事例出發，而推出該類事物的一般性結論。它是由個別到一般的推理方法。歸納推理的基本思想是：首先從已知事實中猜測出一個結論，然後對這個結論的正確性加以證明確認。完全歸納推理是指在進行歸納時需要考察相應事物的全部對象，並根據這些對象是否都具有某種屬性來推出該類事物是否具有此屬性。不完全歸納推理是指在歸納時只考察相應事物的部分對象，就得出關於該事物的結論。枚舉歸納推理是指在進行歸納時，如果已知某類事物的有限個具體事物都具有某屬性，則可推出該類事物都具有此屬性。類比歸納推理是指在兩個或兩類事物有許多屬性都相同或相似的基礎上，推出它們在其他屬性也相同或相似。

知識推理不僅依賴於所用的推理方法，也依賴於推理的控制策略。推理的控制策略是指如何使用領域性知識使推理過程盡快達到目標的策略。由於智能系統的推理過程一般表現爲一種搜索過程，因此推理的控制策略又可分爲推理策略和搜索策略。其中，推理策略主要解決推理方向、衝突消解等問題，如推理方向控制策略、求解策略、限制策略、衝突消解策略等；搜索策略主要解決推理線路、推理效果、推理效率等。

推理方向控制策略用來確定推理的控制方式，即推理過程是從初始證據開始到目標，還是從目標開始到初始證據。求解策略是指僅求一個解還是求所有解或最優解等。限制策略是指對推理的深度、寬度、時間、空間等進行的限制。衝突消解策略是指當推理過程有多條知識可用時，如何從這多條可用知識中選出一條最佳知識用於推理的策略。

　　從智能技術的角度來說，所謂推理就是按照某種策略由已知判斷推出另一種判斷的思維過程。從初始事實出發，運用知識庫中的已知知識逐步推出結論的過程就是知識推理。一個好的智能系統應具有利用知識推理求解問題的能力。知識推理通常是由一組程序來實現的，用來控制計算機實現推理的程序稱爲推理機。

　　正向推理是一種從已知事實出發，正向使用推理規則的推理方法。其基本思想是：用戶提供一組初始證據，推理機根據綜合數據庫中的已有事實，到知識庫中尋找可用知識，形成可用知識集；然後按照衝突消解策略，從該知識集中選擇一條知識進行推理，並將新推出的事實加入綜合數據庫，以作爲已知事實。如此重複這一過程，直到求出所需要的解或者知識庫中再無可用知識爲止。正向推理算法的流程如圖 3-7 所示，其基本步驟如下。

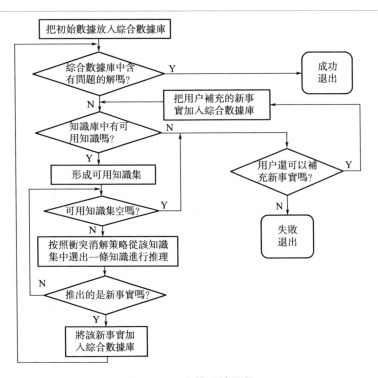

圖 3-7　正向推理流程圖

步驟 1：用户提供的初始證據放入綜合數據庫。

步驟 2：檢查綜合數據庫中是否包含了問題的解。若已包含，則求解結束，並成功退出；否則，執行下一步。

步驟 3：檢查知識庫中是否有可用知識。若有，形成當前可用知識集，執行下一步；否則，轉步驟 5。

步驟 4：按照某種衝突消解策略，從當前可用知識集中選出一條知識進行推理，並將推出的新事實加入綜合數據庫，然後轉步驟 2。

步驟 5：詢問用戶是否可以進一步補充新的事實，若可補充，則將補充的新事實加入綜合數據庫，然後轉步驟 3；否則表示無解，失敗退出。

正向推理允許用戶主動提供有用的事實信息，適合於設計、預測、監控等領域的問題求解，但是推理無明確目標，求解問題時可能會執行許多與解無關的操作，導致推理效率較低。

逆向推理是以某個假設目標作爲出發點的推理方法。其基本思想是：根據問題求解要求，將假設目標構成一個假設集，取出一個假設對其進行驗證，檢查該假設是否是綜合數據庫中的事實。如果存在則該假設成立，若此時假設集爲空則成功退出；如果不存在但可被證實爲原始證據，則將該假設放入綜合數據庫，此時若假設集爲空則成功退出；若假設可由知識庫中的一個或多個知識導出，則將知識庫中所有可以導出該假設的知識構成一個可用知識集，並根據衝突消解策略，從可用知識集中取出一個知識，將其前提中的所有子條件都作爲新的假設放入假設集。重複上述過程，直到假設集爲空時成功退出或假設集非空但可用知識集爲空時失敗退出爲止。

逆向推理過程的目標明確，在診斷性專家系統中較爲有效。但是當用戶對解的情況認識不清時，由系統自主選擇假設目標的盲目性比較大，若選擇不好則可能需要多次提出假設，進而影響系統效率。

智能推理利用知識來引導搜索過程，例如控制搜索路線、演算步驟等，以便從初始狀態沿著最優或最經濟的途徑，有效轉移到所要求的目標狀態，實現問題求解過程的智能化，例如語義推理、案例推理等。

語義推理是指利用概念之間的語義關聯知識和啓發式知識，實現智能搜索的過程。概念之間、各種知識對象之間存在著各種複雜的語義關聯，例如等級關係、等同關係、相似關係、相關關係、互操作關係等。利用這些關聯知識可以執行不同方式的語義推理，例如性質繼承推理、語義擴展推理、規則推理、聯想推理等。本體表示法將知識組織爲層次結構，層次鏈表示事物或概念之間最本質的等級關係，這種層級結構具有性質繼承特性。較低層對象元素從其祖先對象繼承性質的過程，稱爲

語義繼承推理。語義繼承推理比通常的邏輯演繹方法（如邏輯定理證明或產生式規則演繹推理）執行要快得多。利用繼承推理，可以推導出隱含的事實，實現語義繼承檢索。

案例推理（Case-Based Reasoning，CBR）利用過去經驗進行推理，符合現代專家迅速、準確地求解新問題的過程，適於處理智能系統中利用其他技術難以解決的複雜問題。它的核心思想是：模擬人類推理活動中「回憶」的認知能力，在問題求解時，人們可以使用以前求解類似問題的經驗（即案例）來進行推理，並修改或修正以前問題的解法而不斷學習。在案例推理中，一個案例包含問題的初始狀態、問題求解的目標狀態以及求解的方案。案例檢索是將新問題定義描述成一組特徵屬性作爲檢索目標，從案例庫中的每個案例對應的特徵屬性進行相似量度，找出一個最相似的案例進行模式匹配的過程。

3.1.4　知識獲取

（1）知識獲取的基本任務

知識獲取是建立、完善和擴展知識庫的基礎。所謂知識獲取，就是從人類專家、書籍、數據庫和網絡等信息源中獲得事實、規則及模式的集合，並把它們轉換爲符合計算機知識表示的形式。知識獲取的基本任務包括知識抽取、知識建模、知識轉換、知識輸入、知識檢測以及知識庫重組這幾個方面。

① 知識抽取　所謂知識抽取是指把蘊含於信息源中的知識經過識別、理解、篩選、歸納等過程抽取出來，並存儲於知識庫中。知識抽取是一項複雜而艱難的工作，需要綜合應用多種方法和技術。知識抽取的結果通常是一種結構化產品（數據），如圖表、術語表、公式、規則和模式等。

② 知識建模　構建知識模型的過程主要包括知識識別、知識規範說明和知識精化。知識識別階段的目標是識別出對知識有用的信息源，建立領域的術語表或詞典；在知識規範說明階段中，構建知識模型的規範說明；在知識精化階段通過仿真驗證知識模型，考察該知識模型是否能產生預期的問題求解行爲。

③ 知識轉換　知識轉換是指把知識由一種表示形式變換爲另一種表示形式。人類專家或科技文獻等信息源中的知識通常是用自然語言、圖形、表格等形式表示的，而知識庫中的知識是用計算機能夠識別、運用的形式表示的，兩者有較大的差別。知識轉換一般分兩步進行：第一步是把從專家及文獻資料中抽取的知識轉換爲某種知識表示模式，如產生

式規則、框架等；第二步是把該模式表示的知識轉換爲系統可直接利用的內部形式。事實上，知識建模可以看作是知識轉換的第一步，即將從信息源中抽取的知識轉換爲知識模型，下一步就是把該知識模型表示的知識轉換爲計算機系統可以識別並直接利用的內部形式。

④ 知識輸入　把用適當模式表示的知識經編輯、編譯送入知識庫的過程稱爲知識輸入。目前，知識的輸入一般是通過兩個途徑實現的：一個途徑是利用計算機系統提供的編輯軟件；另一個途徑是利用專門編制的知識編輯系統，稱爲知識編輯器。前一個途徑的優點是簡單方便，可直接拿來使用，減少編制專門程序的工作；後一個途徑的優點是可根據實際需要實現相應的功能，使其具有更強的針對性和適用性，更加符合知識輸入的需要。

⑤ 知識檢測　爲保證知識庫的正確性，知識檢測分爲靜態檢測和動態檢測兩種。靜態檢測是指在知識輸入之前由領域專家及知識工程師所做的檢查工作；動態檢測是指對知識庫進行更新時由系統進行的檢查，以及在系統運行錯誤時對知識庫進行的檢測。

⑥ 知識庫重組　對知識庫進行多次的增、刪、改，知識庫的物理結構就必然發生變化，使得某些使用頻率較高的知識不能處於容易被搜索的位置上，直接影響系統的運行效率。這就需要對知識庫中的知識重新進行組織，以便容易搜索到那些用得較多的知識；另外，將邏輯關係比較密切的知識盡量放在一起，以提高系統的運行效率。

（2）知識獲取方法

知識系統可用多種方法從多種信息源獲取知識。如通過與專家會談、觀察專家的問題求解過程、利用智能編輯系統、應用機器學習中的歸納程序、使用文本理解系統等方式，獲取人類專家的知識或將其轉換成所需要的形式，也可以從經驗數據、實例、出版物、數據庫以及網絡信息源中獲取各種知識。一般來說，按照知識獲取的自動化程度，可以將知識獲取劃分爲非自動知識獲取和自動知識獲取兩類基本方式。

① 非自動知識獲取方式　在非自動的知識獲取方式中，知識獲取分兩步進行：首先由知識工程師從相應信息源中獲取知識；然後由知識工程師通過某種知識編輯軟件，將知識輸入到知識庫中。

a. 知識工程師。知識工程師既懂得從領域專家及有關文獻中獲得知識系統所需要的知識，又熟悉知識處理技術。其主要任務是：獲取知識系統所需要的原始知識，並對其進行分析、歸納、整理、昇華，用自然語言描述之；然後由領域專家審查，將最後確定的知識內容用知識表示語言表示出來，通過知識編輯器進行編輯輸入。

　　b. 知識編輯器。知識編輯器是一種用於知識編輯和輸入的軟件，一般採用交互工作方式。其主要功能是：將獲取的知識轉換成計算機可表示的內部形式，並輸入知識庫；檢測知識的錯誤（包括內容錯誤和語法錯誤），並報告錯誤性質、原因與部位，以便進行修正。

　　非自動方式是知識庫系統建立中用得較普遍的一種知識獲取方式。早期專家系統都是運用這種方式建立的，如 DENDRAL、MYCIN 等。但採用這種方式建立知識庫是一項相當困難且費時費力的工作，已構成知識工程的瓶頸。因此，人們運用各種理論和方法來嘗試知識的自動化獲取。

　　② 自動知識獲取方式　　所謂自動知識獲取是指系統採用相關的知識獲取方法，直接從信息源「學習」相關的基礎知識，以及從系統自身的運行實踐中總結、歸納出新知識，不斷自我完善，建立起性能優良的知識庫。實現自動知識獲取的主要方法有以下幾個。

　　a. 自然語言理解。自然語言理解方式主要藉助於自然語言處理技術，針對文本類型的信息源，通過語法、語義分析，推導文本內容屬性，抽取與領域相關的語義實體及其關係，實現知識獲取。從本質上說，雖然自然語言理解是最理想的自動知識獲取方法，但是由於自然語言處理中多項難點技術（如抽詞技術、切分詞技術、短語識別技術等）尚未得到有效解決，因此給基於自然語言理解的知識自動獲取利用帶來一定困難。

　　b. 模式識別。基於模式識別的知識獲取方法主要針對多媒體信息源（如產品設計模型、圖片、語音波形、符號等），採用自動提取識別、統計方法等對事物或現象進行描述、分類和解釋，從經數字化處理後的數據中識別事物對象的特徵。

　　c. 機器學習。機器學習是一種自然的認識處理，是人（或計算機）增長知識、改善技能的有效途徑。機器學習是系統利用各種學習方法來獲取知識，是一種高級的全自動化的知識獲取方法。機器學習還具有從運行實踐中學習的能力，能糾正可能存在的錯誤，產生新的知識，從而不斷進行知識庫的積累、修改和擴充。通過機器學習可以獲取新知識、精煉知識庫、探索新知識等。

　　d. 數據挖掘與知識發現。基於數據挖掘的知識獲取主要針對結構化的數據庫，採用統計學習等定量化分析方法，發現大量數據之間所存在的關聯。數據挖掘是從大量的、不完全的、有噪聲的、模糊的、隨機的實際應用數據中提取隱含在其中的、人們事先不知道但又潛在有用的信息和知識的過程。

3.2 神經網絡

3.2.1 人工神經網絡

（1）人工神經元的結構

人工神經網絡的基本構成單元是人工神經元。人工神經元是對生物神經元的數學抽象、結構和功能的模擬。1943 年，心理學家麥卡洛克（W. McCulloch）和數理邏輯學家皮茨（W. Pitts）根據生物神經元的功能和結構，提出將神經元看成二進制閾值元件的簡單模型（即 MP 模型），如圖 3-8 所示。

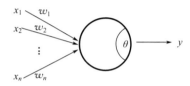

圖 3-8　MP 神經元模型

在圖 3-8 中，x_n 表示某一神經元的 n 個輸入；w_i 表示第 i 個輸入的連接強度，稱爲連接權值；θ 爲神經元的閾值；y 爲神經元的輸出。人工神經元是一個具有多輸入、單輸出的非線性器件。

它的輸入爲

$$\sum_{i=1}^{n} w_i x_i \tag{3-1}$$

它的輸出爲

$$y = f(\sigma) - f\left(\sum_{i=1}^{n} w_i x_i - \theta\right) \tag{3-2}$$

式中　f ——神經元激發函數或作用函數。

（2）常用的人工神經元模型

激發函數 f 是表示神經元輸入與輸出之間關係的函數。激發函數不同，得到的神經元模型不同。常用的神經元模型有閾值型（threshold）、分段線性型（piecewise linear）、S 型（sigmoid）、子閾累積型（sub-threshold summation）等。

① 閾值型（threshold）　該模型的神經元沒有內部狀態，激發函數 f 是一個階躍函數：

$$f(\sigma) = \begin{cases} 1 & 若\ \sigma \geqslant 0 \\ 0 & 若\ \sigma < 0 \end{cases} \tag{3-3}$$

閾值型神經元是一種最簡單的人工神經元，它的兩個輸出值 1 和 0 分別代表神經元的興奮狀態和抑制狀態。在任一時刻，神經元的狀態由激發函數 f 來決定。當激活值 $\sigma \geqslant 0$ 時（即神經元輸入的加權總和超過給定的閾值時），該神經元被激活而進入興奮狀態，其激發函數 $f(\sigma)$ 的值爲 1；否則，當 $\sigma < 0$ 時（即神經元輸入的加權總和不超過給定的閾值時），該神經元不被激活而進入抑制狀態，其激發函數 $f(\sigma)$ 的值爲 0。閾值型神經元的輸入/輸出特性如圖 3-9 所示。

② 分段線性型（piecewiselinear）　該模型激發函數是一個分段線性函數：

$$f(\sigma) = \begin{cases} 1 & 若\ \sigma \geqslant \dfrac{1}{k} \\ k\sigma & 若\ 0 \leqslant \sigma < \dfrac{1}{k} \\ 0 & 若\ \sigma < 0 \end{cases} \tag{3-4}$$

式中，k 爲放大係數。該函數的輸入/輸出之間在一定範圍內滿足線性關係，一直延續到輸出爲最大值 1。但當達到最大值後，輸出就不再增大，如圖 3-10 所示。

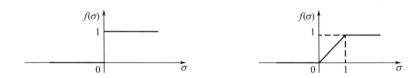

圖3-9　閾值型神經元的輸入/輸出特性　　圖 3-10　分段線性型神經元的輸入/輸出特性

③ S 型（sigmoid）　該模型是一種連續的神經元模型，其激發函數是一個有最大輸出值的非線性函數，其輸出值是在某範圍內連續取值的。這種模型的激發函數常用指數、對數或雙曲正切等 S 型函數表示。它反映的是神經元的飽和特性，如圖 3-11 所示。

④ 子閾累積型（subthreshold summation）　該模型的激發函數也是一個非線性函數，當產生的激活值超過 T 值時，該神經元被激活並產生一個反響。在線性範圍內，系統的反響是線性的，如圖 3-12 所示。這種模型的作用是抑制噪聲，即對小的隨機輸入不產生反響。

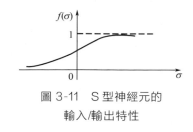

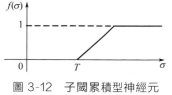

圖 3-11　S 型神經元的
輸入/輸出特性

圖 3-12　子閾累積型神經元
的輸入/輸出特性

（3）人工神經網絡

人工神經網絡是對人類神經系統的一種模擬。儘管人類神經系統規模宏大、結構複雜、功能神奇，但是其最基本的處理單元只有神經元。人類神經系統的功能實際上是通過大量生物神經元的廣泛互連，以規模宏偉的並行運算來實現的。基於對人類生物系統的這一認識，人們試圖通過對人工神經元的廣泛互連來模擬生物神經系統的結構和功能。人工神經元之間通過互連形成的網絡稱爲人工神經網絡。在人工神經網絡中，神經元之間互連的方式稱爲連接模式或連接模型。它不僅決定了神經網絡的互連結構，也決定了神經網絡的信號處理方式。

（4）人工神經網絡的互連結構

人工神經網絡的互連結構（或稱拓撲結構）是指單個神經元之間的連接模式，它是構造神經網絡的基礎，也是神經網絡誘發偏差的主要來源。從互連結構的角度，神經網絡可分爲前饋網絡和反饋網絡兩種主要類型。

① 前饋網絡　前饋網絡是指只包含前向連接，而不存在任何其他連接方式的神經網絡。前饋連接是指從上一層每個神經元到下一層所有神經元的連接方式。根據網絡中所擁有的計算節點（即具有連接權值的神經元）的層數，前饋網絡又可分爲單層前饋網絡和多層前饋網絡兩大類。

a. 單層前饋網絡。單層前饋網絡是指只擁有單層計算節點的前饋網絡。它僅含有輸入層和輸出層，並且只有輸出層的神經元是可計算節點，如圖 3-13 所示。在圖 3-13 中，輸入向量爲 $X = (x_1, x_2, \cdots, x_n)$，輸出向量爲 $Y = (y_1, y_2, \cdots, y_m)$，輸入層各個輸入到相應神經元的連接權值分別是 $w_{ij}(i = 1, 2, \cdots, n; j = 1, 2, \cdots, m)$。若假設各神經元的閾值分別是 $\theta_j(j = 1, 2, \cdots, m)$，則各神經元的輸出分別爲

$$y_j = f\left(\sum_{i=1}^{n} w_{ij}x_i - \theta_j\right) \tag{3-5}$$

式中，由所有連接權值 w_{ij} 構成連接權值矩陣爲

$$\boldsymbol{W} = \begin{bmatrix} w_{11} & w_{12} & \cdots & w_{1m} \\ w_{21} & w_{22} & \cdots & w_{2m} \\ \vdots & \vdots & \vdots & \vdots \\ w_{n1} & w_{n2} & & w_{nm} \end{bmatrix}$$

在實際應用中，該矩陣是通過大量的訓練示例學習而形成的。

b. 多層前饋網絡。多層前饋網絡是指除擁有輸入層、輸出層外，還含有一個或更多個隱含層的前饋網絡。隱含層是指由那些既不屬於輸入層又不屬於輸出層的神經元所構成的處理層。隱含層僅與輸入層、輸出層連接，不直接與外部輸入、輸出打交道，因此也被稱爲中間層。隱含層的作用是通過對輸入層信號的加權處理，將其轉化成更能被輸出層接受的形式。隱含層的加入大大提高了神經網絡的非線性處理能力，一個神經網絡中加入的隱含層越多，其非線性性能越強。當然，隱含層的加入會增加神經網絡的複雜度，一個神經網絡的隱含層越多，其複雜度就會越高。

多層前饋網絡結構如圖 3-14 所示，其輸入層的輸出是第一隱含層的輸入信號，而第一隱含層的輸出則是第二隱含層的輸入信號，以此類推，直到輸出層。多層前饋網絡的典型代表是 BP 網絡。

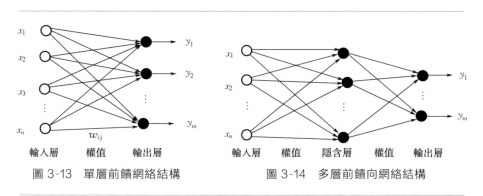

圖 3-13　單層前饋網絡結構　　　　圖 3-14　多層前饋向網絡結構

② 反饋網絡　反饋網絡是指允許採用反饋連接方式所形成的神經網絡。反饋連接方式是指一個神經元的輸出可以被反饋至同層或前層的神經元。通常把那些引出有反饋連接弧的神經元稱爲隱神經元，其輸出稱爲內部輸出。由於反饋連接方式的存在，一個反饋網絡至少應含有一個反饋迴路，這些反饋迴路實際上是一種封閉環路。反饋網絡中每個神經元的輸入都有可能包含該神經元先前輸出的反饋信息，即一個神經元的輸出是由該神經元當前的輸入和先前的輸出來決定的，類似於人類的短

期記憶的性質。

　　按照網絡的層次概念，反饋網絡也可以分爲單層反饋網絡和多層反饋網絡兩大類。單層反饋網絡是指不擁有隱含層的反饋網絡。多層反饋網絡則是指擁有隱含層的反饋網絡，其隱含層可以是一層，也可以是多層。反饋網絡的典型代表是 Hopfield 網絡。

3.2.2　BP 神經網絡

3.2.2.1　**BP 神經元及其模型**

　　BP 神經元的一般模型如圖 3-15 所示。BP 神經元的傳輸函數爲非線性函數，最常用的是 logsig 和 tansig 函數，有的輸出層也採用線性函數（purelin）。其輸出爲

$$a = \mathrm{logsig}(Wp + b) \tag{3-6}$$

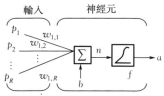

圖 3-15　BP 神經元的一般模型

　　BP 網絡一般爲多層神經網絡。由 BP 神經元構成的兩層網絡如圖 3-16 所示。BP 網絡的信息從輸入層流向輸出層，因此是一種多層前饋神經網絡。如果多層 BP 網絡的輸出層採用 S 型傳輸函數（如 logsig），其輸出值將會限制在一個較小的範圍內（0，1）；而採用線性傳輸函數則可以取任意值。

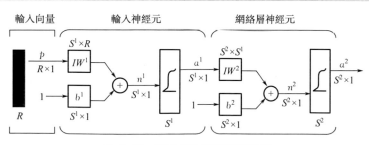

圖 3-16　兩層 BP 神經網絡模型

3.2.2.2　**BP 網絡的學習**

在確定了 BP 網絡的結構後，需要通過輸入和輸出樣本集對網絡進行訓練，也就是對網絡的閾值和權值進行學習和修正，使網絡實現給定的輸入/輸出映射關係。BP 網絡的學習過程分爲兩個階段：第一個階段是輸入已知學習樣本，通過設置的網絡結構和前一次迭代的權值和閾值，從網絡第一層向後計算各神經元的輸出；第二個階段是對權值和閾值進行修改，從最後一層向前計算各權值和閾值對總誤差的影響（梯度），據此對各權值和閾值進行修改。

以上兩個過程反覆交替，直到達到收斂爲止。由於誤差逐層往回傳遞，以修正層與層間的權值和閾值，所以稱該算法爲誤差反向傳播（Back Propagation，BP）算法，這種誤差反向傳播算法可以推廣到有若干個中間層的多層網絡，因此該多層網絡常稱之爲 BP 網絡。標準的 BP 算法和 Widrow-Hoff 學習規則一樣是一種梯度下降學習算法，其權值的修正是沿著誤差性能函數梯度的反方向進行的。針對標準 BP 算法存在的一些不足，人們提出了幾種基於標準 BP 算法的改進算法，如變梯度算法、牛頓算法等。

3.2.2.3　**BP 網絡學習算法**

（1）最速下降 BP 算法（Steepest Descent Back Propagation，SDBP）

對圖 3-16 所示的 BP 神經網絡，設 k 是爲迭代次數，每一層權值和閾值按式(3-7) 進行修正：

$$x(k+1) = x(k) - \alpha g(k)$$

$$g(k) = \frac{\partial E(k)}{\partial x(k)} \tag{3-7}$$

式中　$x(k)$——第 k 次迭代各層之間的連接權值向量或閾值向量；

α——學習速率，在訓練時是一常數；

$g(k)$——第 k 次迭代的神經網絡輸出誤差對各權值或閾值的梯度向量；

負號——梯度的反方向，即梯度的最速下降方向；

$E(k)$——第 k 次迭代的網絡輸出的總誤差性能函數，一般採用均方誤差（Mean Square Error，MSE）進行分析。

最速下降 BP 算法可以使權值向量和閾值向量得到一個穩定的解，但 BP 神經元的傳輸函數爲非線性函數，網絡易陷於局部極小、學習過程常發生振盪等。

（2）動量 BP 算法（Momentum Back Propagation，MOBP）

動量 BP 算法是在梯度下降算法的基礎上引入動量因子 η（$0<\eta<1$），即

$$\Delta x(k+1) = \eta \Delta x(k) + \alpha(1-\eta)\frac{\partial E(k)}{\partial x(k)} \tag{3-8}$$

$$x(k+1) = x(k) + \Delta x(k+1) \tag{3-9}$$

該算法以前一次的修正結果來影響本次修正量。當前一次修正量過大時，式（3-8）中第二項的符號將與前一次修正量的符號相反，從而使本次的修正量減小，起到減小振盪的作用；當前一次修正量過小時，式（3-8）中第二項的符號將與前一次修正量的符號相同，從而使本次的修正量增大，起到加速修正的作用。動量 BP 算法總是力圖使在同一梯度方向上的修正量增加。動量因子 η 越大，同一梯度方向上的「動量」也越大。

在動量 BP 算法中，可以採用較大的學習速率，而不會造成學習過程的發散。因為一方面當修正過量時，動量 BP 算法總是可以使修正量減小，以保持修正方向沿著收斂的方向進行；另一方面動量 BP 算法總是加速同一梯度方向的修正量。由上述兩個方面表明，在保證算法穩定的同時，動量 BP 算法的收斂速率較快，學習時間較短。

（3）學習速率可變的 BP 算法（Variable Learning-rate Back Propagation，VLBP）

在最速下降 BP 算法和動量 BP 算法中，其學習速率是一個常數，在整個訓練過程中保持不變，學習算法的性能對於學習速率的選擇非常敏感（學習速率過大，算法可能振盪而不穩定；學習速率過小，則收斂速率慢，訓練時間長）。而在訓練之前，若要選擇最佳的學習速率是不現實的。

在訓練過程中，使學習速率隨之變化，從而使算法沿著誤差性能曲面進行修正。自適應調整學習速率的梯度下降算法，在訓練過程中，力圖使算法穩定，同時又使學習的步長盡量大，學習速率則根據局部誤差曲面作出相應調整。當誤差以減小的方式趨於目標時，說明修正方向正確，可增大步長，因此學習速率乘以增量因子 k_{inc}，使學習速率增大；而當誤差增加超過事先設定值時，說明修正過量，應減小步長，因此學習速率乘以減量因子 k_{dec}，使學習速率減小，同時捨去使誤差增加的前一步修正過程，即

$$a(k+1) = \begin{cases} k_{inc} a(k) & E(k+1) < E(k) \\ k_{dec} a(k) & E(k+1) > E(k) \end{cases} \tag{3-10}$$

(4) 彈性算法 (Resilient Back-PROPagation, RPROP)

多層 BP 網絡的隱含層一般採用傳輸函數 sigmoid，它把一個取值範圍爲無窮大的輸入變量，壓縮到一個取值範圍有限的輸出變量中。函數 sigmoid 具有這樣的特性：當輸入變量的取值很大時，其斜率趨於零，這樣在採用最速下降 BP 算法訓練傳輸函數爲 sigmoid 的多層網絡時帶來一個問題，儘管權值和閾值離其最佳值差甚遠，但是此時梯度的幅度非常小，導致權值和閾值的修正量也很小，使得訓練時間變得很長。採用 RPROP 算法的目的是消除梯度幅度的不利影響，所以在進行權值修正時，僅僅用到偏導符號，而其幅值卻不影響權值的修正，權值大小的改變取決於與幅值無關的修正值。當連續兩次迭代的梯度方向相同時，可將權值和閾值的修正值乘以一個增量因子，使其修正值增加；當連續兩次迭代的梯度方向相反時，可將權值和閾值的修正值乘以一個減量因子，使其修正值減小；當梯度爲零時，權值和閾值的修正值保持不變；當權值的修正發生振盪時，其修正值將會減小。如果權值在相同的梯度上連續被修正，則其幅度必將增加，從而克服梯度幅度偏導的不利影響，即

$$\Delta x(k+1) =$$

$$\begin{cases} \Delta x(k) \times k_{\text{inc}} \times \text{sign}[g(k)] & \text{當連續兩次迭代的梯度方向相同時} \\ \Delta x(k) \times k_{\text{dec}} \times \text{sign}[g(k)] & \text{當連續兩次迭代的梯度方向相反時} \\ \Delta x(k) & \text{當 } g(k) = 0 \text{ 時} \end{cases}$$

$$(3\text{-}11)$$

式中　$g(k)$——第 k 次迭代的梯度；

　　$\Delta x(k)$——權值或閾值第 k 次迭代的幅度修正值。

(5) 變梯度算法 (Conjugate Gradient Back Propagation, CGBP)

最速下降 BP 算法是沿著梯度最陡下降方向修正權值的，雖然誤差函數沿著梯度的最陡下降方向進行修正，誤差減小的速度是最快的，但是收斂速度不一定是最快的。在變梯度算法中，沿著變化的方向進行搜索，使其收斂速度比最陡下降梯度方向的收斂速度更快。

所有變梯度算法的第 1 次迭代都是沿著最陡梯度下降方向進行搜索的，即

$$p(0) = g(0) \qquad (3\text{-}12)$$

然後，決定最佳距離的線性搜索沿著當前搜索的方向進行，即

$$x(k+1) = x(k) + \alpha p(k) \qquad (3\text{-}13)$$

$$p(k) = -g(k) + \beta(k) p(k-1) \qquad (3\text{-}14)$$

式中，$p(k)$ 爲第 $k+1$ 次迭代的搜索方向。從式(3-14) 可以看出，$p(k)$

由第 k 次迭代的梯度和搜索方向共同決定；係數 $\beta(k)$ 在不同的變梯度算法中有不同的計算方法。

① Fletcher-Reeves 修正算法　Fletcher-Reeves 修正算法是由 R. Fletcher 和 C. M. Reeves 提出的。在式(3-14) 中，係數 $\beta(k)$ 定義爲

$$\beta(k) = \frac{\boldsymbol{g}^{\mathrm{T}}(k)\boldsymbol{g}(k)}{\boldsymbol{g}^{\mathrm{T}}(k-1)\boldsymbol{g}(k-1)} \tag{3-15}$$

這種變梯度算法的速度通常比變學習速率算法的速度快得多，有時比 RPROP 算法還快。其所需的存儲空間也只比普通算法略大，所以在連接權值的數量很多時常選用該算法。

② Polak-Ribiere 修正算法　Polak-Ribiere 算法是由 Polak 和 Ribiere 提出的，在式(3-14) 中，係數 $\beta(k)$ 定義爲

$$\beta(k) = \frac{\Delta\boldsymbol{g}^{\mathrm{T}}(k-1)\boldsymbol{g}(k)}{\boldsymbol{g}^{\mathrm{T}}(k-1)\boldsymbol{g}(k-1)} \tag{3-16}$$

Polak-Ribiere 修正算法的性能與 Fletcher-Reeves 修正算法相差無幾，但存儲空間比 Fletcher-Reeves 修正算法略大。

③ Powell-Beale 復位算法　對於所有的變梯度算法，搜索方向都會週期性地被復位成負的梯度方向，通常復位點出現在迭代次數和網絡參數個數（權值和閾值）相等的地方。爲了提高訓練的有效性，Powell-Beale 復位算法中，如果梯度滿足式(3-17)，即

$$|\boldsymbol{g}^{\mathrm{T}}(k-1)\boldsymbol{g}(k)| \geqslant 0.2\|\boldsymbol{g}(k)\|^{2} \tag{3-17}$$

則搜索方向被復位成負的梯度方向，即 $\boldsymbol{p}(k) = -\boldsymbol{g}(k)$。

儘管對於任意給定的一個問題，該算法的性能難以預先確定，但是在處理某些問題上 Powell-Beale 復位算法的性能比 Polak-Ribiere 修正算法的要略好，其存儲空間則比 Polak-Ribiere 修正算法的要略大。

④ SCG（Scaled Conjugate Gradient）算法　到目前爲止討論的各種變梯度算法在每次迭代時都需要確定線性搜索方向，而線性搜索的計算需要付出的代價是很大的，因爲每次搜索都需要對全部訓練樣本的網絡響應進行多次計算。SCG 算法是由 Moller 提出的改進算法，其基本思想採用模型信任區間逼近的原理。它不需要在每次迭代中都進行線性搜索，從而避免了搜索方向計算的耗時問題。

SCG 算法也許比其他變梯度算法需要更多的迭代次數，但由於不需要在迭代中進行線性搜索，所以每次迭代的計算量大大減少。SCG 算法所需要的存儲空間與 Fletcher-Reeves 修正算法的存儲空間相差無幾。

(6) 擬牛頓算法（Quasi-Newton Algorithms）

牛頓法是一種基於二階泰勒（Taylor）級數的快速優化算法。其基

本方法是

$$x(k+1) = x(k) - A^{-1}(k)g(k) \qquad (3-18)$$

式中，$A(k)$ 爲誤差性能函數在當前權值和閾值下的 Hessian 矩陣（二階導數），即

$$A(k) = \nabla^2 F(x)|_{x=x(k)} \qquad (3-19)$$

　　牛頓算法通常比變梯度算法的收斂速率快，但對於前饋神經網絡計算 Hessian 矩陣是很複雜的，付出的代價很大。有一類基於牛頓法的算法不需要求二導數，此類方法稱爲擬牛頓算法（或正切法），在算法中的 Hessian 矩陣用其近似值進行修正，修正值被看成梯度的函數。

　　① BFGS（Boryden、Fletcher、Goldfarb and Shanno）算法　擬牛頓算法應用最爲成功的有 Boryden、Fletcher、Goldfarb 和 Shanno 修正算法，合稱爲 BFGS 算法。BFGS 算法雖然收斂所需的步長通常較少，但是在每次迭代過程中所需要的計算量和存儲空間比變梯度算法都要大，對近似 Hessian 矩陣必須進行存儲，其大小爲 $n \times n$，這裡 n 爲網絡的連接權值和閾值的數量。對於規模很大的網絡用 RPROP 算法或任何一種變梯度算法可能好些，而對於規模較小的網絡則用 BFGS 算法可能更有效。

　　② OSS（One Step Secant）算法　由於 BFGS 算法在每次迭代時比變梯度算法需要更多的存儲空間和計算量，所以對於正切近似法減少其存儲量和計算量是必要的。OSS 算法試圖解決變梯度算法和擬牛頓（正切）算法之間的矛盾。OSS 算法不必存儲全部 Hessian 矩陣。它假定每次迭代時，前一次迭代的 Hessian 矩陣具有一致性，這樣做的另一個優點是，在新的搜索方向進行計算時不必計算矩陣的逆。OSS 算法每次迭代所需的存儲量和計算量介於梯度算法和完全擬牛頓算法之間。

　　(7) LM（Levenberg-Marquardt）算法

　　LM 算法也是爲了在以近似二階訓練速率進行修正時避免計算 Hessian 矩陣而設計的。當誤差性能函數具有平方和誤差（訓練前饋網絡的典型誤差函數）的形式時，Hessian 矩陣可以近似表示爲

$$H = J^T J \qquad (3-20)$$

式中　H——包含網絡誤差函數對權值和閾值一階導數的雅可比矩陣（雅可比矩陣可以通過標準的前饋網絡技術進行計算，比 Hessian 矩陣的計算要簡單得多）。

梯度的計算表達式爲

$$g = J^T e \qquad (3-21)$$

式中　e——網絡的誤差向量。

LM 算法用上述近似 Hessian 矩陣進行修正：

$$x(k+1) = x(k) - [J^T J + \mu J]^{-1} J^T e \qquad (3-22)$$

當係數 μ 爲 0 時，式(3-22) 即爲牛頓算法；當係數 μ 的值很大時，式(3-22) 變爲步長較小的梯度下降算法。牛頓算法逼近最小誤差的速度更快、更精確，因此應盡可能使算法接近於牛頓算法，在每步成功的迭代後（誤差性能減小），使 μ 減小；僅在進行嘗試性迭代後的誤差性能增加的情況下，才使 μ 增加。這樣，該算法每步迭代的誤差性能總是減小的。

3.2.2.4 BP 網絡設計的基本方法

BP 網絡的設計主要包括輸入層、隱含層、輸出層及各層之間的傳遞函數幾個方面。

（1）網絡層數

大多數通用的神經網絡都預先確定網絡的層數，而 BP 網絡可以包含不同的隱含層。但理論上已經證明，在不限制隱含層節點數的情況下，兩層（只有一個隱含層）的 BP 網絡可以實現任意非線性映射。在模式樣本相對較少的情況下，較少的隱含層節點可以實現模式樣本空間的超平面劃分，此時選擇兩層 BP 網絡即可；當模式樣本數很多時，減小網絡規模，增加一個隱含層是必要的，但 BP 網絡隱含層數一般不超過兩層。

（2）輸入層的節點數

輸入層起緩衝存儲器的作用，它接收外部的輸入數據，因此其節點數取決於輸入向量的維數。比如，當把 32×32 大小的圖像的像素作爲輸入數據時，輸入節點數將爲 1024。

（3）輸出層的節點數

輸出層的節點數取決於兩個方面，即輸出數據類型和表示該類型所需的數據大小。當 BP 網絡用於模式分類時，以二進制形式來表示不同模式的輸出結果，則輸出層的節點數可根據待分類模式來確定。若設待分類模式的總數爲 m，則有以下兩種方法確定輸出層的節點數。

a. 節點數即爲待分類模式總數 m，此時對應第 j 個待分類模式的輸出爲

$$O_j = \frac{[00\cdots010\cdots00]}{j} \qquad (3-23)$$

即第 j 個節點輸出爲 1，其餘輸出均爲 0。而以輸出全爲 0 表示拒識，即

所輸入的模式不屬於待分類模式中的任何一種模式。

　　b. 節點數爲 $\log_2^m$ 個。這種方式的輸出是 m 種輸出模式的二進制編碼。

　　(4) 隱含層的節點數

　　一個具有無限隱含層節點的兩層 BP 網絡可以實現任意從輸入到輸出的非線性映射。但對於有限個輸入模式到輸出模式的映射，並不需要無限個隱含層節點，這就涉及如何選擇隱含層節點數的問題，而這一問題的複雜性至今爲止尚未找到一個很好的解析式。隱含層節點數往往根據前人設計經驗和自己進行試驗來確定。一般認爲，隱含層節點數與求解問題的要求、輸入/輸出單元數有直接關係。另外，隱含層節點數太多會導致學習時間過長；而隱含層節點數太少，則容錯性差，識別未經學習的樣本能力低。所以必須綜合多方面的因素進行設計。

　　(5) 傳輸函數

　　BP 網絡中的傳輸函數通常採用 S(sigmoid) 型函數，即

$$f = \frac{1}{1 + e^{-x}} \tag{3-24}$$

　　在某些特定情況下，還可能採用純線性（pureline）函數。如果 BP 網絡的最後一層是 sigmoid 函數，那麼整個網絡的輸出就限制在一個較小的範圍內（0～1 之間的連續量）；如果 BP 網絡的最後一層是 pureline 函數，那麼整個網絡的輸出可以取任意值。

　　(6) 訓練方法及其參數選擇

　　針對不同的應用，BP 網絡提供了多種訓練、學習方法，可根據需要選擇訓練函數和學習函數及其參數等。

　　BP 神經網絡具有並行處理的特徵，大大提高了網絡功能；BP 神經網絡具有容錯性，網絡的高度連接意味著少量的誤差可能不會產生嚴重的後果，部分神經元的損傷不破壞整體，它可以自動修正誤差；BP 神經網絡具有初步的自適應與自組織能力，在學習或訓練中改變權值以適應環境，可以在使用過程中不斷學習而完善自己的功能（甚至具有創新能力）。80％～90％的人工神經網絡模型採用 BP 神經網絡或 BP 神經網絡的變化形式，它也是前饋網絡的核心部分，體現了人工神經網絡最精華的部分。BP 神經網絡廣泛應用於函數逼近、模式識別/分類、數據壓縮等。

3.3 遺傳算法

3.3.1 遺傳算法中的基本概念

遺傳算法是一種全局優化自適應概率搜索算法，具有不依賴問題特性的魯棒性、搜索的隱並行性和進化的自適應性，特別是對於大型複雜非線性系統具有更獨特優越的性能。遺傳算法的操作對象爲種群，種群中的每個個體表示成一個可行解的編碼，解的質量用適應值函數評價。遺傳算法首先隨機生成初始種群，通過對種群循環地進行選擇、重組和變異操作，使種群不斷朝包含全局最優解的狀態進化，直到滿足某一停止規則爲止。

遺傳算法所涉及的基本概念主要有以下 5 個。

① 種群（population） 種群是指用遺傳算法求解問題時，初始給定的多個解的集合。它是問題解空間的一個子集。

② 個體（individual） 個體是指種群中的單個元素。它通常由一個用於描述其基本遺傳結構的數據結構來表示。例如，可以用 0 和 1 組成的長度爲 l 的串來表示個體。

③ 染色體（chromosome） 染色體是指對個體進行編碼後所得到的編碼串。染色體中的每一個位稱爲基因，染色體上由若干基因構成的一個有效信息段稱爲基因組。

④ 適應度（fitness）函數 適應度函數是一種用來對種群中各個個體的環境適應性進行量度的函數。其函數值決定染色體的優劣程度，是遺傳算法實現優勝劣汰的主要依據。

⑤ 遺傳操作（genetic operator） 遺傳操作是指作用於種群而產生新的種群的操作。標準的遺傳操作包括選擇（或複製）、交叉（或重組）、變異三種基本形式。

遺傳算法可形式化地描述爲

$$GA = (P(0), N, l, s, g, P, f, T) \tag{3-25}$$

其中 $\qquad P(0) = \{P_1(0), P_2(0), \cdots, P_n(0)\}$

式中 $P(0)$ —— 初始種群；

$\qquad N$ —— 種群規模；

$\qquad l$ —— 編碼串的長度；

s ——選擇策略；

g ——遺傳算子（包括選擇算子 Q_r、交叉算子 Q_c 和變異算子 Q_m）；

P ——遺傳算子的操作概率（包括選擇概率 P_r、交叉概率 P_c 和變異概率 P_m）；

f ——適應度函數；

T ——終止標準。

3.3.2　遺傳編碼算法

遺傳算法不對所求解問題的決策變量直接進行操作，而是對表示可行解的個體編碼（染色體）進行操作。常用的遺傳編碼算法有二進制編碼、格雷編碼、實數編碼、字符編碼和樹結構編碼等。

（1）二進制編碼

二進制編碼使用二進制符號集 {0，1} 編碼可行解的基因型。設 n 維最優化問題的目標矢量爲 $x = \{x_1, x_2, \cdots, x_n\}$，第 i 維分量的取值範圍爲 $[u_i, v_i]$，當採用長度爲 l 位的標準二進制字符串 $a = \{a_1, a_2, \cdots, a_l\}$ 作爲 x 的編碼時，解碼過程將 a 分解爲 n 個長度爲 $l_i = l/n$ 位的子串 a_{i1}，a_{i2}，$\cdots$，a_{ili} 表示分量 x_i 的二進制編碼，相應的解碼公式爲

$$x_i = u_i + \frac{v_i - u_i}{2^{l_i} - 1} \times \left(\sum_{j=0}^{l_i - 1} a_{i(l_i - j)} \times 2^j \right) \tag{3-26}$$

二進制編碼的精度爲

$$\Delta x_i = \frac{v_i - u_i}{2^{l_i} - 1} \tag{3-27}$$

二進制編碼符合最小字符集編碼原則，編碼和解碼操作簡單，便於交叉算子和變異算子的實現。但是二進制編碼存在的漢明懸崖問題，會降低遺傳算法的搜索效率；同時二進制編碼缺乏串長的微調（fine-tuning）功能。

（2）格雷編碼

格雷編碼是對二進制編碼變換後得到的一種編碼方法。它要求兩個連續整數的編碼之間只能有一個碼位不同，其餘碼位完全相同。格雷編碼有效解決了二進制編碼存在的漢明懸崖問題。設有二進制編碼串 a_{i1}，a_{i2}，$\cdots$，a_{ili}，對應的格雷編碼串爲 b_{i1}，b_{i2}，$\cdots$，b_{ili}，則二進制編碼與格雷編碼的轉換關係爲

$$b_{ij} = \begin{cases} a_{ij} & j = 1 \\ a_{i(j-1)} \oplus a_{ij} & j > 1 \end{cases} \tag{3-28}$$

式中，$\oplus$ 表示異或運算符。

格雷編碼的解碼公式爲

$$x_i = u_i + \frac{v_i - u_i}{2^{l_i} - 1} \times \left(\sum_{j=0}^{l_i - 1} (\bigoplus_{k=1}^{l_i - j} b_{ij}) \times 2^j \right) \tag{3-29}$$

（3）實數編碼

實數編碼是將每個個體的染色體都用某一範圍的一個實數（浮點數）來表示，其編碼長度等於該問題變量的個數。這種編碼方法是將問題的解空間映射到實數空間上，然後在實數空間上進行遺傳操作。實數編碼適應於多維、高精度的連續函數優化問題。

（4）符號編碼

符號編碼是指染色體編碼串中的基因值取自一個無數值含義而只有代碼含義的符號集。這個符號集可以是字母表、數字序號表、代碼表等。符號編碼需要設計專門的交叉算子和變異算子，以使可行解的編碼滿足問題的各種約束要求。

（5）樹結構編碼

樹結構是問題結構的直接表示，無需編碼和解碼的計算開銷。但用它來解決大型或複雜問題時，需要大量的硬件資源和計算開銷，影響遺傳算法的工作性能。

3.3.3　適應度函數

遺傳算法使用個體的適應值函數對解的質量進行評價，個體的適應值越高，相應解的質量越好，它被遺傳到下一代種群中的概率也就越大。由於標準遺傳算法使用按適應值比例複製的選擇策略，因此必須將目標函數的值轉換爲正的適應值。

假設待求解問題的目標函數爲 $f(x)$，遺傳算法的適應度函數爲 $F(x)$，對於最大化問題，其轉換公式爲

$$F(x) = f(x) + C_{\min} \tag{3-30}$$

對於最小化問題，其轉換公式爲

$$F(x) = C_{\max} - f(x) \tag{3-31}$$

常數 $C_{\min}$（$C_{\max}$）通常取使 $F(x) > 0$ 的相對較小（較大）的正數，即 $f(x)$ 的下界（上界）。

在某些情況下，適應度函數在極值附近的變化可能會非常小，很難區分哪個染色體更占優勢。適應值變換技術用來定義新的適應度函數，使得新的適應度函數與問題的目標函數具有相同的變化趨勢，又有更快的變化速度。常用的適應值變換技術有以下幾個。

（1）線性靜態變換

$$F'(x) = aF(x) + b \qquad (3\text{-}32)$$

式中，常數 a、b 需滿足以下兩個條件。

a. 變換後種群的平均適應值應等於變換前的平均適應值。

b. 變換後種群中的最大適應值應等於變換前平均適應值的指定倍數，一般取 $1.2 \sim 2$ 倍。

（2）線性動態變換

$$F'(x) = aF(x) - \min\{F(x_i) \mid x_i \in P(t-\omega)\} \qquad (3\text{-}33)$$

式中　$P(t)$ ——當前種群；

　　　ω ——適應值變換窗口，一般取 $0 \sim 5$ 之間的整數。

（3）對數變換

$$F'(x) = b - \lg F(x) \qquad (3\text{-}34)$$

式中，常數 b 應滿足 $b > \lg F(x)$。

（4）乘冪變換

$$F'(x) = F^\alpha(x) \qquad (3\text{-}35)$$

根據對種群的統計測度動態地改變 α 的值，以使適應值滿足一定的縮放要求。

（5）指數變換

$$F'(x) = \exp[-\beta F(x)] \qquad (3\text{-}36)$$

式中，係數 β 越小，適應值較高的個體的新適應值與其他個體的新適應值差異越大。

3.3.4　遺傳操作

遺傳算法中的基本遺傳操作包括選擇、交叉和變異三種。

（1）選擇操作

選擇操作是指根據選擇概率按某種策略從當前種群中挑選出一定數目的個體，使它們能夠有更多的機會被遺傳到下一代中，並參與繁殖子代個體的變異和重組等遺傳操作。常用的選擇策略可分爲比例選擇、排

序選擇和競技選擇三種類型。

① 比例選擇　其基本思想是按與個體的適應值成正比的方法確定個體的選擇概率。設種群規模為 μ（下同），個體 i 的適應值為 F_i，則個體 i 被選中進入下一代種群的選擇概率 p_i 為

$$p_i = \frac{F_i}{\sum_{j=1}^{\mu} F_j} \qquad (3\text{-}37)$$

比例選擇是遺傳算法的標準選擇方法，在算法運行的前期階段，當某個體的適應值遠高於種群的平均適應值時，易產生早熟收斂現象；在算法運行的後期階段，當全體個體的適應值接近種群的平均適應值時，搜索過程易陷入停滯不前的狀態。

② 排序選擇　其基本思想是首先將種群中的全體個體按其適應值大小排序；然後根據每個個體的排列順序，為其分配相應的選擇概率；最後基於這些選擇概率，採用比例選擇方法產生下一代種群。排序選擇消除了個體適應度差別很大所產生的影響，使每個個體的選擇概率僅與其在種群中的排序有關。但是忽略了適應度值之間的實際差別，使得個體的遺傳信息未能得到充分利用。

③ 競技選擇　其基本思想是首先在種群中隨機選擇 k 個（允許重複）個體進行錦標賽式比較，適應度大的個體將勝出，並作為下一代種群中的個體；重複以上過程，直到下一代種群中的個體數目達到種群規模為止。參數 k 被稱為競賽規模，通常取 $k=2$。這種方法實際上是將局部競爭引入到選擇過程中，它既能使那些好的個體有較多的繁殖機會，又可避免某個個體因其適應度過高而在下一代繁殖較多的情況。

（2）交叉操作

交叉操作是指按照某種方式對選擇的父代個體的染色體的部分基因進行交配重組，從而形成新的個體。交配重組也是遺傳算法中產生新個體的最主要方法。遺傳算法中的二進制值交叉操作主要包括單點交叉、多點交叉和均勻交叉等方法。

① 單點交叉　單點交叉是指首先在兩個父代個體的編碼串中隨機設定一個交叉點，然後對這兩個父代個體交叉點前面或後面部分的基因進行交換，並生成子代中的兩個新個體。

假設兩個父代的個體串分別是：

$$X = x_1 x_2 \cdots x_k x_{k+1} \cdots x_n \qquad (3\text{-}38)$$

$$Y = y_1 y_2 \cdots y_k y_{k+1} \cdots y_n \qquad (3\text{-}39)$$

隨機選擇第 k 位爲交叉點，若採用對交叉點後面的基因進行交換的方法，單點交叉是將 X 中的 x_{k+1} 到 x_n 部分與 Y 中的 y_{k+1} 到 y_n 部分進行交叉，交叉後生成的兩個新的個體是：

$$X = x_1 x_2 \cdots x_k y_{k+1} \cdots y_n \qquad (3\text{-}40)$$

$$Y = y_1 y_2 \cdots y_k x_{k+1} \cdots x_n \qquad (3\text{-}41)$$

② 多點交叉　多點交叉是指首先在兩個父代個體的編碼串中隨機設定多個交叉點，然後按這些交叉點分段地進行部分基因交換，生成子代中的兩個新個體。

假設位置交叉點的個數爲 m 個，則可將個體串（染色體）劃分爲 $m+1$ 個分段（基因組），其劃分方法如下。

a. 當 m 爲偶數時，對全部交叉點依次進行兩兩配對，構成 $m/2$ 個交叉段。

b. 當 m 爲奇數時，對前 $m-1$ 個交叉點依次進行兩兩配對，構成 $(m-1)/2$ 個交叉段；第 m 個交叉點則按單點交叉方法構成一個交叉段。

③ 均勻交叉　均勻交叉是指首先隨機生成一個與父串具有相同長度，並被稱爲交叉模板（或交叉掩碼）的二進制串；然後利用該模板對兩個父串進行交叉，即將模板中 1 對應的位進行交換、0 對應的位不進行交換，一次生成子代中的新個體。

(3) 變異操作

變異是指對選中個體的染色體中的某些基因進行變動，以形成新的個體。遺傳算法中的變異操作增加了算法的局部隨機搜索能力。根據個體編碼方式的不同，變異操作可分爲二進制值變異和實值變異兩種類型。

① 二進制值變異　當個體的染色體爲二進制編碼表示時，其變異操作應採用二進制值變異方法。該變異方法是首先隨機地產生一個變異位置，然後將該變異位置上的基因值由「0」變爲「1」或由「1」變爲「0」，產生一個新的個體。

② 實值變異　當個體的染色體爲實數編碼表示時，其變異操作應採用實值變異方法。該變異方法是用另外一個在規定範圍內的隨機實數去替換原變異位置上的基因值，產生一個新的個體。最常用的實值變異操作有基於位置的變異和基於次序的變異等。

a. 基於位置的變異方法是先隨機產生兩個變異位置，然後將第二個變異位置上的基因移動到第一個變異位置的前面。

b. 基於次序的變異方法是先隨機地產生兩個變異位置，然後交換這兩個變異位置上的基因。

3.3.5　遺傳算法的基本過程

　　遺傳算法在選擇染色體編碼策略、設定適應度函數、定義遺傳策略的基礎上，通過初始種群設定、適應度函數設定和遺傳操作設計等幾大部分所組成，其算法流程如圖 3-17 所示，基本步驟如下。

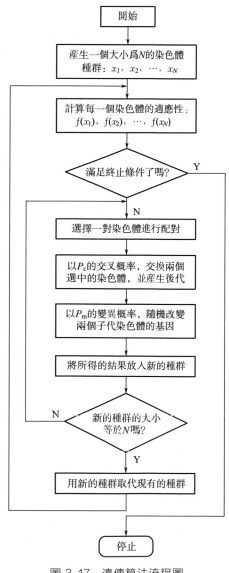

圖 3-17　遺傳算法流程圖

步驟 1：選擇編碼策略。將問題搜索空間中每個可能的點用相應的編碼策略表示，即形成染色體。

步驟 2：定義適應度函數衡量待優化問題上單個染色體的性能。

步驟 3：定義遺傳策略，包括種群規模 N，交叉、變異方法，以及選擇概率 P_r、交叉概率 P_c、變異概率 P_m 等遺傳參數。

步驟 4：隨機選擇 N 個染色體初始化種群 x_1，x_2，…，x_N。

步驟 5：計算每個染色體的適應值 $f(x_1)$，$f(x_2)$，…，$f(x_N)$。

步驟 6：運用選擇算子，在當前種群中選擇一對染色體，雙親染色體被選擇的概率和其適應性有關。

步驟 7：對每個染色體，按概率 P_c 參與交叉運算、概率 P_m 參與變異運算產生一對後代染色體，並放入新種群中。

步驟 8：重複步驟 6 和步驟 7，直到新染色體種群的大小等於初始種群的大小，用新染色體種群代替初始種群。

步驟 9：回到步驟 5，重複這個過程，直到滿足預先設定的終止條件為止。

第4章

面向裝配序列
智能規劃的時
空語義知識建
模與獲取

　　　　產品 CAD 建模、裝配過程中蘊含的時空語義知識是進行產品裝配序列智能規劃的重要依據。從空間拓撲、時態拓撲入手，提出產品時空語義知識模型，研究產品時空語義知識表達，實現產品 CAD 裝配模型工程語義知識、裝配序列規劃先驗知識的建模。以 Protégé3.4.4 軟件爲工具，研究產品、裝配、特徵、幾何實體四級裝配空間對象，層次、結構、約束三類裝配空間語義的空間語義知識模型。以裝配操作事件爲時間對象，採用時間點和時間段表達時態，以時態拓撲關係描述時間語義知識。提出並建立時空語義知識本體模型，構建面向裝配序列智能規劃的產品時空語義知識系統。

4.1　產品時空語義知識建模

　　　　建立的時空語義知識本體模型是否完整直接決定了裝配序列規劃是否能夠清晰表達。建立時空語義知識本體模型的基本原則如下。

　　　　① 明確性和客觀性　所建立的時空語義知識本體模型應有效地表達裝配相關所定義術語的意義。

　　　　② 一致性　時空語義知識本體模型推斷出來的概念定義與本體中的概念保持一致。

　　　　③ 可擴展性　當建立的時空語義知識本體模型提供一個共享詞彙時，應在不改變原有定義的前提下，把該詞彙作爲新術語定義的基礎。

　　　　④ 最小編碼誤差　本體應處於知識的層次，不受特寫的符號級編碼的影響。

　　　　⑤ 最小本體承諾　本體在保證共享知識的條件下，盡可能地減少本體承諾。即允許對本體進行承諾的知識系統根據自身需要自由地對本體進行專門化和實例化。

　　　　⑥ 規範性　盡可能使用標準術語，避免術語定義的隨意性。

　　　　⑦ 表達能力最大化　採用多種概念層次和多重繼承機制增強表達能力。

　　　　建立時空語義知識本體模型的方法：依據時空語義知識本體模型建立的基本原則，明確本體建立的目的和範圍；建立與研究的領域大小相適應的領域本體；在該領域專家的指導下定義本體中術語及術語與術語之間的關係；選用合適的本體建立工具。

　　　　產品時空語義知識模型是實現面向裝配序列智能規劃的時空語義知識系統的理論基礎。分析裝配序列智能規劃的方法，基於知識的檢索式

裝配序列規劃，通過知識庫、數據庫、推理機的綜合運用，生成產品裝配序列規劃。檢索式裝配序列規劃能力取決於系統儲存裝配序列規劃的多少。有限的實例知識制約了基於知識檢索的裝配序列智能規劃推廣應用。除了產品的 CAD 模型外，裝配序列規劃的另一個重要依據是裝配序列規劃先驗知識，包含事實型知識和經驗型知識。裝配序列規劃先驗知識的建模，涉及產品零件的屬性、典型結構裝配操作序列以及裝配序列規劃的常用規則。因此，研究既能表達產品 CAD 模型蘊含的裝配知識，又能表達裝配序列規劃先驗知識的模型可以在更高層次上支持裝配序列智能規劃。

在裝配空間域和時間域，從對象和關係兩個方面入手，將產品裝配建模中的裝配模型看作空間對象，將裝配關係看作空間語義；將產品裝配建模中的裝配操作看作時間對象，將裝配關係的時間約束看作時間語義。通過產品空間對象的結構語義與產品時間對象裝配操作實現的結構關聯，表達產品空間語義知識與產品時間語義知識的關聯，提出產品時空語義知識模型。引入層次、結構空間語義，裝配級上引入物理屬性、時態拓撲關係，建立時空語義裝配信息模型。同時爲了克服以設計體積變化、運動變化和技術變化關聯空間域和時間域信息時，建模困難、不易量化、魯棒性差的問題，以裝配空間對象的約束優先關係描述裝配空間對象的時間語義；以裝配操作實現的空間結構描述裝配操作時間對象的空間語義，實現時空語義裝配信息的關聯。

4.1.1　產品空間語義知識建模

在複雜機械產品裝配過程中，先將零件按照特徵間滿足一定的裝配關係組裝成部件，再將各個部件和零件按照一定的次序組裝成最終的產品。裝配體 CAD 模型中零件間關係需要滿足幾何位置關係、連接約束關係等，一般以零件的不同幾何特徵、零件幾何特徵與基準幾何特徵、零件幾何造型特徵與基準幾何特徵之間的關係表達。零件先組裝成子裝配體部件，子裝配體部件進一步組裝成產品，產品與其子裝配體部件、子裝配體部件與零件之間存在層次關係。子裝配體部件通常爲典型結構，典型結構的裝配順序通常是固定的。在裝配過程中，零件物理屬性信息是影響產品裝配操作的重要因素。影響產品裝配序列規劃的空間語義信息主要包括產品裝配體中零部件組成信息、零件的特徵信息、零部件間的裝配關係信息。提出產品、裝配、特徵、幾何實體四級裝配空間對象，層次、結構、約束三類裝配空間語義來描述面向智能裝配序列規劃的產

品空間語義知識，如圖 4-1 所示。

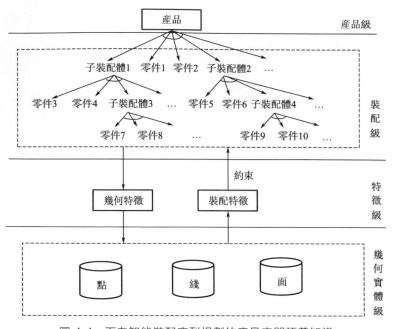

圖 4-1　面向智能裝配序列規劃的產品空間語義知識

　　面向產品智能裝配序列規劃的空間對象知識包括產品、子裝配體、零件、特徵（幾何特徵、裝配特徵）、幾何體素（點、線、面）。零部件間的裝配約束關係是實現產品整體功能的最基本單元。空間約束語義用來描述實現零部件間裝配的約束關係，主要包括重合約束、平行約束、垂直約束、相切約束、同軸心約束、距離約束和角度約束等。空間層次語義描述產品裝配體的各個內部組成子裝配體、零件間的父子從屬關係。實現特定功能的零部件結構在通常情況下對應著固定的拆卸順序。因此，實現特定功能的零部件結構是實現產品裝配序列智能規劃的一個非常重要因素。空間結構語義用來描述實現特定功能的零部件結構。機械零件從實現特定功能的角度，其結構語義可以分為連接語義、運動語義、定位支撐語義三種類型，如圖 4-2 所示。

　　其中，連接語義主要有鉚釘連接、螺紋連接、鍵槽連接、軸孔連接、銷連接等；運動語義中的傳動語義結構主要有鏈傳動、帶傳動、齒輪傳動、蝸輪蝸桿傳動、凸輪傳動、螺紋傳動等；定位支撐語義中的定位語義包括座標系定位、軸向面定位、周向面定位、軸向線定位、周向線定位等。

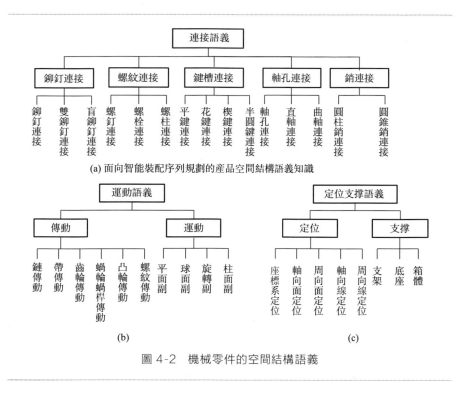

(a) 面向智能裝配序列規劃的産品空間結構語義知識

(b)

(c)

圖 4-2　機械零件的空間結構語義

4.1.2　産品時間語義知識建模

　　裝配先驗知識是指裝配工藝人員在長期日常生産實踐中整理、挑選、總結出的裝配經驗。它由特定領域的描述、關係和過程組成，主要用於裝配基礎件的判定、子裝配體結構的識別、裝配順序的判定等。産品裝配先驗知識分爲裝配經驗型知識和裝配事實型知識兩大類。裝配經驗型知識是指裝配工藝人員在長期日常生産實踐中總結出的用於判定獨立裝配單元中所有零件間裝配順序的裝配經驗，如裝配精度保證性知識、裝配狀態穩定性知識、裝配操作方便性知識、裝配零件屬性確定性知識。裝配事實型知識來源於具體産品的裝配工藝事實，主要用於同層子裝配體間、穩定的子裝配體中所有零件間裝配順序的判定以及子裝配體和基礎件的判定，如裝配單元裝配順序知識、裝配單元的穩定知識、裝配基礎件的判定知識。

　　Allen 認爲時間段應是唯一的時態元素。Vila 提出使用時間點和時間段作爲時間概念表達的時態元素。舒紅指出時態拓撲關係包括時間段之間、時間點與時間段之間以及時間點之間的拓撲關係。Allen 研究了時態拓撲關係描述和推理，歸納出了 13 種時態關係，並用組合表的形式描述了 13 種

時態拓撲關係的推理結果。時態拓撲關係關心兩個方面：兩個事件發生的先後順序和兩個事件在時間上是否相鄰發生。將時態拓撲關係引入產品智能裝配序列規劃，分析產品的裝配過程。影響裝配序列智能規劃的產品時間語義信息主要包括裝配操作事件、先後順序及是否相鄰發生。提出以裝配操作事件爲時間對象，採用時間點和時間段表達時態，以時態拓撲關係描述面向裝配序列智能規劃的產品時間語義知識，如圖 4-3 所示。其中，AO_{T1}（Assembly Operation Time1）和 AO_{T2} 表示裝配操作 1 時間段和裝配操作 2 時間段。面向裝配序列智能規劃的產品時態拓撲關係中包含了 13 種時態拓撲關係，用於描述裝配操作時間點、裝配操作時間段間的拓撲關係。以 5 種基本的幾何拓撲關係爲基礎，衍生出 13 種時態拓撲關係。根據時態對象之間的相切性、主動性以及生存時間的先後性等因素，從相離時態細分出先於、後於兩種。從相接時態中細分出終端與始端相接、始端與終端相接兩種。從相交時態中細分出相交和被相交。從包含時態中細分出被包含且相切於始端、包含且相切於始端、被包含且不相切、包含且不相切、被包含且相切於終端、包含且相切於終端。

　　13 種時態拓撲關係都可以用於表示裝配操作時間段之間的拓撲關係。如果把時間點 AO_{T1} 看作是延續時間爲 0 的時間段，可以用於描述時間點與時間段之間的拓撲關係；把時間點 AO_{T1}、AO_{T2} 都看作是延續時間爲 0 的時間段，可以用於描述時間點間的拓撲關係，如圖 4-3 所示。

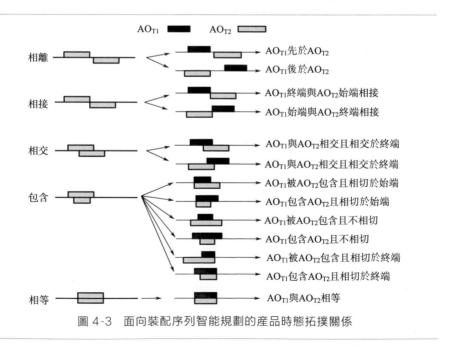

圖 4-3　面向裝配序列智能規劃的產品時態拓撲關係

4.2　產品時空語義知識系統

在產品時空語義知識建模、知識提取的基礎上，採用本體知識表達方法，建立產品時空語義知識模型。採用六元組定義產品時空語義知識本體結構描述裝配序列智能規劃領域的概念及概念之間的關係：

$$KO = \langle C，AC，R，AR，H，X \rangle \qquad (4\text{-}1)$$

式中　KO —— 知識本體；

　　　C —— 某領域的概念集；

　　　AC —— 建立在 C 上的屬性集；

　　　R —— 建立在 C 上的關係集；

　　　AR —— 建立在 R 上的屬性集；

　　　H —— 建立在 C 上的概念層次；

　　　X —— 概念的屬性值和關係的屬性值的約束或者概念對象之間關係的約束。

以產品、裝配、特徵、幾何實體四級裝配空間對象描述面向智能裝配序列規劃的空間對象，以層次、結構、約束三類裝配空間語義描述面向智能裝配序列規劃的產品空間語義知識，以裝配操作事件為時間對象，以時間點和時間段的時態拓撲關係描述面向智能裝配序列規劃的產品時間語義知識，採用美國斯坦福大學開發的知識系統開發軟件工具 Protégé3.4.4，建立時空語義知識本體模型，構建面向裝配序列智能規劃的產品時空語義知識系統。

4.2.1　產品空間語義知識本體模型

產品裝配級上包括了裝配體和零件兩類空間對象，因此面向智能裝配序列規劃的產品空間對象知識本體模型包含產品、裝配體、零件、特徵、幾何五類。產品空間對象間的層次、結構、約束三類裝配空間語義知識通過屬性定義實現。

採用 Protégé 構建空間對象本體類、空間關係類、特徵類型類、幾何類型類、零件非幾何屬性類、零件類型類、結構類。空間對象本體類 spacial_object 包含五個子類，即 product、assembly、part、feature、geometry，用於描述產品、裝配體、零件、特徵、幾何五類空間對象。空間關係類、特徵類型類、幾何類型類、零件非幾何屬性類、零件類型

類、結構類屬於輔助類，用於描述空間對象的層次、結構、約束關係及智能裝配序列規劃需要的零件屬性。

產品本體模型如圖 4-4 所示，屬性 product_name、product_description 分別表示產品的名稱與描述。has_assembly 分別表示產品包含的裝配體、零件，引用裝配體本體類、零件本體類的實例。

裝配體本體模型如圖 4-5 所示，屬性 assembly_name、assembly_description 分別表示裝配體的名稱和描述。屬性 has_assembly、has_part、is_assembly_of 表達裝配體與產品、裝配體、零件間的層次關係。屬性 assembly_mate_assembly、assembly_mate_part、assembly_position_constraint、assembly_dimension_constraint 表達裝配體與裝配體、裝配體與零件間的約束關係，assembly_structure_connection、assembly_structure_movement、assembly_structure_location 表達裝配體結構關係。

product		
product_name	Instance*	
product_description	Instance*	
has_assembly	Instance*	assembly
has_part	Instance*	part

圖 4-4　產品本體模型

assembly		
assembly_mate_part	Instance*	part
is_assembly_of	Instance*	assembly
		product
assembly_description	Instance*	
assembly_name	Instance*	
assembly_mate_assembly	Instance*	assembly
assembly_structure_movement	Instance*	movement_structure
assembly_dimension_constraint	Instance*	dimension_constraints
assembly_position_constraint	Instance*	position_constraint
has_assemblygeometry	Instance*	geometry
has_assembly	Instance*	assembly
has_part	Instance*	part
has_assemblyfeature	Instance*	feature
assembly_structure_connection	Instance*	connection_structure
assembly_structure_location	Instance*	location_support_structure

圖 4-5　裝配體本體模型

　　零件本體模型如圖 4-6 所示，屬性 part＿name、part＿description 分別表示零件的名稱和描述。屬性 is＿part＿of＿assembly、is＿part＿of＿product、has＿formfeature、has＿formgeometry、has＿assemblyfeature、has＿assemblygeometry 表達零件與產品、裝配體、特徵、幾何間的層次關係。屬性 part＿mate＿assembly、part＿mate＿part、assembly＿position＿constraint，assembly＿dimension＿constraint 表達零件與裝配體、零件與零件間的約束關係，part＿structure＿connection、part＿structure＿movement、part＿structure＿location 表達零件的結構關係。屬性 part＿size、part＿brittle、part＿quality、part＿position、part＿symmetric、part＿elastic、part＿material、part＿cost、part＿direction 分別表示零件的大小、易碎性、質量、上下、對稱性、彈性、材料、價值等與裝配序列智能規劃有關的非幾何屬性。

part		
part_type_property	Instance*	part_type
part_size	Instance*	
part_brittle	Instance*	
part_mate_assembly	Instance*	assembly
part_quality	Instance*	
part_description	Instance*	
part_position	Instance*	
part_symmetric	Instance*	
part_elastic	Instance*	
part_name	Instance*	
has_formfeature	Instance*	feature
has_formgeometry	Instance*	geometry
part_material	Instance*	
part_mate_part	Instance*	part
is_part_of_assembly	Instance*	assembly
part_contactnum	Instance*	
is_part_of_product	Instance*	product
part_position_referencenum	Instance*	
part_cost	Instance*	
part_direction	Instance*	
assembly_dimension_constraint	Instance*	dimension_constraints
assembly_position_constraint	Instance*	position_constraint
has_assemblygeometry	Instance*	geometry
has_assemblyfeature	Instance*	feature
part_structure_movement	Instance*	movement_structure
part_structure_location	Instance*	location_support_structure
part_structure_connection	Instance*	connection_structure

圖 4-6　零件本體模型

特徵本體類屬性 feature _ name、feature _ description 表示特徵的名稱和描述。屬性 is _ feature _ of _ assembly、is _ feature _ of _ part、has _ formgeometry、has _ assemblygeometry 表達特徵與裝配體、零件、幾何間的層次關係。屬性 feature _ mate _ feature、assembly _ position _ constraint、assembly _ dimension _ constraint 表達特徵間的約束關係。

幾何本體類屬性 geometry _ name、geometry _ description 表示幾何名稱和描述。屬性 is _ geometry _ of _ feature 表達幾何與特徵間的層次關係。屬性 geometry _ mate _ geometry、assembly _ position _ constraint、assembly _ dimension _ constraint 表達幾何間的約束關係。

4.2.2　產品時間語義知識本體模型

面向智能裝配序列規劃的產品時間對象知識本體模型包含耦合連接、固定連接、嚙合連接、夾緊連接四類。耦合連接又分爲鍵連接和銷連接兩類，固定連接又分爲焊接、螺紋連接、卡入、黏接、縫合五類。裝配操作的時態拓撲關係分爲相離、相接、相交、包含、相等共 5 大類 13 個子類。

裝配操作即時間對象本體類，屬性 operation _ name、operation _ description 表示裝配操作名稱和描述。屬性 operation _ achieving _ structure 表達裝配操作實現的結構，引用結構本體類的實例。屬性 operation _ relevant _ operation、operation _ relation 表達裝配操作間的時態關係。

4.2.3　產品時空語義知識系統

電梯是高層建築不可缺少的垂直運輸設備，截止到 2017 年底中國電梯總量已超過 562.7 萬臺。電梯層門閉鎖裝置是保證現代電梯安全運行的關鍵部件，如圖 4-7 所示。

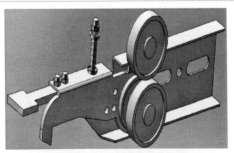

圖 4-7　電梯層門閉鎖裝置

採用產品時空語義知識提取方法，啓動 SolidWorks 打開裝配體，獲得當前活動文檔對象，判斷活動對象是否是裝配體對象，獲得當前裝配體的配置和組件對象，遍歷裝配體，輸出裝配體中的各零件和子裝配體名稱及層次；獲得特徵和特徵的類型，識別輸出配合的類型，實現面向智能裝配序列規劃的產品時空語義相關知識的提取。

以建立的產品時空語義知識本體模型爲基礎，在類和屬性定義基礎上添加類的實例，實現產品時空語義知識系統的構建，包括空間對象本體庫、空間關係本體庫、特徵類型本體庫、幾何類型本體庫、零件非幾何屬性本體庫、零件類型本體庫、結構本體庫、時間對象本體庫以及時間關係本體庫。添加類的實例，實現電梯層門閉鎖裝置面向裝配序列智能規劃的產品時空語義知識系統，如圖 4-8 所示。

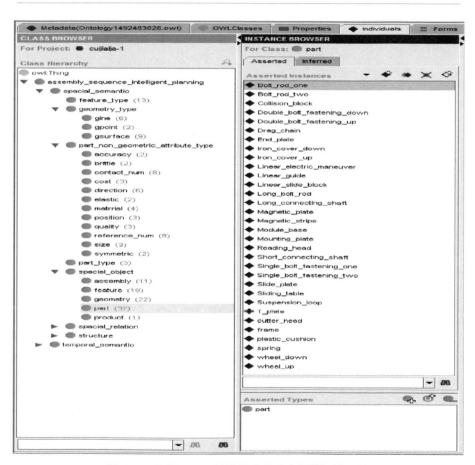

圖 4-8　電梯層門閉鎖裝置產品時空語義知識系統

將 Protégé3.4.4 軟件建立的電梯層門閉鎖裝置產品時空語義知識系統，存儲爲 owl 格式的文件，如圖 4-9 所示。爲裝配序列智能規劃中子裝配體劃分，基於知識檢索與規則推理的裝配序列智能規劃奠定了基礎。

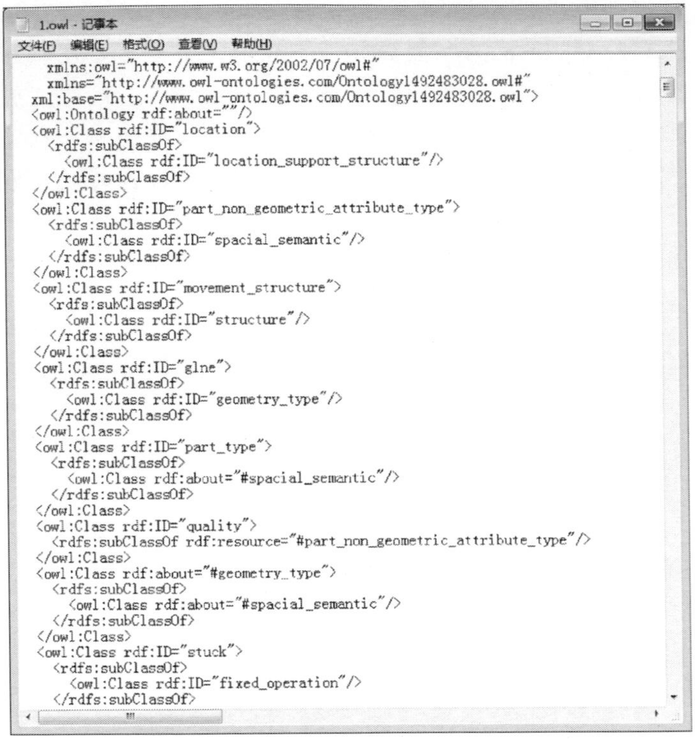


```
   xmlns:owl="http://www.w3.org/2002/07/owl#"
   xmlns="http://www.owl-ontologies.com/Ontology1492483028.owl#"
 xml:base="http://www.owl-ontologies.com/Ontology1492483028.owl">
 <owl:Ontology rdf:about=""/>
 <owl:Class rdf:ID="location">
   <rdfs:subClassOf>
     <owl:Class rdf:ID="location_support_structure"/>
   </rdfs:subClassOf>
 </owl:Class>
 <owl:Class rdf:ID="part_non_geometric_attribute_type">
   <rdfs:subClassOf>
     <owl:Class rdf:ID="spacial_semantic"/>
   </rdfs:subClassOf>
 </owl:Class>
 <owl:Class rdf:ID="movement_structure">
   <rdfs:subClassOf>
     <owl:Class rdf:ID="structure"/>
   </rdfs:subClassOf>
 </owl:Class>
 <owl:Class rdf:ID="glne">
   <rdfs:subClassOf>
     <owl:Class rdf:ID="geometry_type"/>
   </rdfs:subClassOf>
 </owl:Class>
 <owl:Class rdf:ID="part_type">
   <rdfs:subClassOf>
     <owl:Class rdf:about="#spacial_semantic"/>
   </rdfs:subClassOf>
 </owl:Class>
 <owl:Class rdf:ID="quality">
   <rdfs:subClassOf rdf:resource="#part_non_geometric_attribute_type"/>
 </owl:Class>
 <owl:Class rdf:about="#geometry_type">
   <rdfs:subClassOf>
     <owl:Class rdf:about="#spacial_semantic"/>
   </rdfs:subClassOf>
 </owl:Class>
 <owl:Class rdf:ID="stuck">
   <rdfs:subClassOf>
     <owl:Class rdf:ID="fixed_operation"/>
   </rdfs:subClassOf>
```

圖 4-9　電梯層門閉鎖裝置產品時空語義知識系統的 owl 文件

4.3 產品時空語義知識獲取需求與來源

面向裝配序列智能規劃的產品時空語義知識需求主要包括：裝配體 CAD 模型中反映裝配中零件間關係的知識，如零件間的幾何位置關係、零件間的連接關係等的知識；減小裝配序列搜索空間的裝配層次關係知識，如裝配體與其子裝配體與零件的層次關係；重用典型結構的裝配序列規劃的典型結構語義知識；實現集成裝配先驗知識的裝配序列規劃需要的表達裝配先驗知識的零件物理屬性信息知識；重用典型結構、集成裝配先驗知識的裝配序列規劃需要的裝配操作的先後關係。產品時空語

義知識的獲取需求信息，如圖 4-10 所示。

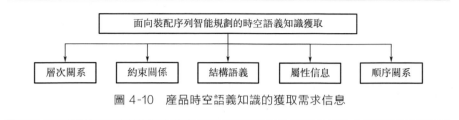

圖 4-10　產品時空語義知識的獲取需求信息

　　產品 CAD 模型蘊含的裝配層次關係以及幾何、拓撲約束關係是進行產品裝配序列規劃的重要依據。隨著三維 CAD 軟件在機械行業的深入與廣泛應用，企業積累了大量的三維裝配體模型。產品的三維 CAD 模型包含的裝配隱形知識信息很難直接得到，大量的信息包含在裝配過程中；同時由於信息交互過程中數據傳輸的不確定性及隨機性，給智能裝配規劃造成一定的難度。利用高效的時空語義知識獲取技術，從三維裝配體模型提取裝配時空語義相關知識到產品時空語義知識系統，為裝配序列智能規劃提供必要的產品 CAD 模型蘊含的裝配特徵信息，這是裝配序列智能規劃的基礎。在分析產品時空語義知識需求、知識來源的基礎上，以產品 CAD 裝配模型為基礎，採用基於 Windows 的 COM 技術，分析 SolidWorks API 對象、CATIA Automation API 對象結構，調用 Solid-Works 對象的接口、屬性、方法和事件，訪問 CAD 模型內部數據，提取裝配模型的層次信息、約束關係、特徵及幾何實體，以獲取裝配序列規劃所需的時空語義裝配信息。

　　複雜的裝配體往往是由不同層次零件、子裝配體組成的，這種層次關係既清晰地表達了零件、子裝配體所在的層次位置，又描述了裝配體中零件與子裝配體之間的父子從屬關係。對於複雜產品的裝配序列智能規劃，由於裝配體包含的零件數目過多，裝配規劃方案與零件數目之間為指數關係，會出現無效解過多和「組合爆炸」。子裝配體不但可以減少裝配序列規劃零件數量的複雜性，還可以很好地展示出裝配體的結構層次性。在裝配序列規劃的過程中，通過時空工程語義知識檢索的裝配體層次及包含的零件，可以分層進行推理，降低複雜裝配體的裝配序列規劃的難度，提高裝配的效率和質量。裝配體層次信息的提取對產品智能裝配序列規劃來說是必不可少的。子裝配體的劃分方式及原則多種多樣，為了更好地實現基於時空工程語義知識檢索與推理裝配序列規劃，子裝配體的劃分應遵循以下原則。

　　a. 子裝配體中各個零件間連接關係是穩定的。

b. 子裝配體中的零件裝配完成後，不影響後續其餘零件的裝配。

c. 子裝配體作爲獨立的裝配單元，只有當其裝配完成後才能作爲整體與其餘的子裝配體或零件進行裝配。

子裝配體的劃分從很大程度上依靠裝配經驗，由於裝配經驗因人而異，所以對子裝配體的劃分也是不同的。模糊聚類分析法是將所研究事物按照某一特性或標準進行歸類劃分的方法。在子裝配體劃分總原則的前提下，採用模糊聚類分析法可以有效解決面向裝配規劃的子裝配體劃分。

模糊聚類分析的理論基礎有模糊關係、模糊相似矩陣和 λ 截矩陣等。

定義 1：設 U 和 V 是兩個論域，R 是 $U \times V$ 的一個模糊子集。它的隸屬函數爲映射：$u_R : U \times V \to [0, 1]$，即

$$(x, y) \| \to u_R(x, y) \xlongequal{\text{記爲}} R(x, y) \tag{4-2}$$

稱隸屬度 $R(x, y)$ 爲 (x, y) 關於模糊關係 R 的相關度。

定義 2：對於有限論域 $U = (x_1, x_2, \ldots, x_m)$，$V = (y_1, y_2, \ldots, y_n)$，從 U 到 V 的模糊關係 R 可用 $m \times n$ 模糊矩陣表示，即

$$R = (r_{ij})_{m \times n} \tag{4-3}$$

式中，$r_{ij} = R(x, y) \in [0, 1]$ 表示 (x_i, y_j) 對模糊關係 R 的相關程度。I 爲單位矩陣，若 R 滿足

自反性　　$I \leqslant R (\Leftrightarrow r_{ij} = 1)$

對稱性　　$R^T = R (\Leftrightarrow r_{ij} = r_{ji})$

則稱 R 爲模糊相似矩陣。

定義 3：設 $A \in \zeta(U)$，對於任意 $\lambda \in [0, 1]$，記

$$(A)_\lambda = A_\lambda \stackrel{\text{def}}{=} \{x \mid A(x) \geqslant \lambda\} \tag{4-4}$$

稱 A_λ 爲 A 的 λ 截集，其中 λ 爲閾值或置信水平。

引入裝配配合關係接近度概念，採用模糊聚類分析法劃分子裝配體的流程如圖 4-11 所示。

裝配配合關係接近度是指裝配體中零件與零件之間的配合成爲組件或子裝配體合理性的一種量度，用隸屬度函數 $A(X_i, Y_j)$ 表示。其值越大，說明零件 X_i 與零件 Y_j 之間的配合關係接近程度越大，裝配成組件或子裝配體的可能性也就越大，反之則越小。主要影響該值大小與裝配操作過程中定位基準、裝配精度、裝配配合關係數量和零件屬性等有關。隸屬度函數 $A(X_i, Y_j)$ 採用如下所示：

$$A(X_i, Y_j) = r_{ij} \tag{4-5}$$

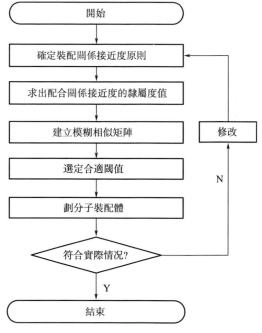

圖 4-11　模糊聚類分析法流程圖

　　根據電梯門鎖產品的特殊性，依據本領域技術專家主觀評定法確定零件與零件之間的裝配配合關係接近度 r_{ij}。裝配配合關係接近度規則如表 4-1 所示。

表 4-1　裝配配合關係接近度規則

零件 X_i 與零件 Y_j 之間規則描述	裝配配合關係 接近度 r_{ij}
零件 X_i 與零件 Y_j 之間無配合關係	0
(零件 X_i 與零件 Y_j 之間有配合關係)and(X_i 螺栓，Y_j 螺母)	0.9
(零件 X_i 與零件 Y_j 之間有配合關係)and(X_i 軸類零件，Y_j 帶輪類零件)	0.8
(零件 X_i 與零件 Y_j 之間有配合關係)and(X_i 定位基準多的零件，Y_j 定位基準少的零件)	0.6
(零件 X_i 與零件 Y_j 之間有配合關係)and(X_i 裝配精度高的零件，Y_j 裝配精度高的零件)	0.7
(零件 X_i 與零件 Y_j 之間有配合關係)and(X_i 裝配配合關係多的零件，Y_j 裝配配合關係少的零件)	0.65

續表

零件 X_i 與零件 Y_j 之間規則描述	裝配配合關係 接近度 r_{ij}
（零件 X_i 與零件 Y_j 之間有配合關係）and（ X_i 體積大、質量大的零件，Y_j 質量小、重量小的零件）and（ X_i 結構對稱，Y_j 結構對稱）	0.55
（零件 X_i 與零件 Y_j 之間有配合關係）and（ X_i 體積小、質量小的零件，Y_j 質量小、重量小的零件）and（ X_i 結構對稱，Y_j 結構對稱）	0.45
（零件 X_i 與零件 Y_j 之間有配合關係）and（ X_i 裝配精度高的零件，Y_j 裝配精度低的零件）	0.25
（零件 X_i 與零件 Y_j 之間有配合關係）and（ X_i 定位基準多的零件，Y_j 定位基準多的零件）	0.2
（零件 X_i 與零件 Y_j 之間有配合關係）and（ X_i 裝配配合關係多的零件，Y_j 裝配配合關係多的零件）	0.15
（零件 X_i 與零件 Y_j 之間有配合關係）and（ X_i 體積大、質量大的零件，Y_j 體積大、質量大的零件）	0.15
（零件 X_i 與零件 Y_j 之間有配合關係）and（ X_i 體積大、質量大的零件，Y_j 體積小、質量小的零件）and（ X_i 不結構對稱，Y_j 結構對稱）	0.1

　　根據表 4-1，得出電梯門鎖裝配體中零件與零件之間裝配配合關係接近度的隸屬度值，從而得到表 4-2 及相關的模糊相似矩陣（4-6）。

表 4-2　電梯門鎖裝配體中零件與零件之間裝配配合關係接近度的隸屬度值

序號	1	2	3	4	5	6	7	8	9	10	11	12	13	14	15	16	17	18
1	1	0	0.7	0	0	0	0	0	0	0	0	0	0.6	0	0	0	0	0
2	0	1	0.7	0	0.8	0	0.65	0.7	0.7	0.1	0.1	0.7	0.65	0	0.6	0	0	0
3	0.7	0.7	1	0.8	0	0	0	0	0	0	0	0	0	0	0	0	0	0
4	0	0	0.8	1	0	0	0	0	0	0	0	0	0	0	0	0	0	0
5	0	0.8	0	0	1	0.8	0	0	0	0	0	0	0	0	0	0	0	0
6	0	0	0	0	0.8	1	0	0	0	0	0	0	0	0	0	0	0	0
7	0	0.65	0	0	0	0	1	0.55	0.55	0	0	0	0	0	0	0	0	0
8	0	0.7	0	0	0	0	0.55	1	0	0	0.9	0	0	0	0	0	0	0
9	0	0.7	0	0	0	0	0.55	0	1	0.9	0	0	0	0	0	0	0	0
10	0	0.1	0	0	0	0	0	0	0.9	1	0	0	0	0	0	0	0	0
11	0	0.1	0	0	0	0	0	0.9	0	0	1	0	0	0	0	0	0	0
12	0	0.7	0	0	0	0	0	0	0	0	0	1	0.8	0.8	0.8	0.8	0.9	0.9
13	0.6	0.65	0	0	0	0	0	0	0	0	0	0.8	1	0	0	0	0	0
14	0	0	0	0	0	0	0	0	0	0	0	0.8	0	1	0.45	0.45	0	0
15	0	0.6	0	0	0	0	0	0	0	0	0	0.8	0	0.45	1	0	0	0
16	0	0	0	0	0	0	0	0	0	0	0	0.8	0	0.45	0	1	0.45	0.45
17	0	0	0	0	0	0	0	0	0	0	0	0.9	0	0	0	0.45	1	0.45
18	0	0	0	0	0	0	0	0	0	0	0	0.9	0	0	0	0.45	0.45	1

根據電梯門鎖裝配體中零件與零件之間裝配配合關係接近的隸屬度值，模糊相似矩陣如下所示：

$$
\underset{\sim}{R} =
\begin{bmatrix}
1 & 0 & 0.7 & 0 & 0 & 0 & 0 & 0 & 0 & 0 & 0 & 0 & 0 & 0 & 0 & 0.6 & 0 & 0 & 0 & 0 & 0 \\
0 & 1 & 0.7 & 0.7 & 0 & 0 & 0.65 & 0.7 & 0.7 & 0.1 & 0.1 & 0.7 & 0.65 & 0 & 0 & 0 & 0 & 0 & 0 & 0 & 0 \\
0.7 & 0.7 & 1 & 0.8 & 0 & 0 & 0 & 0 & 0 & 0 & 0 & 0 & 0 & 0 & 0 & 0 & 0 & 0 & 0 & 0 & 0 \\
0 & 0.7 & 0.8 & 1 & 0.8 & 0 & 0 & 0 & 0 & 0 & 0 & 0 & 0 & 0 & 0 & 0 & 0 & 0 & 0 & 0 & 0 \\
0 & 0 & 0 & 0.8 & 1 & 0.8 & 0 & 0 & 0 & 0 & 0 & 0 & 0 & 0 & 0 & 0 & 0 & 0 & 0 & 0 & 0 \\
0 & 0 & 0 & 0 & 0.8 & 1 & 0 & 0 & 0 & 0 & 0 & 0 & 0 & 0 & 0 & 0 & 0 & 0 & 0 & 0 & 0 \\
0 & 0.65 & 0 & 0 & 0 & 0 & 1 & 0.55 & 0.55 & 0 & 0 & 0 & 0 & 0 & 0 & 0 & 0 & 0 & 0 & 0 & 0 \\
0 & 0.7 & 0 & 0 & 0 & 0 & 0.55 & 1 & 0.55 & 0 & 0 & 0 & 0 & 0 & 0 & 0 & 0 & 0 & 0 & 0 & 0 \\
0 & 0.7 & 0 & 0 & 0 & 0 & 0.55 & 0.55 & 1 & 0 & 0 & 0 & 0 & 0 & 0 & 0 & 0 & 0 & 0 & 0 & 0 \\
0 & 0.1 & 0 & 0 & 0 & 0 & 0 & 0 & 0 & 1 & 0.9 & 0 & 0 & 0 & 0 & 0 & 0 & 0 & 0 & 0 & 0 \\
0 & 0.1 & 0 & 0 & 0 & 0 & 0 & 0 & 0 & 0.9 & 1 & 0 & 0 & 0 & 0 & 0 & 0 & 0 & 0 & 0 & 0 \\
0 & 0.7 & 0 & 0 & 0 & 0 & 0 & 0 & 0 & 0 & 0 & 1 & 0.8 & 0.8 & 0.8 & 0.8 & 0.8 & 0 & 0 & 0 & 0 \\
0 & 0.65 & 0 & 0 & 0 & 0 & 0 & 0 & 0 & 0 & 0 & 0.8 & 1 & 0 & 0 & 0 & 0 & 0 & 0 & 0 & 0 \\
0 & 0 & 0 & 0 & 0 & 0 & 0 & 0 & 0 & 0 & 0 & 0.8 & 0 & 1 & 0.45 & 0 & 0 & 0 & 0 & 0 & 0 \\
0 & 0 & 0 & 0 & 0 & 0 & 0 & 0 & 0 & 0 & 0 & 0.8 & 0 & 0.45 & 1 & 0 & 0 & 0 & 0 & 0 & 0 \\
0.6 & 0 & 0 & 0 & 0 & 0 & 0 & 0 & 0 & 0 & 0 & 0.8 & 0 & 0 & 0 & 1 & 0.45 & 0 & 0 & 0 & 0 \\
0 & 0 & 0 & 0 & 0 & 0 & 0 & 0 & 0 & 0 & 0 & 0.8 & 0 & 0 & 0 & 0.45 & 1 & 0 & 0 & 0 & 0 \\
0 & 0 & 0 & 0 & 0 & 0 & 0 & 0 & 0 & 0 & 0 & 0 & 0 & 0 & 0 & 0 & 0 & 1 & 0.9 & 0.9 & 0.9 \\
0 & 0 & 0 & 0 & 0 & 0 & 0 & 0 & 0 & 0 & 0 & 0 & 0 & 0 & 0 & 0 & 0 & 0.9 & 1 & 0.45 & 0.45 \\
0 & 0 & 0 & 0 & 0 & 0 & 0 & 0 & 0 & 0 & 0 & 0 & 0 & 0 & 0 & 0 & 0 & 0.9 & 0.45 & 1 & 0.45 \\
0 & 0 & 0 & 0 & 0 & 0 & 0 & 0 & 0 & 0 & 0 & 0 & 0 & 0 & 0 & 0 & 0 & 0.9 & 0.45 & 0.45 & 1 \\
\end{bmatrix}
\tag{4-6}
$$

採用模糊聚類分析中的最大樹法進行子裝配體的劃分，首先獲得模糊相似矩陣，採用節點和邊畫出最大樹，然後選定閾值 $\lambda \in [0，1]$ 切割最大樹進行模糊聚類。找出 r_{ij} 中最大值 0.9，對應點的節點分別是 sha4-2 和 bolt6、sha5-1 和 bolt5、sha3-1 和 bolt1、sha3-1 和 bolt2，將節點用線連接起來，按照 r_{ij} 從大到小的順序將剩餘的節點連接起來，直到所有的節點都出現在最大樹中爲止，如圖 4-12 所示，根據模糊相似矩陣畫出的最大樹。

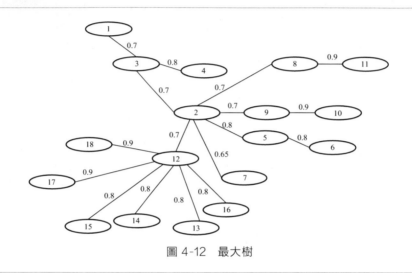

圖 4-12　最大樹

取閾值 $\lambda = 0.7$，去掉 $r_{ij} < 0.7$ 的邊，這時將裝配體分爲 2 類，即 {T_plate} 和 {frame、Long_connecting_shaft、wheel_down、cutter_head、Bolt_rod_two、Single_bolt_fastening_two、Bolt_rod_one、Single_bolt_fastening_one、Short_connecting_shaft、wheel_up、Long_bolt_rod、Double_bolt_fastening_down、Double_bolt_fastening_up、Iron_cover_up、spring、plastic_cushion、Iron_cover_down}。

取閾值 $\lambda = 0.8$，去掉 $r_{ij} < 0.8$ 的邊，這時將裝配體分爲 7 類，即 {Long_bolt_rod、Double_bolt_fastening_down、Double_bolt_fastening_up、Iron_cover_up、spring、plastic_cushion、Iron_cover_down}、{T_plate}、{cutter_head、Short_connecting_shaft、wheel_up}、{Bolt_rod_one、Single_bolt_fastening_one}、{Bolt_rod_two、Single_bolt_fastening_two}、{Long_connecting_shaft、wheel_down} 和 {frame}。

取閾值 $\lambda = 0.9$，去掉 $r_{ij} < 0.9$ 的邊，這時將裝配體分爲 14 類，即

{Long _ bolt _ rod、Double _ bolt _ fastening _ up、Double _ bolt _ fastening _ down}、{Iron _ cover _ up}、{spring}、{plastic _ cushion}、{Iron _ cover _ down}、{T _ plate}、{cutter _ head}、{Short _ connecting _ shaft}、{wheel _ up}、{Bolt _ rod _ one、Single _ bolt _ fastening _ one}、{Bolt _ rod _ two、Single _ bolt _ fastening _ two}、{Long _ connecting _ shaft}、{wheel _ down} 和 {frame}。

通過對比分析可知，取閾值 $\lambda = 0.8$，去掉 $r_{ij} < 0.8$ 的邊，這時將裝配體分為 7 類。這種劃分子裝配體的方式不僅明確詳細，而且更符合實際的裝配過程。因此採用閾值 $\lambda = 0.8$ 作為電梯門鎖子裝配體劃分依據。劃分後的電梯層門閉鎖裝置如圖 4-13 和表 4-3 所示。

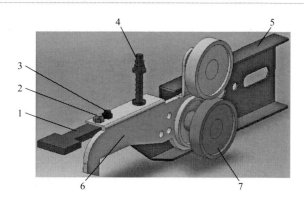

圖 4-13　劃分後的電梯層門閉鎖裝置

表 4-3　劃分後電梯層門閉鎖裝置子裝配體對照表

子裝配體	包含的零件
1	T_plate
2	Bolt_rod_one、Single_bolt_fastening_one
3	Bolt_rod_two、Single_bolt_fastening_two
4	Long_bolt_rod、Double_bolt_fastening_down、Double_bolt_fastening_up、Iron_cover_up、spring、plastic_cushion、Iron_cover_down
5	frame
6	cutter_head、Short_connecting_shaft、wheel_up
7	Long_connecting_shaft、wheel_down

在產品子裝配體劃分的基礎上，採用 CAD 建模軟件 SolidWorks 或 CATIA，在零件造型的基礎上實現數字化預裝配，建立起產品 CAD 裝配模型，可完整、正確地傳遞產品裝配體設計參數、裝配層次和裝配信息。

4.4 基於 SolidWorks 的產品時空語義知識提取技術

SolidWorks 是基於 Windows 平臺的全參數化的三維實體造型軟件，具有操作介面友好、特徵造型快捷的優點，爲設計人員提供了良好的設計環境。爲了方便用戶在軟件本身功能的基礎上開發出適合自己的功能模塊，SolidWorks 提供了二次開發接口（API）。SolidWorks 二次開發分兩種：一種是基於 OLE 技術，它是對象鏈接與嵌入技術的簡稱，它提供了方便的技術，將文檔和各異程序的不同類型的數據結合起來，但是它只能開發出獨立的可執行程序，即 EXE 形式的程序，不能集成在 Solid-Works 系統下；另一種開發方式是基於 Windows 的 COM 技術，可以生成 *.dll 格式的文件嵌入到 SolidWorks 的軟件中形成一個插件，便於隨時調用和取消，而且它可以使用較多的 SolidWorks API 函數，執行效率比 EXE 快許多。

採用基於 Windows 的 COM 技術，以 Microsoft Visual Studio 2005（vs2005）和 SolidWorks API 語言作爲實現手段，在對 SolidWorks API 對象結構分析的基礎上，對產品 CAD 建模軟件 SolidWorks 2013 進行二次開發，調用 SolidWorks 對象的接口、屬性、方法和事件，訪問 CAD 模型的內部數據，實現面向智能裝配序列規劃的產品時空語義相關知識的提取。

4.4.1 SolidWorks API 對象

SolidWorks 中所有數據都被封裝成對象，並形成樹形層次結構。SolidWorks 對象是 SolidWorks API 中最高層的對象，能夠實現應用程序的最基本操作。其子對象 ModelDoc2 包含了 PartDoc、AssemblyDoc、DrawingDoc API 對象，可以實現 SolidWorks 中的零件、裝配體、工程圖的訪問操作。實現面向智能裝配序列規劃的產品時空語義相關知識提取的主要 SolidWorks API 對象是 ModelDoc2 及其子對象 AssemblyDoc，樹形結構層次圖如圖 4-14 所示。

分析產品裝配模型結構、裝配信息分層描述可知，總裝配體及其部件間、子裝配體及其部件間具有相同的數據結構，可以採用遞歸方法遍歷其產品裝配模型樹識別提取 SolidWorks 產品的裝配信息。遍歷 Solid-Works 產品裝配模型樹的算法流程如圖 4-15 所示。

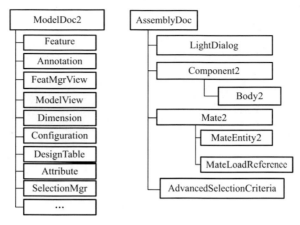

圖 4-14　ModelDoc2 和 AssemblyDoc 樹形結構層次圖

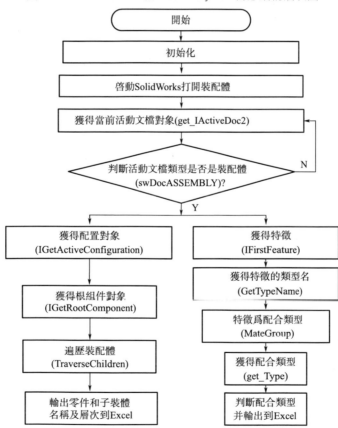

圖 4-15　遍歷 SolidWorks 產品裝配模型樹的算法流程圖

以某型號的電梯層門閉鎖裝置爲例，對其產品時空語義知識進行提取。操作介面如圖 4-16 所示。

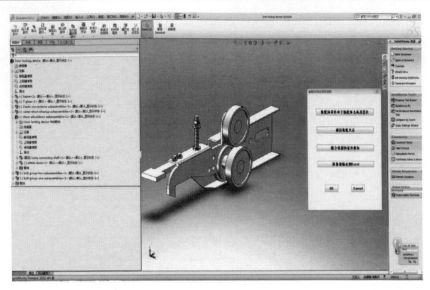

圖 4-16　操作介面

4.4.2　產品裝配時空語義信息提取

（1）裝配層次信息提取

裝配體層次信息提取時，首先獲得當前裝配體的配置和當前配置的裝配組，在當前配置和當前配置的裝配組的基礎上對裝配體進行遍歷。若對於子裝配體，則調用遍歷子函數就可以獲得裝配體層次信息。部分代碼如下所示。

```
* * * * * * * * * * * * * * * * * * * * * * * * * * * * * * * *
* * * * * * * * * * * * * * * * * * * * * * * * * * * * * * * *
if(S_OK==hres || nChildren > 0)
{
pChildren=new CComPtr< IComponent> [nChildren];//初始化字符串
數組
    hres=pComponent-> IGetChildren((IComponent * * * )&pChildren);//獲
得子零件
    if(S_OK==hres)
```

```
{
for( i＝0;i< nChildren;i＋＋ )
{TraverseChildren(RecurseLevel,MyString,pChildren[i]);//遞歸
遍歷子零部件
pChildren[i]＝NULL;//釋放子零件對象
}
}
delete[]pChildren;
}
RecurseLevel--;
return nChildren;//返回
＊ ＊ ＊ ＊ ＊ ＊ ＊ ＊ ＊ ＊ ＊ ＊ ＊ ＊ ＊ ＊ ＊ ＊ ＊ ＊ ＊ ＊ ＊ ＊ ＊ ＊ ＊
m_iModelDoc-> IGetActiveConfiguration(&pConfiguration);//獲得
配置對象
pConfiguration-> IGetRootComponent(&pRootComponent);//獲得根
組件對象
TraverseChildren(RecurseLevel,&MyString,pRootComponent);//遍
歷裝配體
＊ ＊ ＊ ＊ ＊ ＊ ＊ ＊ ＊ ＊ ＊ ＊ ＊ ＊ ＊ ＊ ＊ ＊ ＊ ＊ ＊ ＊ ＊ ＊ ＊ ＊
```

裝配體層次信息提取如圖 4-17 所示。

（2）裝配約束關係提取

裝配體是由若干零件或子裝配體組成的，零件與零件間滿足約束關係，這樣的約束關係被稱爲配合關係。配合關係不但可以從定性上清晰地描述零件、子裝配體之間的相互位置及相互約束，還可以在定量上表示零件、子裝配體之間的複雜程度（這種複雜程度由配合關係的數量來表示）。裝配配合關係數量多的零件，在空間位置上包含空間約束也多，在裝配序列規劃中應優先裝配。在裝配體零件間具體的配合約束關係，可以判斷出零件、子裝配體在裝配序列規劃中的優先級。

在 SolidWorks API 函數中，在 swconst. h 和 swconst. bas 中 swMate-Type ＿ e 列表中定義的配合類型包括：swMateCOINCIDENT（重合）、swMateCONCENTRIC（同心）、swMatePERPENDICULAR（垂直）、swMatePARALLEL（平行）、swMateTANGENT（相切）、swMateDIS-TANCE（距離）、swMateANGLE（角度）、swMateUNKNOWN（未知）。

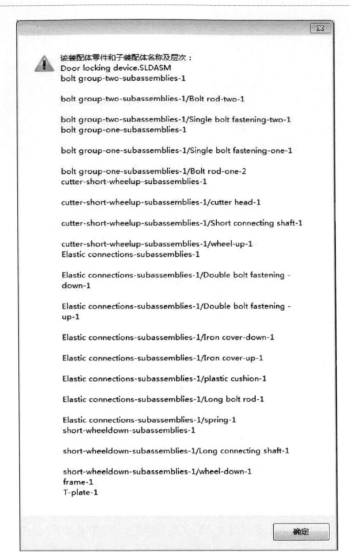

圖 4-17　裝配體層次信息提取

　　在獲得配合關係的程序中，需要先獲得當前裝配體的配置和當前配置的裝配組，在當前配置和當前配置的裝配組的基礎上進行裝配體遍歷。若對於子裝配體，則調用遍歷子函數直至獲得組成三維裝配模型的各個零件，對各個零件的三維模型零件進行遍歷，識別配合的類型。例如若是重合配合則輸出重合配合，並調出重合配合的零件名稱，實現配合關係的提取。部分程序代碼如下所示。

```
* * * * * * * * * * * * * * * * * * * * * * * * * * * * * *
* * * * * * * * * * * * * * * * * * * * * * * *
pMate2-> get_Type(&lMateType);//獲得配合的類型
if(lMateType==swMateCONCENTRIC)//同心配合
{
CString string10=("同心配合:\n");
CString total;
CString filename1;//定義輸出配合關係零件 1
CComPtr< IMateEntity2> pMateEntity0;
CComPtr< IMateEntity2> pMateEntity1;
long nMateEntityType0;
long nMateEntityType1;
BSTR diyi;//定義配合中第一零件的名稱
BSTR dier;//定義配合中第二零件的名稱
CComPtr< IComponent2> pComp0;
CComPtr< IComponent2> pComp1;
rs=pMate2-> get_Type(&lMateType);
rs=pMate2-> MateEntity(0,&pMateEntity0);
ATLASSERT(pMateEntity0);
rs=pMate2-> MateEntity(1,&pMatcEntity1);
ATLASSERT(pMateEntity1);
rs=pMateEntity0-> get_ReferenceType2(&nMateEntityType0);
rs=pMateEntity1-> get_ReferenceType2(&nMateEntityType1);
rs=pMateEntity0-> get_ReferenceComponent(&pComp0);
pComp0-> get_Name2(&diyi);//獲得同心配合第一個零件的名稱
* * * * * * * * * * * * * * * * * * * * * * * * * * * * * *
```

配合關係的提取如圖 4-18 所示。

（3）裝配幾何特徵提取

　　配合線面特徵信息是配合關係表達的基礎。在常見的裝配體中，零件與零件間的配合方式包括：零件表面與零件表面之間的配合、零件邊線與零件邊線之間的配合、參考軸與參考軸之間的配合、參考面與參考面之間的配合。在零件 CAD 模型中，是通過幾何特徵間的配合關係進行裝配的。因此，零件間的幾何關係是進行裝配序列規劃最爲關心的對象。

　　採用交互方式進行配合線面特徵的提取，不但直觀地表現出零件之間的幾何關係，而且提高線面配合特徵提取的效率和降低線面特徵識別

的難度。配合線面特徵提取時，首先需要獲得當前活動的對象，通過該對象獲取到選擇管理器對象；然後在選擇管理器對象的基礎上獲得用戶選擇對象的類型並判斷選擇對象的類型，選擇對象爲零件邊線、零件表面、參考軸或者參考面；最後輸出選擇的對象類型。部分程序代碼如下所示。

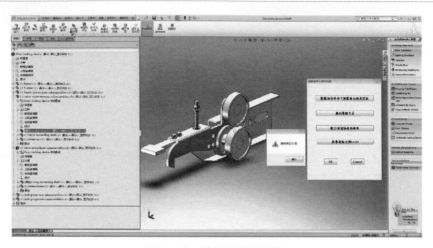

圖 4-18　裝配關係的提取

```
* * * * * * * * * * * * * * * * * * * * * * * * * * * * * * * *
m_iModelDoc-> GetType(&docType);//獲得當前活動文檔類型
if(docType ！ ＝swDocASSEMBLY)
{
AfxMessageBox("打開的文件不是裝配體");
return;//返回
}
CComPtr< ISelectionMgr> swSelectionMgr;//定義選擇管理器對象
m_iModelDoc-> get_ISelectionManager(&swSelectionMgr);//獲得選擇管理器對象
long count＝0;//定義選擇對象的個數
swSelectionMgr-> GetSelectedObjectCount(&count);//獲得所選擇對象的個數
if(count ！ ＝1)//如果所選擇對象的個數不等於 1
{
AfxMessageBox("請在裝配過程中選擇面、邊線、參考面或參考軸");
```

```
    return;//返回
    }
    long type＝－1;//定義選擇對象的類型
    swSelectionMgr-> GetSelectedObjectType2(1,&type);//獲得所選擇
對象的類型
    CComPtr< IUnknown> swUnknownObject;//定義選擇對象
    swSelectionMgr-> IGetSelectedObject4(1,&swUnknownObject);//獲
得所選擇的對象
    switch(type)
    {
    case   swSelEDGES://所選擇對象的類型爲邊線
    {
    AfxMessageBox("選擇該零件的幾何特徵爲-邊線");//彈出曲線長度消息框
    break;
    }
    case swSelFACES://所選擇對象的類型爲零件表面
    * * * * * * * * * * * * * * * * * * * * * * * * * * * * * * *
    case swSelDATUMPLANES://所選擇對象的類型爲參考面
    * * * * * * * * * * * * * * * * * * * * * * * * * * * * * * *
    case swSelDATUMAXES://所選擇對象的類型爲參考軸
    * * * * * * * * * * * * * * * * * * * * * * * * * * * * * * *
    AfxMessageBox("所選對象類型必須爲面、邊線、參考面或參考軸");
    return;//返回
    }
```

配合線面特徵的提取如圖 4-19 所示。

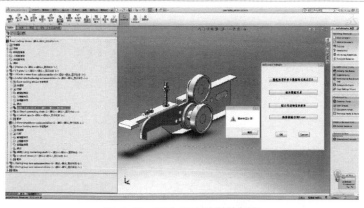

圖 4-19　配合線面特徵的提取

4.4.3　產品時空語義知識的存儲

　　Excel 具有強大的報表製作功能，因此以電梯層門閉鎖裝置爲例將提取出來的產品時空語義知識保存到 Excel 表格中，使原本複雜的數據可以輕鬆地處理。以 Microsoft Office Excel 2003 爲存儲對象，_ application、workbooks、_ workbook、worksheets、_ worksheet、Range 等類添加至工程，實現對 Excel 的操作。當搜索到配合特徵時，將已經創建好的 Excel 表格打開，並將數據傳送到 Excel 表格指定的位置，進而進行數據的保存。部分代碼如下所示。

```
_Application app;
Workbooks books;
_Workbook book;
Worksheets sheets;
_Worksheet sheet;
Range range;
if( ! app. CreateDispatch("Excel. Application"))
{
this-> MessageBox("無法正確創建 Excel 應用!");
return;
}
app. SetVisible(true);//將 Excel 設置爲隱藏狀態
app. SetDisplayFullScreen  ( false );   app. SetDisplayAlerts
(false);//實現屏蔽跳出的保存對話框
books. AttachDispatch(app. GetWorkbooks(),true);
book. AttachDispatch(books. Add(_variant_t("d:\\配合關係. xls")));//
得到 Workssheets
sheets＝book. GetSheets();
sheet＝ sheets. GetItem(COleVariant((short)1));
range＝ sheet. GetRange(COleVariant("A2"),COleVariant("A2"));//
顯示 Excel 表格
app. SetVisible(TRUE);
app. SetUserControl(TRUE);//通過 Workbook 對象的 SaveAs 方法可實現
保存 Excel
book. SaveAs(COleVariant("d:\\配合關係. xls"),covOptional,covOp-
tional,covOptional,covOptional,covOptional,long(1),covOptional,
covOptional,covOptional,covOptional,covOptional);
app. Quit();//關閉 Excel
```

　　如圖 4-20 和圖 4-21 所示爲電梯層門閉鎖裝置保存的時空語義知識。

123

	A
1	该装配体零件和子装配体名称及层次
2	Door locking device.SLDASM bolt group-two-subassemblies-1 bolt group-two-subassemblies-1/Bolt rod-two-1 bolt group-two-subassemblies-1/Single bolt fastening-two-1 bolt group-one-subassemblies-1 bolt group-one-subassemblies-1/Single bolt fastening-one-1 bolt group-one-subassemblies-1/Bolt rod-one-2 cutter-short-wheelup-subassemblies-1 cutter-short-wheelup-subassemblies-1/cutter head-1 cutter-short-wheelup-subassemblies-1/Short connecting shaft-1 cutter-short-wheelup-subassemblies-1/wheel-up-1 Elastic connections-subassemblies-1 Elastic connections-subassemblies-1/Double bolt fastening – down-1 Elastic connections-subassemblies-1/Double bolt fastening – up-1 Elastic connections-subassemblies-1/Iron cover-down-1 Elastic connections-subassemblies-1/Iron cover-up-1
3	Elastic connections-subassemblies-1/plastic cushion-1
4	
5	Elastic connections-subassemblies-1/Long bolt rod-1
6	
7	Elastic connections-subassemblies-1/spring-1
8	short-wheeldown-subassemblies-1
9	
10	short-wheeldown-subassemblies-1/Long connecting shaft-1
11	
12	short-wheeldown-subassemblies-1/wheel-down-1
13	frame-1
14	T-plate-1

圖 4-20　裝配體層次信息提取

	A 配合特征	B 配合零件1	C 配合零件2	D 两零件的配合参考特征
2	重合配合:	frame-1	Elastic connections-subassemblies-1/plastic cushion-1	配合特征为-面
3	重合配合:	frame-1	cutter-short-wheelup-subassemblies-1/cutter head-1	配合特征为-参考轴
4	重合配合:	cutter-short-wheelup-subassemblies-1/cutter head-1	short-wheeldown-subassemblies-1/Long connecting shaft-1	配合特征为-参考轴
5	重合配合:	frame-1	short-wheeldown-subassemblies-1/Long connecting shaft-1	配合特征为-参考轴
6	重合配合:	T-plate-1	bolt group-two-subassemblies-1/Bolt rod-two-1	配合特征为-面
7	重合配合:	cutter-short-wheelup-subassemblies-1/cutter head-1	Door locking device	配合特征为-参考轴
8	重合配合:	cutter-short-wheelup-subassemblies-1/cutter head-1	Door locking device	配合特征为-参考轴
9	重合配合:	cutter-short-wheelup-subassemblies-1/cutter head-1	bolt group-one-subassemblies-1/Single bolt fastening-one-1	配合特征为-面
10	重合配合:	Elastic connections-subassemblies-1/Long bolt rod-1	Elastic connections-subassemblies-1/spring-1	配合特征为-参考轴
11	距离配合:	Elastic connections-subassemblies-1/spring-1	Elastic connections-subassemblies-1/Long bolt rod-1	配合特征为-面
12	重合配合:	Elastic connections-subassemblies-1/Iron cover-down-1	Elastic connections-subassemblies-1/spring-1	配合特征为-参考轴
13	距离配合:	Elastic connections-subassemblies-1/Iron cover-down-1	Elastic connections-subassemblies-1/Long bolt rod-1	配合特征为-面
14	重合配合:	Elastic connections-subassemblies-1/plastic cushion-1	Elastic connections-subassemblies-1/Long bolt rod-1	配合特征为-参考轴
15	距离配合:	Elastic connections-subassemblies-1/plastic cushion-1	Elastic connections-subassemblies-1/Long bolt rod-1	配合特征为-面

圖 4-21　配合關係和配合線面特徵的提取

4.5 基於 CATIA 的產品時空語義知識提取技術

以 CATIA Automation 二次開發技術爲基礎，利用 VB IDE 提出改進的遞歸遍歷算法，深度挖掘裝配體模型的層次、屬性、約束信息，全面提取，並完整、直觀地保存在 Excel 表格中。

4.5.1 CATIA Automation API 對象

CATIA 是最常用的三維建模軟件之一，在建模過程中往往輸入了大量的零部件特徵、參數信息，利用空間約束關係將各個零部件組合成完整的裝配體。完善的裝配模型信息爲數字化裝配系統的建立提供了重要的數據基礎和對象支撐。從 CATIA 三維數字化裝配模型中，提取所需的裝配體模型的層次、屬性、約束信息，實現面向裝配序列智能規劃的時空語義知識提取。

CATIA V5 提供了多種二次開發接口，採用自動化對象編程技術（CATIA V5 Automation），通過提供給用户 Idispatch 接口開發出相關的應用程序，操作 CATIA 中相關的對象和屬性。利用 Visual Basic6.0 集成開發環境，調用 CATIA V5 的 Automation API，對於 CATIA 進行二次開發。CATIA V5 Automtion 中的模型數據都以對象的形式被封裝在相應的模型文件中，並以樹狀結構呈現，如圖 4-22 所示。CATIA V5 Automation 本質上就是對象的集合，内含多個對象。每種對象或集合都有個性化的屬性和方法以備調用。

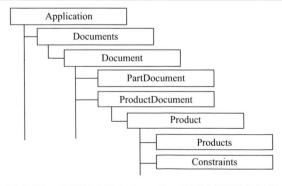

圖 4-22　CATIA V5 Automation 部分基礎對象架構

面向裝配序列智能規劃的時空語義知識提取時，所需特徵信息主要包括三個方面：①裝配體層次信息，即各級子裝配體和零部件名稱；②屬性信息，即零部件相關物理參數、材料等屬性；③約束信息，即各零部件間相應的配合方式、配合關係。層次和物料信息主要來源於 ProductDocument 對象下的 Product 對象。約束信息主要來源於 ProductDocument 對象下的 Constraints 對象。

面向裝配序列智能規劃的時空語義知識提取時，按照裝配體建模完成後的模型結構樹進行逐層遍歷。由上到下，由外到內，先根後枝，層層遍歷。即通過 VB 編程來操縱 CATIA 中的 API 函數，調用模型結構樹相關對象（Object）或集合（Collection）的屬性和方法，讀取相關類、庫文件，從而識別提取數字化裝配模型中的裝配體層次信息、屬性信息和約束信息並輸出到 Excel 表格中。二次開發整體流程如圖 4-23 所示。

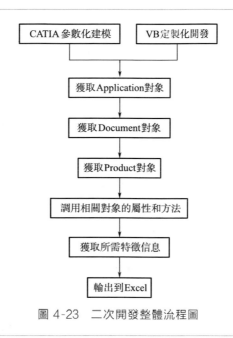

圖 4-23　二次開發整體流程圖

4.5.2　裝配體時空語義信息提取方法

（1）改進的遞歸遍歷算法

傳統的遞歸遍歷算法在二次開發過程中，對於模型信息的挖掘深度、完整度存在一定不足，往往只能提取到雙層嵌套的裝配體信息，即總裝

配體-子零部件的特徵信息；對於子零部件依舊是裝配體的多層嵌套複雜裝配體，往往存在一定的局限性。在傳統遞歸遍歷算法的基礎上，針對複雜的多層嵌套裝配體，利用改進的遞歸遍歷算法，可對模型特徵信息進行深入、完整的挖掘與提取，同步導入至 Excel 表格中，形成層次及屬性信息表、約束信息表。

　　CATIA 的模型結構樹如圖 4-24 所示。分析 CATIA 的模型結構樹結構，可以獲取到模型的層次信息、約束信息，而屬性信息則隱藏在具體零部件的用戶屬性文件之中。依據二叉樹遍歷思想，利用改進的遞歸遍歷算法，對模型結構樹的遍歷可採用由根到枝層層遞進的方式。從總裝配體作爲根節點進入，由上到下，每遇到一個子節點就向內繼續遍歷其子葉，逐層深入，以確保每一個子裝配體、每一個零件都被訪問到。

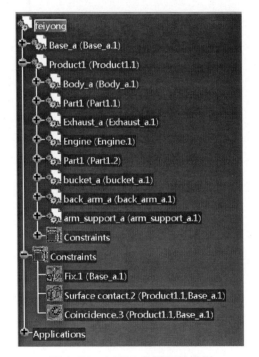

圖 4-24　CATIA 的模型結構樹

（2）裝配體層次信息提取

　　裝配體層次信息即是描述裝配體內部零部件層級的信息，完整涵蓋了各級子裝配體及各個零部件。針對模型結構樹的傳統遍歷算法參照對

於二叉樹模型的遍歷，往往只能涉及第二層的裝配體嵌套，即總裝配體層—零件層，遍歷深度存在較大的不足；對於多層嵌套的裝配體，即子裝配體內仍包含有子裝配體的複雜裝配體，無法準確、全面地獲取其內部每一個子節點的模型信息。

針對裝配體模型結構樹的遍歷，結合 CATIA Automation API 的軟件特性，提出一種改進的遞歸遍歷算法。在遍歷循環函數中設置一個標記變量和一個層次深度變量，用以記錄該節點下是否還有子節點以及層級大小。如果有，源程序中斷，再次調用遍歷循環函數，對該子節點進行遍歷；與此同時，標記變量也會再次被重新聲明，並記錄該子節點內部還有沒有子節點。層級深度記錄變量會隨著遍歷循環函數的調用而自增，表示嵌套層次更深一層。每當一個深層次的遍歷循環完成後，層次深度記錄變量會自減，程序也會自動回到上一層遍歷循環程序的斷點處，繼續遍歷上一層裝配體的下一個零部件。當所有層次的遞歸遍歷完成之後，會回到主程序並結束程序，提取到的全部特徵信息及零部件對應的層級將會生成在 Excel 表格中。裝配體層次信息提取整體流程如圖 4-25 所示。

（3）屬性信息提取

屬性信息隱藏在各個零部件相關聯的用戶屬性文件中，對於完整的屬性信息提取，需要建立在深度遍歷的基礎上。對每一層的零部件進行逐層檢索的同時，對各個零部件的物理參數、材料屬性進行挖掘提取。主要涉及質量、來源、材料、版本、成本等參數信息。

在建模過程中，由於不同的行業需求，故對於零部件的物料參數信息有著不同的定義和描述。這部分信息通過 Product 對象的 UserRef-Properties 屬性進行檢索、提取。對於上述的各個參數，若建模時已添加定義和描述，則可完整提取；若該參數對於領域來說無關緊要，建模時沒有額外聲明，提取時則以「0」（空）值代替。

（4）約束信息提取

約束關係是描述裝配體各個零部件組合方式、配合關係的重要模型信息，通過合理的約束關係，各級零部件、子裝配體才能正確組合成總裝配體。由於 CATIA Automation 方法本身只支持對於第一層零部件的相互約束信息的讀取，在改進的遍歷算法的基礎上，必須再將內層子裝配體激活爲新的活動文檔（ActiveDocument），纔可讀取約束信息文件。故以改進的遍歷算法爲基礎，添加相應的激活和關閉當前活動裝配體文檔（ProductDocument）的指令。

　　在新的循環遍歷函數中，每次識別到子裝配體，程序都會激活新的裝配體文檔並提取約束信息，提取結束後則再次調用新的循環遍歷函數，繼續檢查組成該子裝配體的零部件中是否有子裝配體，直到確認不再有子裝配體，之後程序返向至上一層遍歷程序的斷點，關閉被打開的新裝配體文檔，返回上一層裝配體零部件的循環遍歷中，直到所有層級的遍歷循環函數均執行完畢，則返回主程序至結束，提取完整的約束信息並生成在一張新的 Excel 表格中。約束信息提取流程如圖 4-26 所示。

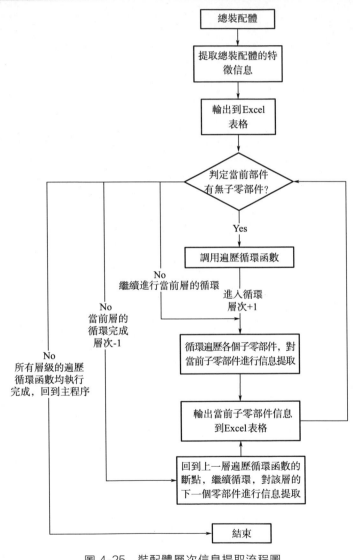

圖 4-25　裝配體層次信息提取流程圖

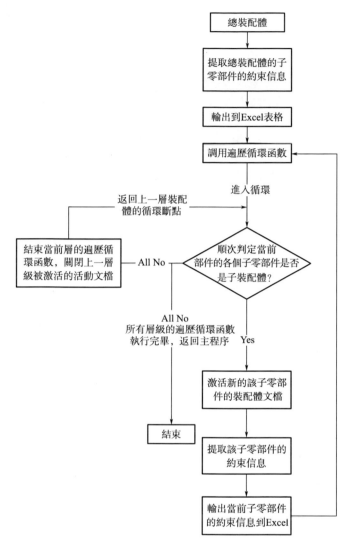

圖 4-26 約束信息提取流程圖

4.5.3 挖掘機裝配體應用實例

以某型號挖掘機模型為例，總裝配體下有兩個子部件，而其中一個子部件是子裝配體，CATIA 建模如圖 4-27 所示。

使用 VB 編程進行 CATIA Automation 二次開發，對 3D 模型進行特徵信息提取。層次及物料信息表如圖 4-28 所示。裝配體各個層級的劃分明確，各零部件的屬性信息可訪問。

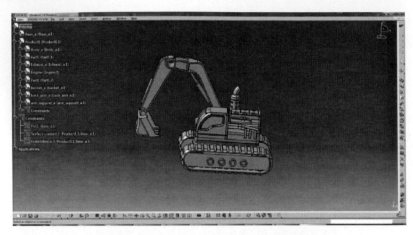

圖 4-27　某型號挖掘機的 CATIA 建模

名稱	中文名稱	質量/kg	來源	材料	版本	成本	裝配層次
feiyong		100	0	0	0	0	1
Base_a		10	進口	0	0	0	2
Product1		90	組裝	0	0	0	2
Body_a		10	0	0	0	0	3
Part1.1		10	0	0	0	0	3
Exhaust_a		10	0	0	0	0	3
Engine		20	0	0	0	0	3
Part1		10	0	0	0	0	3
bucket_a		10	0	0	0	0	3
back_arm_a		10	0	0	0	0	3
arm_support_a		10	0	0	0	0	3

圖 4-28　層次及物料信息表

約束信息表如圖 4-29 所示，Fix 爲固定約束，Surface Contact 爲表面接觸配合，Coincidence 爲重合約束。約束信息相對應的零部件組合也直觀地呈現出來。

名稱／序號		配合類型	配合部件 _1	配合部件 _2
feiyong				
	1	Fix.1	Base_a	
	2	Surface contact.2	Product1	Base_a
	3	Coincidence.3	Product1	Base_a
Product1				
	1	Fix.1	Body_a	
	2	Surface contact.11	Engine	Body_a
	3	Coincidence.12	Engine	Body_a
	4	Coincidence.14	Body_a	Engine
	5	Coincidence.27	Exhaust_a	Body_a
	6	Surface contact.28	Exhaust_a	Body_a
	7	Surface contact.29	arm_support_a	Body_a
	8	Surface contact.30	arm_support_a	Body_a
	9	Coincidence.31	Body_a	arm_support_a
	10	Coincidence.32	back_arm_a	arm_support_a
	11	Coincidence.33	arm_support_a	back_arm_a
	12	Coincidence.34	Part1	back_arm_a
	13	Coincidence.35	back_arm_a	Part1
	14	Coincidence.36	Part1	bucket_a
	15	Coincidence.37	bucket_a	Part1
	16	Coincidence.38	bucket_a	Body_a
	17	Surface contact.39	Body_a	Body_a
	18	Surface contact.40	Body_a	Part1
	19	Surface contact.41	Body_a	Part1
	20	Coincidence.43	Part1	Body_a

圖 4-29　約束信息表

第5章

基於知識檢索
與規則推理的
裝配規劃

5.1 系統框架設計

時空工程語義驅動的產品裝配序列智能規劃系統主要作用是在產品開發過程中，輔助裝配工藝人員對產品裝配過程進行裝配序列規劃和仿真分析。從系統實現的角度，給出了時空工程語義驅動的產品裝配序列智能規劃系統的詳細流程，如圖 5-1 所示。時空工程語義驅動的產品裝配序列智能規劃系統將產品時空語義知識建模、裝配序列規劃和裝配仿真等關鍵技術應用到產品智能裝配序列規劃中，能夠爲裝配工藝人員提供產品裝配知識模型和知識系統，實現產品的裝配序列智能規劃。通過軟件 DELMIA 環境下仿真分析，以便及時發現裝配過程中的錯誤和缺陷。以時空工程語義驅動的產品裝配序列智能規劃系統的關鍵核心技術爲基礎，形成系統的主要功能模塊，包括產品時空語義知識建模、裝配序列規劃和裝配仿真。

（1）產品時空語義知識建模

有效的產品時空語義知識建模方法是實現智能裝配序列規劃的基礎。從工程語義知識時空拓撲模型入手，建立工程語義知識本體模型。由於產品時空語義知識提取得越多，所建立的產品時空語義知識模型越完善，則知識檢索與規則推理能力越強，因此通過 SolidWorks API 或者 CATIA Automation API 對象的訪問，實現對 SolidWorks 模型、CATIA 模型的時空語義知識獲取。以時空語義知識和裝配經驗知識爲基礎，採用 protégé3.4.4 軟件構建產品時空語義知識模型，爲基於知識檢索、規則推理的裝配序列生成奠定基礎。

（2）裝配序列規劃

基於時空工程語義知識檢索與規則推理的裝配序列規劃通過檢索式與推理式結合生成，其中時空工程語義知識規則庫是基於時空工程語義知識檢索與規則推理的數據基礎。通過將時空工程語義知識規則封裝至「RuleReasoner.rules」文件中，採用 Eclipse 3.1 對該規則庫進行調取和推理實現裝配序列規劃。

（3）裝配仿真

應用數字化仿真技術開展裝配序列規劃可及時發現產品裝配過程中存在的裝配序列生成是否合理、是否符合現實裝配情況，有效減少裝配缺陷，降低產品的裝配風險，保證產品裝配的質量。基於「數字化工廠」仿真平

臺 DELMIA 軟件，研究直線電動機裝配過程，驗證裝配序列的可行性。

（4）系統開發的環境與軟件

系統開發的環境與軟件有 Windows 7、Java、jdk-1 ＿ 5 ＿ 0 ＿ 04、Eclipse 3.1、jena-2.6.0、Protege3.4.4。

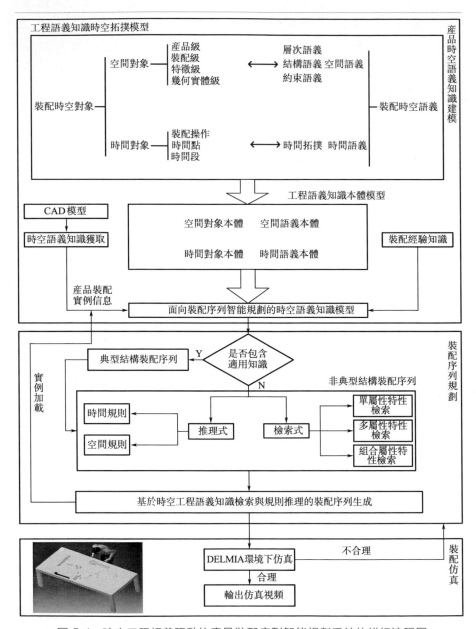

圖 5-1　時空工程語義驅動的產品裝配序列智能規劃系統的詳細流程圖

5.2 基於本體檢索與推理的裝配規劃

　　裝配序列規劃是實現裝配規劃的關鍵性內容，它對產品的裝配過程有著直接的影響。裝配序列選取是否最優，不僅與裝配效率和質量相關，還直接影響整個裝配過程的可行性。利用本體模型在概念表達、時空工程語義知識檢索和知識推理方面具有的優勢，來實現複雜產品的裝配序列規劃。提出了基於時空工程語義知識檢索與規則推理的裝配序列生成流程，如圖 5-2 所示。基於多元屬性匹配知識檢索，基於時空工程語義知識規則庫的推理，實現子裝配體及總裝配體裝配序列生成。研究了時空工程語義知識檢索與規則推理機制，第一層是基於 protégé3.4.4 軟件構

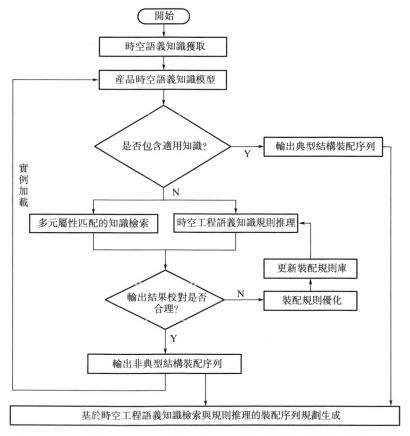

圖 5-2　基於時空工程語義知識檢索與規則推理的裝配序列生成流程圖

建產品時空語義知識模型，構建領域概念之間的關係，並與實例集形成
邏輯映射；第二層是裝配檢索及規則推理，利用檢索獲取產品時空語義
知識模型中顯性知識，根據時空工程語義知識規則庫推理出隱性知識；
第三層是裝配序列輸出，規劃出實例集的裝配序列。如圖 5-3 所示爲裝
配序列規劃本體檢索及推理機制。通過模糊綜合評價篩選求出全集最優
裝配序列。以直線電動機（型號：DDL136-530-320-MX）的智能裝配序
列規劃爲例，驗證提出的時空工程語義知識檢索與規則推理的裝配序列
智能規劃的有效性。

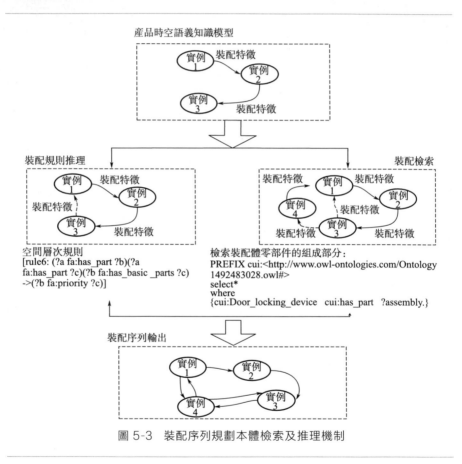

圖 5-3　裝配序列規劃本體檢索及推理機制

5.2.1　時空工程語義知識檢索

以產品時空語義知識系統爲基礎，基於單屬性特性檢索匹配、多屬
性特性檢索匹配和組合屬性特性檢索匹配，實現裝配本體模型語義檢索、

典型結構的裝配序列規智能劃，輔助基於規則推理的裝配序列規劃。

　　常見的本體檢索語言有 SPARQL 和 RQL。2006 年，W3C 將 SPAR-QL（Simple Protocol and RDF Query Language）作爲本體檢索語言候選推薦標準，2008 年成爲 W3C 的推薦標準。SPARQL 檢索語言的語法結構與 SQL 語句類似，可以實現在 protégé 中進行本體信息的檢索。此外，SPARQL 作爲 Jena 框架下 RDF、OWL 等的本體檢索語言既可以通過圖形模式匹配對 RDF 圖進行查詢檢索，還能夠運用 SQL 的 SELECT 查詢。

　　SPARQL 主要由查詢語言規範、XML 格式輸出和數據存取協議等規範組成。SPARQL 是由主語、謂語和賓語三元模式組成的，但是這種三元模式構成比較複雜。因此 SPARQL 使用縮寫或簡化形式代替複雜的三元模式，Turtle 將 URI 簡化爲前綴（prefix），可以簡潔高效地描述RDF 三元組。SPARQL 查詢一般包括四個基本元素：以關鍵字 PREFIX爲首的語句聲明一次檢索查詢所用到的命名空間及簡寫標籤；以關鍵字SELECT 聲明檢索查詢的內容；以關鍵字 FROM 聲明檢索查詢的對象；以關鍵字 WHERE 聲明檢索查詢的條件，還可以使用「UNION」「OP-TIONAL」「FILTER」等實現約束檢索查詢和匹配。

　　裝配序列規劃中實現特定功能的零部件結構，被稱爲典型結構。典型結構在通常情況下對應著固定的裝配順序。因此，檢索產品時空語義知識模型中的空間結構語義知識，可以實現典型結構的裝配序列智能規劃。例如在運動語義的傳動方式中齒輪傳動依靠輪齒間的嚙合來傳遞運動和扭矩，是機械中常用的傳動方式之一。齒輪傳動包括齒輪、鍵和軸，其裝配順序爲軸→鍵→齒輪，如圖 5-4 所示。在連接語義中的螺紋連接是一種使用廣泛且可拆卸的連接方式，它一般是由被連接件 1、被連接件 2、螺栓和螺母組成的，其裝配順序爲被連接件 1→被連接件 2→螺栓→螺母。

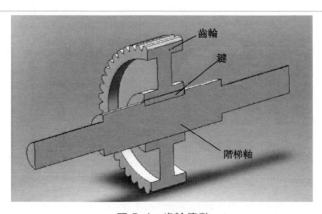

圖 5-4　齒輪傳動

依據產品時空工程語義知識模型中對象的類、屬性和實例，在裝配規則引導下進行屬性特性知識檢索，實現典型結構裝配序列智能規劃。按照需要檢索的屬性不同，可以分爲單屬性特性檢索、多屬性特性檢索和組合屬性特性檢索。根據屬性特性檢索結果，結合典型結構裝配經驗規則推理出典型結構的裝配序列。

(1) 單屬性特性檢索

在知識檢索中對單個屬性進行查詢的單屬性特性檢索，採用 SPARQL 查詢中的 SELECT、WHERE 語句。如檢索電梯層門閉鎖裝置包含的子裝配體和零部件，則應首先確立電梯層門閉鎖裝置裝配體的實例名稱爲 Door_locking_device，描述該裝配體所包含零部件的屬性爲 has_part，查詢電梯層門閉鎖裝置裝配體所包含零部件。單屬性特性程序如下所示。

```
PREFIX cui:< http://www.owl-ontologies.com/Ontology1492483028.owl# >
select *
where
{cui:Door_locking_device  cui:has_part  ? assembly. }
```

電梯層門閉鎖裝置裝配體所包含零部件的檢索查詢結果如圖 5-5 所示。

圖 5-5　電梯層門閉鎖裝置裝配體所包含零部件的檢索查詢結果

(2) 多屬性特性檢索

在知識檢索中多屬性特性檢索可以同時實現多個屬性的查詢，採用 SPARQL 查詢中的 SELECT、WHERE 以及 UNION 語句配合實現。多屬性特性檢索可以按照語義信息實現綜合查詢整合。如在電梯層門閉鎖裝置知識系統中，查詢檢索電梯層門閉鎖裝置的零部件中的基礎件。多屬性特性檢索程序如下所示。

電梯層門閉鎖裝置的零部件中的基礎件檢索查詢結果如圖 5-6 所示。

```
PREFIX cui:< http://www.owl-ontologies.com/Ontology1492483028.owl# >
select *
where
{{cui:Door_locking_device cui:assembly_name? assembly. }
UNION
{cui:Door_locking_device cui:has_part? assembly. }
UNION
{cui:Door_locking_device cui:has_basic_parts? assembly. }
}
```

圖 5-6　電梯層門閉鎖裝置的零部件中的基礎件檢索查詢結果

(3) 組合屬性特性檢索

　　產品時空語義知識模型中蘊含的部分裝配序列規劃信息，不能通過單屬性特性檢索匹配和多屬性特性檢索匹配實現，需要兩者配合的組合屬性特性檢索匹配才能檢索出需要的信息。組合屬性特性檢索採用 SPARQL 查詢中的 SELECT、WHERE 語句嵌套以及 UNION 語句配合實現。如檢索子裝配體 short _ wheeldown _ subassemblies 包含的零部件，及其裝配配合關係的組合屬性特性檢索程序如下所示。

```
PREFIX cui:< http://www.owl-ontologies.com/Ontology1492483028.owl# >
select *
where
{cui:short_wheeldown_subassemblies cui:has_part? assembly. }
PREFIX cui:< http://www.owl-ontologies.com/Ontology1492483028.owl# >
select *
where
{{cui:Long_connecting_shaft cui:mating_part_1? part. }
UNION
{cui:Long_connecting_shaft cui:mating_part_2? part. }
UNION
{cui:Long_connecting_shaft cui:assembly_position_constraint? part. }
}
```

　　通過檢索可知，子裝配體｛short_wheeldown_subassemblies｝包含兩個零件｛Long_connecting_shaft｝和｛wheel_down｝。｛wheel_down｝與｛Long_connecting_shaft｝有同軸配合及面重合的配合關係，而｛Long_connecting_shaft｝不僅與｛wheel_down｝有同軸配合及面重合的配合關係，還與｛cutter_head｝有同軸配合關係，與｛frame｝有同軸配合及面重合的配合關係。組合屬性特性檢索匹配效率高於單屬性特性檢索和多屬性特性檢索，檢索出來的信息更加全面，有利於解決複雜裝配體的裝配序列規劃。

5.2.2　時空工程語義知識規則推理

　　SPARQL 作爲本體檢索語言，是一種三元組匹配的檢索方式，其檢索結果只能是本體知識中存在的信息。SPARQL 本體檢索不具備任何知識推理功能，無法實現本體中隱含知識的檢索。本體知識推理是建立在本體模型基礎上對本體的描述進行一致性檢查和獲取隱含知識的過程。其中，一致性檢查是確保本體中的概念、屬性和實例等之間沒有衝突；而對於本體中隱含知識的獲取則是通過推理規則藉助推理機來實現的。目前中國內外常見的本體推理機包括 Jena、Racer、Jess、Pellet 等。

　　① Jena　Jena 是由美國惠普實驗室開發的開放式 Java 語言框架工具包，它主要對 RDFS 和 OWL 語言進行推理，允許從本體信息中推斷出隱含的知識和事實。另外用戶可以根據自己的實際需要，自定義規則實現推理功能。Jena 的自定義規則在語法形式上借鑒了三元組和 Horn 規則的形式。每條規則是由主體和頭組成的，例如：［rule1:(? a fa:part_mate_part ? b)(? b fa:part_mate_part ? a)(? a fa:part_accuracy ? b)(? a fa:part_cost ? b)->(? a fa:priority ? b)］。

　　② Racer　Racer 是德國 Franz 公司在 1997 年以描述邏輯作爲理論基礎而開發的本體推理機。它既是強大的商用本體推理機，也可以單機使用。

　　③ Jess　Jess 是美國 Sandia 國家實驗室開發的通過 Java 語言實現的 clisp 推理機。Jess 從原則上可以處理各種領域的推理任務，它的優點在於只要用戶可以提供不同的規則系統，就可以進行不同領域的推理工作，用戶也可以對推理能力進行擴展。但是由於 Jess 作爲通用的推理引擎，所以很難提供具體領域的優化功能，且推理效率較低。

　　④ Pellet　Pellet 是美國馬里蘭大學基於描述邏輯算法使用 Java 語言開發的針對 OWL-DL 的本體推理機。其優點在於針對本體開發和支持 SWRL 等方面體現出良好的性能。

　　對於大型且複雜的裝配體而言，基於時空工程語義知識規則的推理可以挖掘隱含知識，提高裝配序列生成效率。時空工程語義知識規則庫中存放著條件規則和結論規則，是完成裝配序列推理的基礎。Jena 推理機主要的功能是實現條件規則對結論規則的推理決策過程。時空工程語義知識規則庫是按照空間規則與時間規則將重用度高、符合裝配工藝規則的零部件按照一定的描述規範建立起來的規則庫。在進行裝配序列推理之前，將裝配體實例輸入到 protégé3.4.4 軟件構建的產品時空語義知識系統中。基於產品時空語義知識系統，根據時空工程語義知識規則庫中的規則採用 Jena 編程推理，實現了裝配體及總裝配體的裝配序列規劃。如圖 5-7 所示爲基於時空工程語義知識規則推理裝配序列。

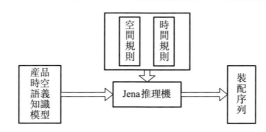

圖 5-7　基於時空工程語義知識規則推理裝配序列

　　時空工程語義知識規則庫包括空間規則和時間規則。空間規則中包括裝配零件屬性規則、空間層次規則、空間約束規則、連接關係規則和位置關係規則，時間規則中包括裝配操作的先後順序及是否相鄰發生規則，如圖 5-8 所示。

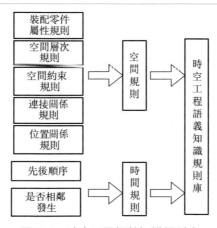

圖 5-8　時空工程語義知識規則庫

(1) 空間規則

① 裝配零件屬性規則　裝配零件屬性是零件的屬性特徵信息。根據裝配序列規劃對裝配信息的需求，將裝配零件屬性分爲五類：精度特徵信息、結構特徵信息、材料特徵信息、配合特徵信息和體積質量特徵信息。這五類信息都屬於 protégé3.4.4 軟件構建的產品時空語義知識系統中的零件非幾何屬性類。裝配零件的非幾何屬性類信息是裝配工藝人員結合長期的裝配實踐經驗整理和總結出符合裝配過程的經驗性規則。

若精度特徵信息中裝配體中的零件裝配精度高且爲貴重零件，則其零件的裝配優先級較低，應後裝配。以〔Long_connecting_shaft〕和〔wheel_down〕爲例，對該裝配規則，本體的推理規則描述如下。

```
[rule1:(? a fa:part_mate_part ? b)(? b fa:part_mate_part ? a)(? a
fa:part_accuracy ? b)(? a fa:part_cost ? b)-> (? a fa:priority ? b)]
```

其中，零件 a 與零件 b 之間若有配合關係，且零件 a 的裝配精度高於零件 b、零件 a 的經濟成本高於零件 b，則可以推理出零件 a 應優先裝配。推理結果如下。

```
    Assembly relation between Long_connecting_shaft and wheel_
down is:
    Long_connecting_shaft priority wheel_down
    ----------------
    Assembly relation between Long_connecting_shaft and wheel_
down is:
    Long_connecting_shaft part_accuracy wheel_down
    ----------------
    Assembly relation between Long_connecting_shaft and wheel_
down is:
    Long_connecting_shaft part_mate_part wheel_down
    ----------------
    Assembly relation between Long_connecting_shaft and wheel_
down is:
    Long_connecting_shaft part_cost wheel_down
    ----------------
```

若結構特徵爲對稱分佈的零件，則其零件的裝配優先級較高，應先裝配；反之，則裝配優先級較低，應後裝配。以〔Long_connecting_shaft〕和〔cutter_head〕爲例，對該裝配規則，本體的推理規則描述如下。

```
[rule2:(? a fa:part_mate_part ? b)(? b fa:part_mate_part ? a)(?
a fa:part_symmetric ? b)-> (? a fa:priority ? b)]
```

其中，零件 a 與零件 b 之間若有配合關係，且零件 a 的結構特徵爲
對稱分佈的零件、零件 b 不是結構特徵爲對稱分佈的零件，則可以推理
出零件 a 應優先裝配。推理結果如下。

```
Assembly relation between Long_connecting_shaft and cutter_
head is:
Long_connecting_shaft priority cutter_head
------------------
Assembly relation between Long_connecting_shaft and cutter_
head is:
Long_connecting_shaft part_mate_part cutter_head
------------------
Assembly relation between Long_connecting_shaft and cutter_
head is:
Long_connecting_shaft part_symmetric cutter_head
------------------
```

若材料特徵信息爲貴重件、脆性件、彈性件，則其零件的裝配優先
級較低，應後裝配。以〈spring〉和〈Long_bolt_rod〉爲例，對該裝
配規則，本體的推理規則描述如下。

```
[rule3:(? a fa:part_mate_part ? b)(? b fa:part_mate_part ? a)(?
a fa:part_brittle ? b)(? a fa:part_elastic ? b)(? a fa:part_cost ?
b)-> (? a fa:after ? b)]
```

其中，零件 a 與零件 b 之間若有配合關係，且零件 a 爲脆性件、彈
性件和貴重件，則可以推理出零件 b 應優先裝配，零件 a 在零件 b 裝配
完成後再裝配。推理結果如下。

```
Assembly relation between spring and Long_bolt_rod is:
spring after Long_bolt_rod
------------------
Assembly relation between spring and Long_bolt_rod is:
spring part_cost Long_bolt_rod
------------------
Assembly relation between spring and Long_bolt_rod is:
```

```
spring part_mate_part Long_bolt_rod
------------------
Assembly relation between spring and Long_bolt_rod is:
spring part_brittle Long_bolt_rod
------------------
Assembly relation between spring and Long_bolt_rod is:
spring part_elastic Long_bolt_rod
------------------
```

若配合特徵信息、體積質量特徵信息和結構特徵信息中零件爲過盈配合、體積大、質量大、結構不對稱，則其零件的裝配優先級較高，應先裝配；反之，零件爲間隙配合、體積小、質量小、結構對稱，則其零件的裝配優先級較低，應後裝配。以 {frame} 和 {Long_connecting_shaft} 爲例，對該裝配規則，本體的推理規則描述如下。

```
[rule4:(? a fa:part_mate_part ? b)(? b fa:part_mate_part ? a)(?
a fa:part_Interference_fit ? b)(? a fa:part_size ? b)(? a fa:part_
quality ? b)(? a fa:part_dissymmetric ? b)-> (? a fa:priority  ? b)]
```

其中，零件 a 與零件 b 之間若有配合關係，且零件 a 爲過盈配合、體積大、質量大和結構不對稱，則可以推理出零件 a 應優先裝配。推理結果如下。

```
Assembly relation between frame and Long_connecting_shaft is:
frame priority Long_connecting_shaft
------------------
Assembly relation between frame and Long_connecting_shaft is:
frame part_quality Long_connecting_shaft
------------------
Assembly relation between frame and Long_connecting_shaft is:
frame part_mate_part Long_connecting_shaft
------------------
Assembly relation between frame and Long_connecting_shaft is:
frame part_dissymmetric Long_connecting_shaft
------------------
Assembly relation between frame and Long_connecting_shaft is:
frame part_Interference_fit Long_connecting_shaft
------------------
Assembly relation between frame and Long_connecting_shaft is:
frame part_size Long_connecting_shaft
------------------
```

② 空間層次規則　裝配體是由零件或子裝配體構成的。裝配體與零件以及裝配體與子裝配體之間存在包含層次關係。這種層次關係反映了一定的裝配優先關係，即下層下層子裝配體應該在上層子裝配體之前完成裝配，即下層子裝配體的裝配優先級高於上層子裝配體的裝配優先級。對於同層次子裝配體或零件中，配合關係最多的零件或定位零件，一般爲裝配基礎件，應優先裝配。即同層次中，若判定爲基礎件，則優先裝配。

以子裝配體〈short＿wheeldown＿subassemblies〉爲例，對該裝配規則，本體的推理規則描述如下。

a. 對於不同層次則爲

```
[rule5:(? a fa:has_part ? b)-> (? a fa:after ? b)]
```

其中，零件 a 包含零件 b，因此下層的零件 b 裝配優先級高於上層的零件 a，零件 b 應優先裝配。推理結果如下。

```
Assembly relation between short_wheeldown_subassemblies and
Long_connecting_shaft is:
    short_wheeldown_subassemblies after Long_connecting_shaft
    ------------------
    Assembly relation between short_wheeldown_subassemblies and
Long_connecting_shaft is:
    short_wheeldown_subassemblies has_part Long_connecting_shaft
    ------------------
```

b. 對於相同層次則爲

```
[rule6:(? a fa:has_part ? b)(? a fa:has_part ? c)(? b fa:has_bas-
ic_parts ? c)-> (? b fa:priority ? c)]
```

其中，零件 a 包含零件 b，零件 a 包含零件 c，零件 b 和零件 c 處於同一裝配層次，且零件 b 作爲基礎件，因此相同層次的零件 b 裝配優先級高於零件 c，零件 b 應優先裝配。推理結果如下。

```
Assembly relation between Long_connecting_shaft and wheel_
down is:
    Long_connecting_shaft priority wheel_down
    ------------------
    Assembly relation between Long_connecting_shaft and wheel_
down is:
```

```
    Long_connecting_shaft part_accuracy wheel_down
    ----------------
    Assembly relation between Long_connecting_shaft and wheel_
down is:
    Long_connecting_shaft has_basic_parts wheel_down
    ----------------
    Assembly relation between Long_connecting_shaft and wheel_
down is:
    Long_connecting_shaft part_mate_part wheel_down
    ----------------
    Assembly relation between Long_connecting_shaft and wheel_
down is:
    Long_connecting_shaft part_cost wheel_down
    ----------------
```

③ 空間約束規則　在產品裝配體中，零部件間的裝配約束關係是實現產品整體結構和功能的保證。約束語義用來描述實現零部件間裝配約束關係。裝配配合關係多的零件，在空間位置上包含空間約束多，因此對於空間約束的推理規則與裝配配合關係作用相同。空間約束的裝配規則：空間約束多的零件在裝配順序上應優先裝配，其他附件安裝在空間約束多的零件上。對該裝配規則，基於產品時空語義知識系統，採用SPARQL查詢中的SELECT、WHERE語句，檢索查詢某一個零件的空間約束關係數量，由此判斷裝配的優先級。

④ 連接關係規則　連接根據可拆性可分爲可拆連接和不可拆連接，常見的可拆連接有螺紋連接、鍵連接及銷（軸）連接，不可拆連接有鉚接、焊接、膠結等。爲了便於連接關係規則在裝配序列規劃中的表示和描述，將不可拆連接視爲一個零件或子裝配體處理（連接件）。對於螺紋連接和銷連接中的連接件——螺栓、螺母和銷，其裝配順序中是在被連接對象之後裝配的；而對於鍵連接中的鍵，則是處於被連接對象之間裝配的。對該裝配規則，本體的推理規則描述如下。

a. 對於螺栓、螺母則爲

```
    [rule7:(? a fa:threaded_connect ? b)(? b fa:threaded_connect ?
c)(? c fa:threaded_connect ? d)-> (? b fa:priority ? c)]
```

b. 對於鍵則爲

```
[rule8:(? a fa:key_connect ? b)(? b fa:key_connect ? c)-> (? a
fa:priority ? b)]
```

c. 對於連接件則爲

```
[rule9:(? a fa:n_connect ? b)(? b fa:n_connect ? c)-> (? a fa:pri-
ority ? b)]
```

（2）時間規則

以產品時空語義知識系統的時間拓撲關係爲基礎，建立時間規則，表達裝配操作的先後順序及是否相鄰發生。裝配操作是按照規定的裝配工藝或裝配方法，將零件組合成裝配體的過程。在裝配操作的過程中，以裝配操作事件作爲事件對象，採用時間點和時間段來表達裝配操作的先後順序及是否相鄰發生。

在裝配操作事件中，若存在焊接、鉚釘連接和螺紋連接，焊接的裝配優先級較高，鉚釘連接的裝配優先級次之，螺紋連接的裝配優先級較低。因此，應先焊接，再鉚釘連接，後螺紋連接。若存在銷連接和螺紋連接，銷連接的裝配優先級較高，螺紋連接的裝配優先級較低。因此，應先銷連接，再螺紋連接。若存在過盈配合、過渡配合和間隙配合，過盈配合的裝配優先級較高，過渡配合的優先級次之，間隙配合裝配優先級最低。因此，需要過盈配合零件先裝配，過渡配合次之，間隙配合最後裝配。

5.2.3　產品裝配序列智能規劃

產品 CAD 模型蘊含的裝配層次關係以及幾何、拓撲約束關係是進行產品裝配序列規劃的重要依據。因此，以時空語義知識系統爲基礎，基於時空語義知識檢索的序列規劃能力較大程度地受到知識系統存儲能力的影響，從而限制它的推廣與應用。裝配序列規劃經驗知識可以彌補基於時空語義知識檢索的裝配序列規劃方法的不足，綜合運用知識庫、推理機，求解出符合要求的裝配序列。以產品裝配模型時空工程語義信息爲基礎，將複雜產品裝配序列規劃分解爲典型結構裝配序列規劃、非典型結構裝配序列規劃，藉助知識檢索、知識推理，可以實現時空工程語義驅動的裝配序列智能規劃。

（1）典型結構的裝配序列智能規劃

依據裝配序列規劃經驗知識，如果組成產品的子裝配體爲實現特定

功能的典型結構，則該子裝配體裝配序列規劃時對應固定的裝配順序。以時空語義知識系統爲基礎，基於屬性匹配檢索典型結構語義知識，設計子裝配體內部裝配順序規則、裝配操作方便性知識規則，實現典型結構裝配序列智能規劃。

依據裝配序列規劃經驗知識，組成複雜產品的組件或子裝配體中，常見的典型結構有連接語義結構、傳動語義結構兩大類。其中，連接語義結構有螺栓連接、鍵槽連接、軸孔連接、鉚釘連接、銷連接、螺柱連接等；傳動語義結構有帶傳動、鏈傳動、齒輪傳動、蝸輪蝸桿傳動、凸輪傳動、螺紋傳動等。在連接語義結構中，螺栓連接的裝配順序爲被連接件 1、被連接件 2、螺栓、墊圈、螺母，平鍵連接的裝配順序爲軸、鍵、帶孔件，同理可以確定其他連接語義結構的裝配順序。在傳動語義結構中，帶傳動連接的裝配順序爲帶輪 1、帶輪 2、傳送帶，同理可以確定其他傳動語義結構的裝配順序。

在產品時空語義知識系統中，典型結構通常表達爲子裝配體類 assembly 的一個實例，通過檢索子裝配體類 assembly 的屬性 assembly _ structure _ connection 或 assembly _ structure _ transmission，獲得該子裝配體的連接語義結構屬性值或傳動語義結構屬性值：which is an instance of class connection _ structure。

以連接語義結構中的螺栓連接爲例，典型結構裝配序列智能規劃的步驟如下。

步驟 1：檢索螺栓連接的層次語義屬性 has _ part，獲得螺栓連接結構包含的零件。

步驟 2：檢索零件的類型屬性 part _ type _ property，獲得零件的類型爲連接件、螺栓、墊片、螺母。

步驟 3：如果零件類型爲連接件，檢索零件的大小、易碎性、質量、上下、對稱性、彈性、材料、價值等與裝配序列智能規劃有關的非幾何屬性 part _ size、part _ brittle、part _ quality、part _ position、part _ symmetric、part _ elastic、part _ material、part _ cost、part _ direction。

步驟 4：設計裝配操作方便性規則，推理出兩個連接件的裝配順序，則螺栓連接的裝配順序爲連接件 1 和連接件 2→螺栓→墊圈→螺母。

依據裝配操作方便性知識，設計裝配操作方便性規則。裝配操作方便性知識主要包含體積大、質量大、結構不對稱、過盈配合零件，其零件的裝配優先級較高，應先裝配；反之體積小、質量小、結構對稱、間隙配合零件，其零件的裝配優先級較低，應後裝配。

（2）非典型結構的裝配序列智能規劃

在複雜產品的組件或子裝配體中，不屬於常見典型結構的組件或子裝配體，認爲是非典型結構。如果組成產品的子裝配體爲非典型結構，其裝配序列規劃沒有固定的裝配順序。基於屬性匹配檢索裝配序列規劃經驗知識有關的物理屬性信息、層次語義信息、約束語義信息，設計裝配基礎件判定規則、裝配幾何約束規則、零件裝配精度保證性規則、狀態穩定性規則、操作方便性規則、屬性確定性規則，實現非典型結構的裝配序列智能規劃。

裝配基礎件的判定方法爲：首先，檢索零件類型屬性，如果爲底座、箱體、軸，則該零件爲裝配基礎件；其次，檢索零件的層次屬性、同層次零件空間約束關係的數量，約束關係最多的零件爲裝配基礎件；然後，檢索零件的層次屬性、同層次零件的定位屬性，定位零件爲裝配基礎件；最後，檢索零件的體積、質量屬性，體積大、質量大的爲裝配基礎件。

零件按照幾何特徵間滿足一定的裝配約束關係組裝成組件或子裝配體。裝配幾何約束語義知識包括：零件約束語義的配合屬性——零件配合、特徵配合、幾何配合，層次屬性——零件的成形特徵、裝配特徵、成形幾何、裝配幾何，約束關係屬性——位置約束關係、尺寸約束關係。零件間存在裝配幾何約束關係，在裝配序列規劃中零件的裝配順序是相鄰的。

爲保證裝配精度，檢索零件的定位基準的數量、裝配精度屬性，如果零件定位基準數量多且裝配精度高，應先裝配。爲保證裝配狀態穩定性，檢索零件空間約束關係的數量、零件類型屬性，如果零件空間約束關係數量多，且與上次裝配零件類型屬性相同，應先裝配。爲保證裝配屬性確定性，檢索零件的貴重、易碎、彈性屬性，如果是貴重、易碎、彈性件，應後裝配。

採用5.2.2節中同樣的方式，設計裝配基礎件判定規則、裝配幾何約束規則、零件裝配精度保證性規則、狀態穩定性規則、操作方便性規則、屬性確定性規則。

（3）產品裝配序列規劃

組合典型結構與非典型結構的裝配序列，設計子裝配體間裝配順序規則、裝配精度保證性規則、狀態穩定性規則，生成可行的裝配序列。針對不同的典型結構的裝配序列，檢索典型結構的類型，如果爲銷連接、螺紋連接，應先銷連接，再螺紋連接；檢索裝配操作類型、典型結構的類型，如果裝配操作爲焊接，典型結構爲鉚釘連接、螺紋連接，應先焊接，再鉚釘連接，後螺紋連接；檢索典型結構的類型，如果爲軸孔連接，

繼續檢索軸的轉速屬性，如果爲高速軸孔連接，應先裝配，保證裝配精度。檢索典型結構與非典型結構子裝配體的層次屬性、同層次子裝配體的空間約束屬性，約束關係最多的子裝配體應先裝配，保證裝配狀態的穩定性。採用 5.2.2 節中同樣的方式，設計子裝配體間裝配順序規則、裝配精度保證性規則、狀態穩定性規則。

5.3　裝配規劃的評價及篩選

通過時空工程語義知識檢索與規則推理得到裝配序列集合中可行的裝配序列子集，縮小了裝配序列求解空間，提高了裝配序列規劃的效率，但是對於裝配序列集合往往出現了不止一條既滿足幾何可行性又符合實際裝配過程要求的裝配序列。如何在這些可行的裝配序列子集中篩選評價出最佳方案是裝配序列規劃的一個重要內容。

依據時空工程語義知識規則庫中連接關係規則，對於螺紋連接中的連接件——螺栓和螺母，其裝配順序中應在被連接件之後裝配。可知，電梯層門閉鎖裝置劃分後的子裝配體 1（被連接件）、子裝配體 2（螺紋連接）、子裝配體 3（螺紋連接），其合理的裝配序列子裝配體 1 應在子裝配體 2 和子裝配體 3 之前裝配，因此在此原則下，選取 {5-6-4-1-2-3-7}、{5-6-7-4-1-2-3}、{5-6-7-1-2-3-4} 三組具有代表性的裝配序列，應用模糊綜合評價方法，篩選出最佳裝配序列。模糊綜合評價首先需要選擇出因素集，建立權重集，然後建立評價指標集，作出單因素評價及模糊綜合評價，最後對評價結果進行分析。

5.3.1　評價指標

在實際的裝配過程中影響裝配序列規劃的因素眾多，根據模糊綜合評價方法評價裝配序列優劣時，主要從拆卸後保持穩定程度、裝配過程中需要更換工具的次數、時間（包括裝配過程時間和輔助時間）、難度（單個零件設計特徵對裝配難度的關聯程度）四個因素對裝配序列進行評價，因素集可表示爲

$$U = \{u_1, u_2, u_3, u_4\} \tag{5-1}$$

式中　u_1——穩定性；

　　　　u_2——裝配工具的更換次數；

　　　　u_3——裝配時間；

u_4——裝配操作難度。

實際的裝配過程中各個因素對裝配序列評價影響的差異性很大，因此對各個元素的重要程度設定不同的權重 a_i，其中 a_i 滿足：

$$\sum_{i=1}^{n} a_i = 1; \quad a_i \geqslant 0 \tag{5-2}$$

權重組成的集合通過權重向量 $\boldsymbol{A} = (a_1, a_2, a_3, \cdots, a_n)$ 表示。採用因素成對比較法確定每個因素的權重，將四個因素按重要程度排序為 $u_4 \rightarrow u_3 \rightarrow u_1 \rightarrow u_2$。將裝配操作難度低設為最重要的因素，$\overline{u}_4 = 1$，假設裝配時間短的重要程度是裝配操作難度低的 90%（即 $u_{34} = 0.9$），則 $\overline{u}_3 = 1 \times u_{34} = 0.9$；同理可得，穩定性好是裝配時間短的 60%，則 $\overline{u}_1 = 0.54$；裝配工具的更換次數少是穩定性好的 70%，則 $\overline{u}_2 = 0.378$。

穩定性好的權重為

$$a_1 = \frac{\overline{u}_1}{\sum_{i=1}^{4} \overline{u}_i} = \frac{0.54}{1 + 0.9 + 0.54 + 0.378} = 0.192 \tag{5-3}$$

裝配工具的更換次數少的權重為 $a_2 = 0.134$，裝配時間短的權重為 $a_3 = 0.319$，裝配操作難度低的權重為 $a_4 = 0.355$，則有

$$\boldsymbol{A} = (0.192, 0.134, 0.319, 0.355)$$

評價集是評價者對評價對象所作的評價構成結果的集合，評價集 $V = \{v_1, v_2, v_3, v_4, v_5\} = \{$合適，較合適，一般，較差，差$\}$。評價集等級分值為 $V = \{95, 85, 65, 55, 45\}$。

5.3.2 單因素評價

單因素評價是指讓裝配領域的專家對因素集 U 中的單個因素進行評價，以確定裝配序列對評價集中各個元素的隸屬程度。表 5-1 為山東某電梯公司 10 位裝配工藝人員中一位對三種裝配序列的評判結果。

表 5-1　三種裝配序列的評判結果

裝配序列	a	b	c
穩定性	一般	合適	較合適
裝配工具的更換次數	一般	較合適	一般
裝配時間	較合適	一般	一般
裝配操作難度	一般	較合適	較合適

採用統計方式對裝配序列 a、b、c 計算單因素評價結果。以裝配序

列 b 爲例，若統計的 10 次中，裝配穩定性評價結果爲 v_2「較合適」次數爲 3，則 $r_{12}=0.3$，其中 r_{12} 表示爲對於穩定性 u_1，有 30% 的人認爲是「較合適」。以此類推，得到裝配序列 a、b、c 的各因素評價矩陣爲

$$\boldsymbol{R}_{\mathrm{a}}=\begin{bmatrix} 0.1 & 0.2 & 0.5 & 0.1 & 0.1 \\ 0.1 & 0.1 & 0.7 & 0.1 & 0 \\ 0.2 & 0.4 & 0.3 & 0.1 & 0 \\ 0.1 & 0.2 & 0.4 & 0.2 & 0.1 \end{bmatrix} \tag{5-4}$$

$$\boldsymbol{R}_{\mathrm{b}}=\begin{bmatrix} 0.3 & 0.3 & 0.2 & 0.1 & 0.1 \\ 0.2 & 0.4 & 0.2 & 0.1 & 0.1 \\ 0 & 0.1 & 0.6 & 0.2 & 0.1 \\ 0.2 & 0.4 & 0.3 & 0.1 & 0 \end{bmatrix} \tag{5-5}$$

$$\boldsymbol{R}_{\mathrm{c}}=\begin{bmatrix} 0.3 & 0.4 & 0.2 & 0.1 & 0 \\ 0 & 0.3 & 0.5 & 0.2 & 0 \\ 0.1 & 0.3 & 0.6 & 0 & 0 \\ 0.2 & 0.4 & 0.2 & 0.2 & 0 \end{bmatrix} \tag{5-6}$$

5.3.3　模糊綜合評價

將權重集 $\underset{\sim}{A}$ 和單因素評價矩陣 $\boldsymbol{R}_{\mathrm{a}}$、$\boldsymbol{R}_{\mathrm{b}}$、$\boldsymbol{R}_{\mathrm{c}}$ 分別做矩陣合成運算：

$$B_{\mathrm{a}}=\underset{\sim}{A}\circ\boldsymbol{R}_{\mathrm{a}}=\begin{bmatrix} 0.192 & 0.134 & 0.319 & 0.355 \end{bmatrix}\begin{bmatrix} 0.1 & 0.2 & 0.5 & 0.1 & 0.1 \\ 0.1 & 0.1 & 0.7 & 0.1 & 0 \\ 0.2 & 0.4 & 0.3 & 0.1 & 0 \\ 0.1 & 0.2 & 0.4 & 0.2 & 0.1 \end{bmatrix}$$

$$=(0.2, 0.319, 0.355, 0.2, 0.1) \tag{5-7}$$

$$B_{\mathrm{b}}=\underset{\sim}{A}\circ\boldsymbol{R}_{\mathrm{b}}=\begin{bmatrix} 0.192 & 0.134 & 0.319 & 0.355 \end{bmatrix}\begin{bmatrix} 0.3 & 0.3 & 0.2 & 0.1 & 0.1 \\ 0.2 & 0.4 & 0.2 & 0.1 & 0.1 \\ 0 & 0.1 & 0.6 & 0.2 & 0.1 \\ 0.2 & 0.4 & 0.3 & 0.1 & 0 \end{bmatrix}$$

$$=(0.192, 0.355, 0.319, 0.2, 0.1) \tag{5-8}$$

$$B_c = A \circ R_c = \begin{bmatrix} 0.192 & 0.134 & 0.319 & 0.355 \end{bmatrix} \begin{bmatrix} 0.3 & 0.4 & 0.2 & 0.1 & 0 \\ 0 & 0.3 & 0.5 & 0.2 & 0 \\ 0.1 & 0.3 & 0.6 & 0 & 0 \\ 0.2 & 0.4 & 0.2 & 0.2 & 0 \end{bmatrix}$$

$$= (0.2, 0.355, 0.319, 0.2, 0)$$

(5-9)

採用加權平均法計算綜合評價值，其中綜合評價值越高，表明該裝配序列相對越優。計算結果爲

$$V_a = \frac{0.2 \times 95 + 0.319 \times 85 + 0.355 \times 65 + 0.2 \times 55 + 0.1 \times 45}{0.2 + 0.319 + 0.355 + 0.2 + 0.1} = 72.14$$

(5-10)

同理，$V_b = 72.60$，$V_c = 75.34$。由裝配序列 $V_c > V_b > V_a$ 可知，裝配序列 c 作爲最優序列。

5.4 直線電動機裝配規劃

5.4.1 直線電動機知識系統

以直線電動機爲例，圖 5-9 爲直線電動機實物，圖 5-10 爲直線電動機的三維 CAD 模型。

圖 5-9 直線電動機實物

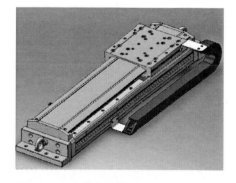

圖 5-10 直線電動機的三維 CAD 模型

將 protégé3.4.4 軟件建立的直線電動機產品時空語義知識系統，存

儲爲 owl 格式的文件（圖 5-11），爲裝配序列智能規劃中知識檢索、規則推理的裝配序列智能規劃奠定基礎。


```
1.owl - 记事本
文件(F) 编辑(E) 格式(O) 查看(V) 帮助(H)
    xmlns:owl="http://www.w3.org/2002/07/owl#"
    xmlns="http://www.owl-ontologies.com/Ontology1492483028.owl#"
  xml:base="http://www.owl-ontologies.com/Ontology1492483028.owl">
  <owl:Ontology rdf:about=""/>
  <owl:Class rdf:ID="location">
    <rdfs:subClassOf>
      <owl:Class rdf:ID="location_support_structure"/>
    </rdfs:subClassOf>
  </owl:Class>
  <owl:Class rdf:ID="part_non_geometric_attribute_type">
    <rdfs:subClassOf>
      <owl:Class rdf:ID="spacial_semantic"/>
    </rdfs:subClassOf>
  </owl:Class>
  <owl:Class rdf:ID="movement_structure">
    <rdfs:subClassOf>
      <owl:Class rdf:ID="structure"/>
    </rdfs:subClassOf>
  </owl:Class>
  <owl:Class rdf:ID="glne">
    <rdfs:subClassOf>
      <owl:Class rdf:ID="geometry_type"/>
    </rdfs:subClassOf>
  </owl:Class>
  <owl:Class rdf:ID="part_type">
    <rdfs:subClassOf>
      <owl:Class rdf:about="#spacial_semantic"/>
    </rdfs:subClassOf>
  </owl:Class>
  <owl:Class rdf:ID="quality">
    <rdfs:subClassOf rdf:resource="#part_non_geometric_attribute_type"/>
  </owl:Class>
  <owl:Class rdf:about="#geometry_type">
    <rdfs:subClassOf>
      <owl:Class rdf:about="#spacial_semantic"/>
    </rdfs:subClassOf>
  </owl:Class>
  <owl:Class rdf:ID="stuck">
    <rdfs:subClassOf>
      <owl:Class rdf:ID="fixed_operation"/>
    </rdfs:subClassOf>
```


圖 5-11　直線電動機產品時空語義知識系統的 owl 文件

採用模糊聚類分析中的最大樹法進行子裝配體的劃分將直線電動機分爲 5 個子裝配體，即 One _ terminal _ sub；{Collision _ block、End _ plate、Mounting _ plate、Suspension _ loop}，Sliding _ table _ sub；{sliding _ table、slide _ plate、Linear _ electric _ maneuver}，Side _ sab；{Connec _ plate、Drag _ chain、Connec _ plate-1}，Slide _ block _ sub；{Linear _ slide _ block、Linear _ guide、Magnetic _ plate、Module _ base}，Two _ terminal _ sub；{Collision _ block-1、End _ plate-1、Suspension _ loop-1}，如圖 5-12 所示。

基於 SolidWorks API 對象訪問，提取直線電動機的時空語義知識，部分結果如圖 5-13 和圖 5-14 所示。

以直線電動機時空語義知識系統爲基礎，分析空間語義、空間對象、時間語義和時間對象之間的關係，採用單屬性特性檢索匹配、多屬性特

性檢索匹配和組合屬性特性檢索匹配的方法實現本體語義實例檢索，設計裝配序列規劃經驗規則，採用 Jena 推理，實現子裝配體及總裝配體的裝配序列規劃。

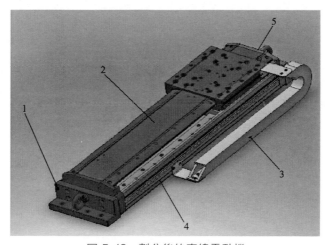

圖 5-12　劃分後的直線電動機

1—One_terminal_sub；2—Sliding_table_sbu；3—Slide_sub；
4—Slide_block_sub；5—Two_terminal_sub

該裝配體零件和子裝配體名稱及層次
DDL136-530-320-MX
two_terminal_sub/Collision_block-1
two_terminal_sub/End_plate-1
two_terminal_sub/Mounting_plate-1
two_terminal_sub/Suspension_loop-1
Side_sub/Connec_plate
Side_sub/Drag_chain
Side_sub/Drag_chain-1
Slide_block_sub/Linear_slide_block
Slide_block_sub/Linear_guide
Slide_block_sub/Magnetic_plate
Slide_block_sub/Module_base
Sliding_table_sub/Sliding_table
Sliding_table_sub/Slide_plate
Sliding_table_sub/Linear_electric_maneuver
one_terminal_sub/Collision_block
one_terminal_sub/End_plate
one_terminal_sub/Mounting_plate
one_terminal_sub/Suspension_loop

圖 5-13　裝配體層次信息提取

配合特征	配合零件1	配合零件2	兩零件的配合參考特征
重合配合:	Sliding_table	Sliding_table	配合特征為一面
距離配合:	Sliding_table	Sliding_table	配合特征為一參考軸
重合配合:	Sliding_table	Linear_electric_maneuver	配合特征為一參考軸
重合配合:	Linear_slide_block	Linear_guide	配合特征為一參考軸
重合配合:	Linear_slide_block	Sliding_table	配合特征為一面
重合配合:	Linear_guide	Module_base	配合特征為一參考軸
重合配合:	Magnetic_plate	Module_base	配合特征為一參考軸
重合配合:	Collision_block	End_plate	配合特征為一面
重合配合:	End_plate	Mounting_plate	配合特征為一參考軸
重合配合:	Mounting_plate	Suspension_loop	配合特征為一面
重合配合:	Magnetic_ stripe	Module_base	配合特征為一參考軸
重合配合:	Drag_chain	Module_base	配合特征為一面

圖 5-14　配合線面特徵和配合關係的提取

5.4.2　子裝配體裝配序列規劃

　　裝配體是由若干子裝配體和零件組成的，因此裝配序列規劃時應首先確定該裝配體的組成；然後分別對子裝配體進行裝配序列規劃，將規劃完成後的子裝配體進行總裝，實現裝配體的裝配序列規劃。基於知識的裝配序列推理介面如圖 5-15 所示。查詢直線電動機包含的子裝配體程序如下所示。

```
PREFIX cui:< http://www.owl-ontologies.com/Ontology1492483028.owl# >
select *
where
{cui:DDL136-530-320-MX  cui:has_assembly  ? assembly. }
```

　　查詢的結果如圖 5-16 所示，包含的子裝配體爲 {Slide _ block _ sub}、{Side _ sub}、{Two _ terminal _ sub}、{Sliding _ table _ sub} 和 {One _ terminal _ sub}。

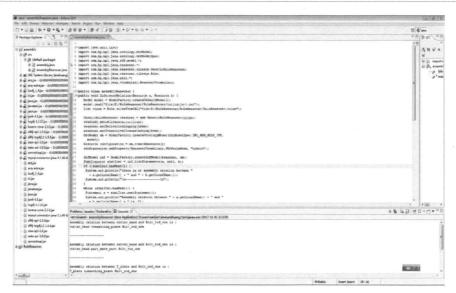

圖 5-15　基於知識的裝配序列推理介面

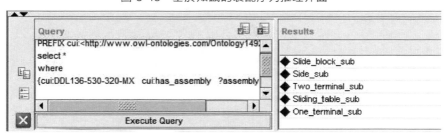

圖 5-16　查詢直線電動機包含的子裝配體

查詢子裝配體〔Side＿sub〕包含的零件程序如下所示。

```
PREFIX cui:< http://www.owl-ontologies.com/Ontology1492483028.owl# >
select *
where
{cui:Side_sub cui:has_part  ? part. }
```

查詢的結果如圖 5-17 所示，子裝配體〔Side＿sub〕包含的零件爲
〔Drag＿chain〕、〔Connec＿plate〕和〔Connec＿plate＿1〕。

同理可得：子裝配體〔One＿terminal＿sub〕包含的零件爲〔Colli-
sion＿block〕、〔End＿plate〕、〔Mounting＿plate〕、〔Suspension＿loop〕，
子裝配體〔Slide＿block＿sub〕包含的零件爲〔Linear＿slide＿block〕、
〔Linear＿guide〕、〔Magnetic＿plate〕和〔Module＿base〕，子裝配體

〔Sliding＿table＿sub〕包含的零件爲〔Sliding＿table〕、〔Slide＿plate〕、〔Linear＿electric＿maneuver〕，子裝配體〔Two＿terminal＿sub〕包含的零件爲〔Collision＿block-1〕、〔End＿plate-1〕、〔Mounting＿plate-1〕和〔Suspension＿loop-1〕。

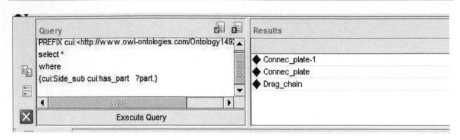

圖 5-17　查詢直線電動機包含的子裝配體

① 子裝配體〔One＿terminal＿sub〕的裝配序列規劃　即判斷子裝配體中零件〔Collision＿block〕、〔End＿plate〕、〔Mounting＿plate〕、〔Suspension＿loop〕裝配序列。

依據時空工程語義知識規則庫，該子裝配體裝配序列規劃採用的規則爲：對於裝配零件屬性規則，若體積質量特徵信息中體積大、質量大，其零件的裝配優先級較高，應先裝配；若材料特徵信息爲貴重件、脆性件、彈性件，其零件的裝配優先級較低，應後裝配。對於空間約束的裝配規則，若空間約束多的零件裝配順序上應優先裝配，其他附件安裝在空間約束多的零件上。實施步驟如下。

a. 首先，基於產品時空語義知識系統，採用 SPARQL 查詢中的 SELECT、WHERE 語句，檢索查詢零件的空間約束關係數量，由此判斷裝配的優先級。查詢該子裝配體的四個零件空間約束關係數量的檢索方式如下。

```
PREFIX cui:< http://www. owl-ontologies. com/Ontology1492483028. owl# >
select *
where
{cui:End_plate  cui:part_contactnum  ? part. }
PREFIX cui:< http://www. owl-ontologies. com/Ontology1492483028. owl# >
select *
where
{cui:Collision_block  cui:part_contactnum  ? part. }
PREFIX cui:< http://www. owl-ontologies. com/Ontology1492483028. owl# >
```

```
select *
where
{cui:Mounting_plate   cui:part_contactnum   ? part. }
PREFIX cui:< http://www.owl-ontologies.com/Ontology1492483028.owl# >
select *
where
{cui:Suspension_loop   cui:part_contactnum   ? part. }
```

檢索結果爲：contact _ 4 _ 6、contact _ 0 _ 2、contact _ 2 _ 4、con-
tact _ 0 _ 2。

通過對比四個零件空間約束關係數量可知，在該子裝配體中〔End _
plate〕爲基礎件，應優先裝配。其他零件應在其後進行裝配。其中零件
〔Mounting _ plate〕空間約束關係數量爲第二，因此有可能第二個裝配。
因此，已知〔End _ plate〕爲基礎件的前提下，對該子裝配體剩下的零
部件進行裝配序列規劃。檢索出子裝配體中只有〔Mounting _ plate〕和
〔Collision _ block〕與基礎件有配合關係，基礎件與〔Suspension _ loop〕
沒有任何配合關係，可知〔Suspension _ loop〕應最後裝配；此外〔Sus-
pension _ loop〕僅僅與〔Mounting _ plate〕有配合關係，可知〔Mount-
ing _ plate〕先於〔Suspension _ loop〕裝配且兩者相鄰。

b. 然後，基於檢索結果分析，設計裝配序列規劃經驗規則，採用Je-
na推理對〔End _ plate〕和剩下三個零件單獨繼續進行推理，判斷裝配
優先級。

推理規則爲：

```
[rule1:(? a fa:part_mate_part ? b)(? a fa:part_size ? b)(? a fa:
part_quality ? b)-> (? a fa:priority  ? b)]
```

推理結果爲：

```
Assembly relation between End_plate and Mounting_plate is:
End_plate priority Mounting_plate
Assembly relation between End_plate and Collision_block is:
End_plate priority Collision_block
```

注：〔End _ plate〕優先級大於〔Mounting _ plate〕和〔Collision _
block〕，應先裝配。

其中零件〔Collision _ block〕屬於彈性件，對〔Mounting _ plate〕
和〔Collision _ block〕進行推理，推理規則描述如下。

```
[rule2:(? a fa:part_mate_part ? b)(? b fa:part_mate_part ? a)(?
a fa:part_brittle ? b)(? a fa:part_elastic ? b)(? a fa:part_cost ?
b)-> (? a fa:after ? b)]
```

推理結果爲：

```
Assembly relation between Mounting _ plate and Collision _
block is:
Mounting_plate priority Collision_block
```

因此子裝配體〈One_terminal_sub〉的裝配序列爲：〈End_plate〉→
〈Mounting_plate〉→〈Suspension_loop〉→〈Collision_block〉，裝配流程如
圖 5-18 所示。

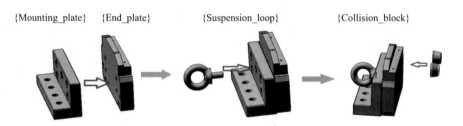

{Mounting_plate}　{End_plate}　　　{Suspension_loop}　　　　{Collision_block}

圖 5-18　子裝配體{One_terminal_sub}裝配流程圖

②子裝配體〈Two_terminal_sub〉的裝配序列規劃　同理可得子
裝配體〈Two_terminal_sub〉的裝配序列爲：〈End_plate-1〉→
〈Mounting_plate-1〉→〈Suspension_loop-1〉→〈Collision_block-1〉。

③子裝配體〈Slide_block_sub〉的裝配序列規劃　即判斷子裝配
體中零件〈Linear_slide_block〉、〈Linear_guide〉、〈Magnetic_
plate〉、〈Module_base〉的裝配序列。

該子裝配體裝配序列規劃採用的規則爲：對於裝配零件屬性規則，
若體積質量特徵信息中體積大、質量大，其零件的裝配優先級較高，應
先裝配，實施步驟如下。

a. 首先，對〈Module_base〉和其他三個零件進行推理，判斷優先
級，推理規則爲：

```
[rule1:(? a fa:part_mate_part ? b)(? a fa:part_size ? b)(? a fa:
part_quality ? b)-> (? a fa:priority  ? b)]
```

推理結果為：

```
Assembly relation between Module _ base and Linear _ slide _
block is:
Module_base priority Linear_slide_block
```

同理可得，｛Module＿base｝的優先級也大於｛Linear＿guide｝和｛Magnetic＿plate｝。

通過對該零件的配合關係數量進行多屬性特性檢索可知，該零件在整個裝配體中質量最大、配合關係數量最多且定位基準最多。因此，該零件｛Module＿base｝為裝配基礎件，應最先裝配。

b. 對剩餘三個零件進行單屬性特性檢索可知，｛Magnetic＿plate｝配合關係單一，只與基礎件｛Module＿base｝有配合關係，而｛Linear＿guide｝只與基礎件｛Module＿base｝和｛Linear＿slide＿block｝有配合關係，可知零件｛Linear＿guide｝處於基礎件｛Module＿base｝和｛Linear＿slide＿block｝之間的連接位置，優先級低於基礎件｛Module＿base｝，但是優先級高於零件｛Linear＿slide＿block｝。因此，子裝配體｛Slide＿block＿sub｝的裝配序列為：｛Module＿base｝→｛Magnetic＿plate｝→｛Linear＿guide｝→｛Linear＿slide＿block｝，裝配流程如圖 5-19 所示。

圖 5-19　子裝配體{Slide_block_sub}裝配流程圖

④ 子裝配體｛Sliding＿table＿sub｝的裝配序列規劃　即判斷子裝配體中零件｛Sliding＿table｝、｛Slide＿plate｝、｛Linear＿electric＿maneuver｝的裝配序列。

首先，檢索查詢子裝配體中零件的空間約束關係數量，由此判斷裝配的優先級。｛Sliding＿table｝配合關係數量最多，因此可知｛Sliding＿table｝為裝配基礎件，應最先裝配。

對於｛Slide＿plate｝和｛Linear＿electric＿maneuver｝，通過單屬性特徵檢索該兩個零件的配合關係可知，｛Slide＿plate｝僅僅與｛Sliding＿table｝存在配合關係，｛Linear＿electric＿maneuver｝也僅僅與｛Sliding＿

table｝存在配合關係，且｛Slide_plate｝和｛Linear_electric_maneuver｝不存在任何配合關係，可知這兩個零件相互獨立且不互相干擾。因此，子裝配體｛Sliding_table_sub｝的裝配序列爲：｛Sliding_table｝→｛Slide_plate｝→｛Linear_electric_maneuver｝，裝配流程如圖5-20所示。

圖 5-20　子裝配體{Sliding_table_sub}裝配流程圖

⑤ 子裝配體｛Side_sub｝的裝配序列規劃　空間規則中的體積質量特徵信息和結構特徵信息推理出零件｛Drag_chain｝應首先裝配。通過對零件｛Connec_plate｝和零件｛Connec_plate_1｝單屬性特性檢索配合相關的零件可知，這兩個零件僅僅與零件｛Drag_chain｝和基礎件｛Module_base｝存在配合關係，因此｛Connec_plate｝和零件｛Connec_plate_1｝起到連接作用，裝配順序可相互調整。

因此，子裝配體｛Side_sub｝的裝配序列爲：｛Drag_chain｝→｛Connec_plate｝→｛Connec_plate_1｝或｛Drag_chain｝→｛Connec_plate_1｝→｛Connec_plate｝，裝配流程如圖5-21所示。

圖 5-21　子裝配體{Side_sub}裝配流程圖

5.4.3　直線電動機裝配序列規劃

直線電動機子裝配體的序列規劃完成後，需要對總裝配體進行裝配序列規劃。由於子裝配體是由零件構成的，零件適用的規則同樣適用於子裝配體。因此，以時空工程語義知識規則庫中零件屬性規則、空間約束規則、連接關係規則爲基礎，採用時空工程語義知識檢索配合關係的方式，實現裝配序列生成。

　　首先，根據空間規則中零件屬性規則的結構特徵信息（對稱分佈的零件）、體積質量特徵信息（體積大、質量大）以及空間約束規則中對於同層次子裝配體或零件（空間約束多），檢索推理確定：子裝配體｛Slide＿block＿sub｝爲整個裝配體的基礎件，應在整個裝配體中優先裝配。

　　檢索子裝配體｛Side＿sub｝可知，僅僅與子裝配體｛Slide＿block＿sub｝和子裝配體｛Sliding＿table＿sub｝存在配合關係，因此子裝配體｛Side＿sub｝的裝配順序並不影響其他子裝配體裝配；此外由於｛Sliding＿table＿sub｝也與子裝配體｛Slide＿block＿sub｝存在配合關係，因此子裝配體｛Side＿sub｝應起到連接的作用。根據連接關係規則［rule9；（？a fa：n＿connect？b）（？b fa：n＿connect？c）->（？a fa：priority？b）］可知，｛Sliding＿table＿sub｝優先於子裝配體｛Side＿sub｝裝配。子裝配體｛One＿terminal＿sub｝和子裝配體｛Two＿terminal＿sub｝都與子裝配體｛Slide＿block＿sub｝和子裝配體｛Sliding＿table＿sub｝存在配合關係且配合類型都爲面與面配合，子裝配體｛Sliding＿table＿sub｝也起到連接的作用。因此，子裝配體｛One＿terminal＿sub｝或子裝配體｛Two＿terminal＿sub｝優先於子裝配體｛Sliding＿table＿sub｝裝配。

　　總結可得，子裝配體｛Slide＿block＿sub｝最先裝配，｛Sliding＿table＿sub｝優先於子裝配體｛Side＿sub｝裝配，子裝配體｛One＿terminal＿sub｝或子裝配體｛Two＿terminal＿sub｝優先於子裝配體｛Sliding＿table＿sub｝裝配。應用模糊綜合評價方法，篩選出最佳裝配序列全集爲：｛Slide＿block＿sub｝→｛One＿terminal＿sub｝→｛Sliding＿table＿sub｝→｛Two＿terminal＿sub｝→｛Side＿sub｝或｛Slide＿block＿sub｝→｛Two＿terminal＿sub｝→｛Sliding＿table＿sub｝→｛One＿terminal＿sub｝→｛Side＿sub｝，裝配流程如圖5-22所示。

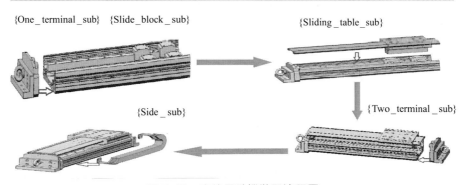

圖5-22　直線電動機裝配流程圖

5.5 基於 DELMIA 的直線電動機裝配序列規劃仿真

DELMIA 軟件是法國達索公司開發的基於物理的數字化設計與製造的「數字化工廠」仿真平臺，已經應用到汽車、飛機等製造行業。採用 DELMIA 軟件對產品的裝配過程進行仿真，分析和驗證直線電動機裝配序列的可行性。

基於 DELMIA 的裝配序列規劃流程如圖 5-23 所示。首先，將產品的三維實體模型導入 DELMIA 的產品目錄，獲得產品數據；配置裝配操作需要的資源數據（安裝平臺、內六角扳手、千分表、塞尺、直線規），實現裝配生產線布局規劃。裝配生產線布局規劃是裝配序列規劃的基礎。其次，分析影響裝配過程效率的關鍵環節，進行裝配序列規劃的仿真。最後，通過裝配過程仿真發現存在的問題並進行修改，生成裝配仿真視頻，指導員工進行裝配。

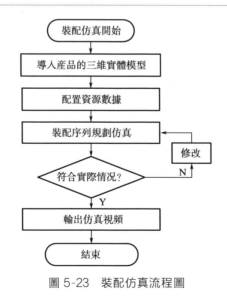

圖 5-23　裝配仿真流程圖

直線電動機的裝配序列規劃仿真時，首先將各個零件裝配成子裝配體，然後將子裝配體進行總裝，實現直線電動機的裝配序列規劃。通過面向裝配過程分析的 DPM 和面向人機分析的 Human 模塊，得出基於時空工程語義知識檢索和規則推理生成的裝配序列可以滿足實際裝配工藝

要求。直線電動機的裝配仿真過程如圖 5-24～圖 5-26 所示。

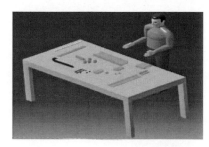

圖 5-24　導入模型及配置資源

圖 5-25　子裝配體裝配

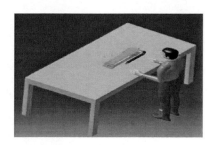

圖 5-26　直線電動機裝配完成

第6章

基於神經網絡
的裝配規劃

　　裝配序列規劃是在保證產品裝配體各零件間物理約束的前提下，尋求最優裝配序列。人工智能領域智能優化算法具有很好的搜索及優化能力，成爲裝配規劃問題求解的一種重要方法。神經網絡是人工智能領域智能優化算法中一個非常重要的技術。Wen-Chin Chen、張晶等將神經網絡應用於裝配序列規劃，通過建立零件連接以及零件特徵數、質量、體積等描述的裝配模型，設計神經網絡的參數，實現智能裝配序列規劃。

6.1　面向裝配規劃的裝配模型

　　裝配關係連接矩陣表示兩個零件之間是否存在接觸連接或穩定連接，經常用於描述產品裝配中的裝配連接關係。對於一個由 n 個零件組成的裝配體，其連接矩陣 $\boldsymbol{C}$ 爲

$$\boldsymbol{C} = \boldsymbol{C}_{ij} \tag{6-1}$$

式中，$\boldsymbol{C}_{ij}$ 表示零件 i 與零件 j 間的連接關係，如下式：

$$\boldsymbol{C}_{ij} = \begin{cases} 0 & 零件\ i\ 與零件\ j\ 不存在接觸連接 \\ 1 & 零件\ i\ 與零件\ j\ 存在一般接觸連接 \\ 2 & 零件\ i\ 與零件\ j\ 存在接觸連接，且爲穩定連接 \end{cases}$$

式中，接觸連接是指零件之間的貼合、軸孔之間的間隙配合等沒有外部施加力的連接方式，穩定連接是指零件間通過螺紋連接、過盈配合、焊接、鉚接等穩定的緊固連接方式。連接矩陣 $\boldsymbol{C}$ 爲對稱矩陣，即 $\boldsymbol{C}_{ij} = \boldsymbol{C}_{ji}$。

　　與裝配關係連接矩陣相比，裝配連接圖更加直觀、方便。裝配連接圖是有向圖，圖中節點表示裝配體中的零件，有向弧表示零件間的連接或配合情況。如果零件 P_i 在方向 k 上和零件 P_j 存在連接或配合關係，則在 k 方向的連接圖中，連接零件 P_i 和零件 P_j 的有向弧將由 P_i 指向 P_j，如圖 6-1 所示。

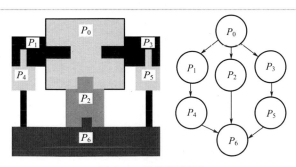

圖 6-1　裝配關係圖

　　依據裝配先驗知識，對於事實型知識中同層次裝配對象中接觸關係最多的零件，一般爲裝配基礎件。在經驗型知識中，具有裝配關係較多的零件應先裝配。爲此採用式（6-2）定義裝配聯繫值來描述裝配接觸關係的多少，即

$$AI_i = \sum_{j=1}^{n} C_{ij} \qquad (6\text{-}2)$$

式中　　AI_i ——零件 i 的裝配聯繫值；

　　　　C_{ij} ——裝配關係連接矩陣的元素；

　　　　j ——裝配關係連接矩陣的列數。

對裝配關係連接矩陣 C 按行求和即可得到所有零件的裝配聯繫值。

　　依據裝配先驗知識，在事實型知識中同層次裝配對象中定位零件，一般爲裝配基礎件；在經驗型知識中，具有定位基準多的零件應先裝配。考慮到定位基準多的零件，一般零件特徵數目也較多，爲此採用零件特徵數來描述零件的定位基準屬性。

　　依據裝配先驗知識，在事實型知識中體積大、質量大的零件，一般爲裝配基礎件。在經驗型知識中，體積大、質量大的零件應先裝配。爲此採用零件質量、零件體積屬性來描述零件物理屬性。

　　裝配連接懲罰矩陣用於描述裝配難度級別，採用式（6-3）定義裝配連接懲罰矩陣：

$$\boldsymbol{P}_{ij} = \sum_{k=1}^{m} w_k \times p_{ijk} \qquad (6\text{-}3)$$

式中　　m ——需要考慮的獨立因素的個數；

　　　　w_k —— k 因素在所有因素中占有的權重；

　　　　p_{ijk} ——在因素 k 下零件 i 與零件 j 間的懲罰指數（表 6-1 給出了懲罰指數的定義）。

表 6-1　懲罰指數表

裝配難度級別	懲罰指數	說明
1	0	零部件沒有接觸
2	1～3	簡單,直接操作
3	4～6	有點困難,需要小心操作,工具變換頻繁
4	7～9	非常困難,零部件易損,工具變換頻繁

　　依據裝配先驗知識，經驗型知識中易損壞的零部件應後裝配。爲此採用式（6-4）定義裝配懲罰值來描述裝配難度，即

$$TPV_i = \sum_{j=1}^{n} p_{ij} \qquad (6\text{-}4)$$

式中　TPV_i ——零件 i 的裝配懲罰值；

　　　p_{ij} ——裝配連接懲罰矩陣的元素；

　　　j ——裝配連接懲罰矩陣的列數。

對裝配連接懲罰矩陣 $\boldsymbol{P}_{ij}$ 按行求和即可得到所有零件的裝配懲罰值。

6.2　基於神經網絡的裝配規劃

基於神經網絡的裝配規劃選取待裝配產品的裝配聯繫值、裝配懲罰值、特徵數目、質量、體積 5 個輸入作爲 BP 神經網絡的輸入變量（圖 6-2），裝配序列號作爲輸出變量。主要包含三部分：輸入數據的初始化、網絡設計和網絡學習算法。

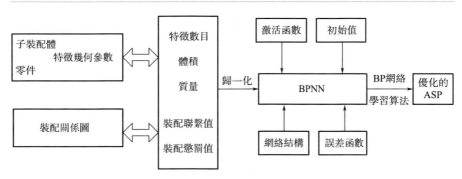

圖 6-2　基於神經網絡的裝配規劃流程圖

由於不同產品包含的零部件的輸入變量數據範圍不同，需要對輸入數據進行歸一化處理，本章中將樣本數據中的輸入變量、輸出變量歸一化至 [0.1，0.9]。採用式(6-5) 進行數據的歸一化處理：

$$PN = \frac{P - P_{\min}}{P_{\max} - P_{\min}} \times (S_{\max} - S_{\min}) + S_{\min} \qquad (6\text{-}5)$$

式中　PN ——規範後的數據；

　　　P ——原始數據；

　　　$P_{\min}$ ——原始數據的最小值；

　　　$P_{\max}$ ——原始數據的最大值；

　　　$S_{\max}$ ——預期規範後的數據最大值；

S_{min} ——預期規範後的數據最小值。

BP 神經網絡由三層組成，其拓撲結構爲 5-n-1，由 5 個元素組成的輸入層（每個神經元對應一個輸入變量，分別表示裝配聯繫值、裝配懲罰值、特徵數目、質量、體積）、n 個神經元組成的隱含層以及 1 個元素組成的輸出層（對應一個輸出變量，表示裝配序列號）。神經元的激活函數有 S 型傳輸函數、雙曲正切 S 型傳輸函數、線性傳輸函數等。採用 Nguyen-Widrow 方法和權值空間逐步搜索算法進行權值的初始化。隱含層數目的確定，以能夠獲取較好的結果爲宜。隱含層神經元的個數是影響結果的重要因素之一。訓練過程中隱含層節點可以動態刪減，隱含層神經元個數初始值的確定方法共有以下五種。

方法一：fangfaGorman 指出隱含層節點數 $s = \log_2 m$（m 爲輸入層節點數）。

方法二：Kolmogorov 定理表明，隱含層節點數 $s = 2m + 1$（m 爲輸入層節點數）。

方法三：$s = \mathrm{sqrt}(0.43mn + 0.12nn + 2.54m + 0.77n + 0.35) + 0.51$（$m$ 是輸入層的個數，n 是輸出層的個數）。

方法四：$s = \sqrt{m + n} + a$（m 是輸入層的個數，n 是輸出層的個數，a 爲 1～10 之間的常數）。

方法五：$s = \sqrt{mn}$（m 是輸入層的個數，n 是輸出層的個數）。

採用帶有動量的自適應學習速率的梯度下降法來尋找權值的變換和誤差能量函數的最小值，進行反覆訓練，直到網絡結構最精簡且學習誤差滿足要求爲止。終止迭代的臨界條件是：①均方根誤差函數值降到預先設定的合理範圍；②迭代次數達到預先的設定；③訓練樣本和測試數據發生交叉驗證。均方根誤差函數的定義如式(6-6)：

$$RMSE = \sqrt{\frac{1}{N} \sum_{i=1}^{N} (d_i - y_i)^2} \tag{6-6}$$

式中　d_i ——目標矢量在 i 處的值；

　　　y_i ——輸出矢量在 i 處的值；

　　　N ——矢量維數。

6.3　基於神經網絡的裝配規劃仿真

下面以文獻［139］中的玩具汽車、玩具摩托車、玩具輪船作爲實

例，研究基於神經網絡的裝配規劃仿真。其中，玩具汽車實例共有 28 個零件，對每個零件進行編號，零件編號與名稱對應如圖 6-3 所示。表 6-2 為玩具汽車最優裝配序列及其中每個零件的裝配聯繫值、裝配懲罰值、特徵數目、質量、體積參數值。玩具摩托車實例共有 17 個零件，對每個零件進行編號，零件編號與名稱對應如圖 6-4 所示。表 6-3 為玩具摩托車最優裝配序列及其中每個零件的裝配聯繫值、裝配懲罰值、特徵數目、質量、體積參數值。玩具輪船實例共有 15 個零件，對每個零件進行編號，零件編號與名稱對稱如圖 6-5 所示，表 6-4 為玩具輪船最優裝配序列及其中每個零件的裝配聯繫值、裝配懲罰值、特徵數目、質量、體積參數值。

序號	零件名稱
1	MB (MainBody)
2	CP (ChassisPan)
3	DG (DriveGear)
4	GS1_1 (GearSet1_1)
5	GS1_2 (GearSet1_2)
6	GS1_3 (GearSet1_3)
7	GS2_1 (GearSet2_1)
8	GS2_2 (GearSet2_2)
9	GS2_3 (GearSet2_3)
10	GS3_1 (GearSet3_1)
11	GS3_2 (GearSet3_2)
12	PO (Power)
13	LBW (LeftBackWheel)
14	LFW (LeftFrontWheel)
15	BS1 (BaseScrew1)
16	BS2 (BaseScrew2)
17	PP1 (PowerPack1)
18	PP2 (PowerPack2)
19	PPS1 (PowerPackScrew1)
20	PPS2 (PowerPackScrew2)
21	RA (RearAxis)
22	RD (RearDiff)
23	RBW (RightBackWheel)
24	RFW (RightFrontWheel)
25	SL (Spoiler)
26	SP1 (Spring1)
27	SP2 (Spring2)
28	SR (SteeringRack)

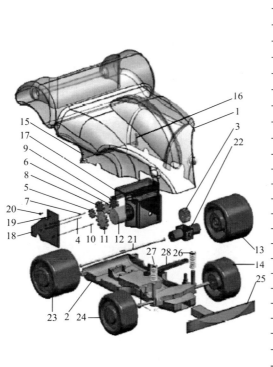

圖 6-3　玩具汽車的模型及其零件明細表

表 6-2 玩具汽車的最優裝配序列及其中每個零件參數值

最優裝配序列	零件	AI	TPV	FN	質量/g	體積/mm³
1	$_2$CP	19	47	9	981.88	125415.99
2	$_{22}$RD	4	8	10	31.42	11246.39
3	$_3$DG	5	8	27	4.83	3452.57
4	$_{17}$PP	10	29	11	83.64	29935.98
5	$_9$GS2_3	3	5	22	1.96	1397.92
6	$_8$GS2_2	3	5	22	1.12	802.85
7	$_7$GS2_1	6	16	1	3.07	392.7
8	$_{12}$PO	2	3	2	56.34	20165.61
9	$_{11}$GS3_2	3	5	26	2.28	1628.77
10	$_{10}$GS3_1	6	16	1	3.07	392.7
11	$_6$GS1_3	3	5	22	1.08	771.23
12	$_5$GS1_2	3	5	22	0.87	623.61
13	$_4$GS1_1	6	16	1	3.07	392.7
14	$_{18}$PP2	8	22	11	17.66	6321.76
15	$_{19}$PPS1	4	6	3	0.13	14.99
16	$_{20}$PPS2	4	5	3	0.11	14.86
17	$_{28}$SR	7	4	4	27.58	3522.26
18	$_{21}$RA	7	13	3	29.79	3804.98
19	$_{13}$LBW	2	5	7	308.9	219936.4
20	$_{23}$RBW	2	3	7	307.67	219928.32
21	$_{14}$LFW	2	3	9	176.9	119227.68
22	$_{24}$RFW	2	3	9	164.33	119214.45
23	$_{26}$SP1	2	6	3	9.99	1288.59
24	$_{27}$SP2	2	6	3	9.85	1276.48
25	$_{25}$SL	2	3	2	234.01	83756.14
26	$_1$MB	7	17	28	932.5	333750.12
27	$_{15}$BS1	4	10	3	2.38	303.99
28	$_{16}$BS2	4	10	3	2.36	302.45

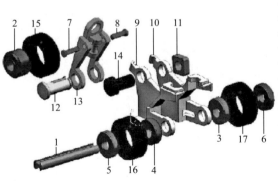

序號	零件名稱
1	MA (MotorbikeAxle)
2	MB1 (MotorbikeBearing1)
3	MB2_1 (MotorbikeBearing2_1)
4	MB2_2 (MotorbikeBearing2_2)
5	MB3_1 (MotorbikeBearing3_1)
6	MB3_2 (MotorbikeBearing3_2)
7	MH1 (MotorbikeHandlE1)
8	MH2 (MotorbikeHandlE2)
9	MMB1 (MotorbikeMainBody1)
10	MMB2 (MotorbikeMainBody2)
11	MN (MotorbikeNut)
12	MPN (MotorbikePin)
13	MPE (MotorbikePlate)
14	MS (MotorbikeScrew)
15	MW1 (MotorbikeWheel1)
16	MW2 (MotorbikeWheel2)
17	MW3 (MotorbikeWheel3)

圖 6-4 玩具摩托車的模型及其零件明細表

表 6-3　玩具汽車的最優裝配序列及其中每個零件參數值

最優裝配序列	零件	AI	TPV	FN	質量/g	體積/mm³
1	$_9$MMB1	5	13	20	7.35	7697.04
2	$_{13}$MPE	9	19	4	5.19	5176.46
3	$_{10}$MMB2	5	17	20	6.78	7696.73
4	$_{14}$MS	3	8	2	1.53	2297.29
5	$_{11}$MN	3	10	3	0.78	856.50
6	$_{17}$MW3	1	9	4	8.13	7296.14
7	$_3$MB2_1	4	23	3	1.2	1931.29
8	$_6$MB3_2	3	16	5	1.41	1892.18
9	$_1$MA	8	52	2	3.32	2907.56
10	$_{16}$MW2	2	9	4	8	7295.23
11	$_4$MB2_2	4	18	3	1.18	1930.96
12	$_5$MB3_1	3	5	5	1.4	1891.72
13	$_2$MB1	4	11	4	2.49	3841.38
14	$_{15}$MW1	2	4	4	7.99	7294.86
15	$_{12}$MPN	3	12	5	1.28	1619.55
16	$_7$MH1	2	4	3	0.17	231.61
17	$_8$MH2	2	3	3	0.15	230.56

　　分別對玩具汽車、玩具摩托車、玩具輪船的零件參數值進行歸一化處理，將參數值歸一化到［0.1，0.9］範圍內，將歸一化後的三組數據順序組合在一起，作爲神經網絡的五個輸入。分別對玩具汽車、玩具摩托車、玩具輪船的最優裝配序列進行歸一化處理，將參數值歸一化到［0.1，0.9］範圍內，將歸一化後的三組數據順序組合在一起，作爲神經網絡的一個輸出。

　　創建一個三層 BP 神經網絡，輸入是 5 個元素（裝配聯繫值、裝配懲罰值、特徵數目、質量、體積）的向量，輸出是 1 個元素（裝配序列號）的向量。輸入和輸出中間有 1 個隱含層，第一層有 5 個神經元，傳遞函數是 purelin；隱含層有 5 個神經元，傳遞函數是 logsig；第三層有 1 個神經元，傳遞函數是 purelin。

　　網絡學習算法採用動量及自適應學習速率的 BP 梯度下降算法 traingdx。網絡學習的參數設置爲：訓練次數爲 50000，學習速率爲 0.9，學習衰減率爲 0.95，訓練目標收斂最小誤差爲 0.01，權值變化增加量爲 0.9，附加動量因子爲 0.9。

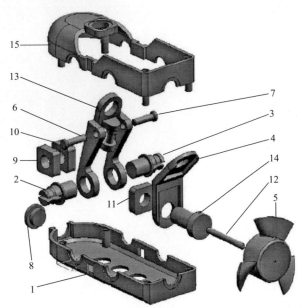

序號	零件名稱
1	BM (BaseboatMainbody)
2	BB1 (BoatBolt1)
3	BB2 (BoatBolt2)
4	BC (BoatChair)
5	BF (BoatFan)
6	BH1 (BoatHandle1)
7	BH2 (BoatHandle2)
8	BL (BoatLight)
9	BN1 (BoatNut1)
10	BN2 (BoatNut2)
11	BN3 (BoatNut3)
12	BPR (BoatPillar)
13	BP (BoatPlate)
14	BS (BoatScrew)
15	TM (TopBoatMainBody)

圖 6-5　玩具摩托車的模型及其零件明細表

表 6-4　玩具輪船的最優裝配序列及其中每個零件參數值

最優化裝配序列	零件	AI	TPV	FN	質量/g	體積/mm³
1	$_{13}$BP	12	28	4	40.53	5176.46
2	$_9$BN1	3	7	3	6.81	857.5
3	$_2$BB1	4	10	4	10.95	1393.43
4	$_{10}$BN2	3	8	3	6.71	857.1
5	$_3$BB2	4	11	4	10.9	1392.87
6	$_1$BM	7	34	12	86.96	11105.48
7	$_{15}$TM	7	30	12	75.11	9591.47
8	$_6$BH1	2	3	3	1.82	231.61
9	$_7$BH2	2	3	3	1.81	230.92
10	$_4$BC	5	20	8	19.98	2551.01
11	$_{11}$BN3	3	7	3	6.61	856.2
12	$_{14}$BS	8	26	2	17.99	2297.29
13	$_{12}$BPR	4	6	2	2.4	306.77
14	$_5$BF	2	3	11	26.63	3401.12
15	$_8$BL	4	8	3	5.69	726.57

　　以玩具汽車、玩具摩托車和玩具輪船的數據作爲訓練數據，以玩具摩托車的數據作爲測試數據。採用實驗設計法選擇參數，當網絡結構爲 5-11-1 時，仿真結果如圖 6-6 所示；當網絡結構爲 5-13-1 時，仿真結果如圖 6-7 所示；當網絡結構爲 5-15-1 時，仿真結果如圖 6-8 所示。當網絡結構爲 5-15-1 時，預測仿真結果誤差最小。在零件連接約束方面僅僅採用裝配聯繫值、裝配懲罰值不能充分表達產品裝配連接關係，基於 BP 神經網絡的裝配規劃對網絡設計參數要求較高。

　　產品裝配序列的樣本較少，是影響基於 BP 神經網絡的裝配規劃的一個重要因素。如果以產品裝配聯繫關聯矩陣或裝配聯繫優先矩陣來描述產品裝配連接關係，數據量較大，並且由於產品包含的零件數不同，建模困難。因此，從有效的產品裝配連接關係表達及裝配模型入手，建立面向裝配規劃的裝配零件數據結構，研究基於神經網絡的裝配規劃，降低網絡參數設計的要求，可以提高方法的魯棒性。

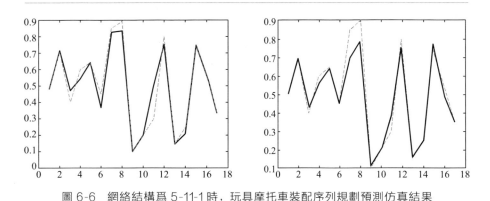

圖 6-6　網絡結構爲 5-11-1 時，玩具摩托車裝配序列規劃預測仿真結果

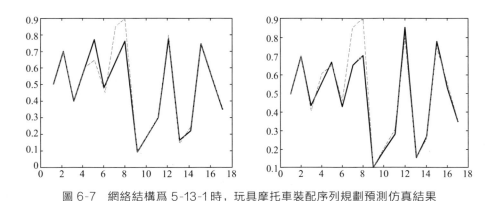

圖 6-7　網絡結構爲 5-13-1 時，玩具摩托車裝配序列規劃預測仿真結果

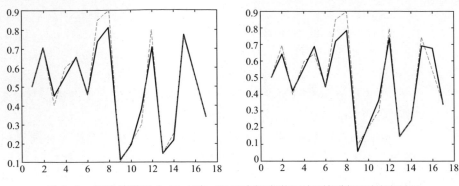

圖 6-8　網絡結構爲 5-15-1 時，玩具摩托車裝配序列規劃預測仿真結果

第7章

裝配生產綫
數學模型
及求解

7.1　生產調度理論

在滿足系統的功能、最優選擇權等限定因素的條件下，通過采取設計生產物料的分配方案、調整庫存週期、改進生產工序和優化生產線布局等措施，達到生產效率最大化、經濟效益最優化等目的過程叫做生產調度。生產調度在空間上把整體的生產任務分配給下面獨立的子系統，包括生產車間的加工中心以及各處室、組織、成員等生產單元。在時間上，通常把宏觀的生產計劃分割成一個個相互連貫的子計劃，並依據具體情況對每一個子計劃進行調整和優化，研究不同的因素對於生產週期長短的影響。調度的調整和優化必須在一定的限定因素下進行，如不能隨意更改客戶所需求的商品品類、週期產量、合同期限等，還要充分考慮員工的生產積極性以及生產線的機械化程度等。調度的目的就是在滿足所有限定因素的情況下，使生產效率最大、經濟效益最優。

7.1.1　生產調度

生產調度，是在時間一定的條件下，爲了滿足規定的性能參數和指標，分配資源並對生產任務進行排序，以完成目標生產任務。

一般來講，生產調度問題相關的約束條件可分爲產品的投產期和交付期、加工順序、批量大小、加工路徑、加工設備的可用性、成本期限和原料的可用性等。在生產調度過程中，工件的加工工藝和生產能力等條件是必須滿足的；像生產成本的控制等某些約束條件，在可接受的條件範圍內即可符合生產任務，這些非必須的約束條件看作生產調度的確定性因素；對於一些預先無法預見的情況，如原料的供需變換、設備發生故障等非正常情況，往往看作生產調度的不確定因素。產品的生產工藝制約工廠資源（加工原料、加工存儲和運輸的設備、人力和資金等）的分配。

在生產調度問題中，其中典型的問題便是車間的生產計劃和控制問題，所以車間調度問題的理論研究一直作爲生產調度理論的重要內容。隨著近些年來管理自動化的不斷發展，調度理論專家學者用他們各自不同領域的方法豐富了車間調度問題的求解。生產調度的性能可用相應的性能指標來評價，例如工廠中常見的性能有產品週期最短、設備利用率

最高、生產成本最低、生產轉換時間最短等。

　　對於生產調度問題，根據加工系統的複雜程度可以分為單機調度問題、作業車間調度問題、流水車間調度問題和多機器並行加工調度問題等幾個基本模型；根據生產環境的特點，可以分為確定性調度問題和不確定性調度問題；根據調度任務與環境可分為靜態調度問題和動態調度問題；根據產品加工任務的特點可以分為允許作業中斷調度問題、作業調度時間全部相等調度問題和生產處理時間不相等調度問題；根據某個最佳性能標準可以分為總作業時間最小調度問題和總延遲時間最小調度問題。而在實際生產過程中，車間調度問題往往比較複雜，是由多個調度問題組合而成的。

7.1.2　車間調度問題

　　車間調度是生產調度的一個至關重要的環節。車間調度的主要工作是將生產任務集合理分配在一組可用的加工機器集上，以滿足目標的性能指標的要求。車間調度往往需要解決的待定問題是：在 m 個班組上裝配 n 個工件，每個工件又需要 k 道工序進行加工，所以多個班組都可以完成工件的任何一道工序。傳統車間調度存在的約束條件為：在同一時間內，每一個班組只能裝配一個工位的指定工序，並且工件必須按照工件的工序順序加工。然而，在實際生產工程中，由於受到機器數量的限制，每臺機器必須加工多個不同的工件，不同工件的混合加工就使得機器需要充足的準備時間。車間調度需要解決的問題主要有確定機器集上工件加工順序、工件各工序的加工時間和工序加工設備的分配。

　　生產的柔性主要體現在兩個方面：第一，多個班組的不同工序可以在同一設備上裝配；第二，工件在各個設備上加工路徑是可以選擇的，可以將其中多臺機器共同組合到一起形成生產線以完成工件的加工，使得生產效率實現最高。將這兩種柔性分別稱為設備安排的柔性和設備使用的柔性。柔性製造系統（FMS）在車間調度問題研究中也是非常重要的一個分支，FMS 的主要組成是數控設備，這主要是因為每臺數控設備可以加工多個工件，所以需要進行工件的分配。FMS 主要有以下幾個問題需要解決：數控設備分組、工件分配、工件選擇、設備的負荷及分配和工廠生產效率等問題。此外，FMS 還包括其他約束條件，如設備工具集的數量、設備可用時間等。

　　針對車間調度問題，研究往往需要通過不同角度、不同的策略來求解。目前研究車間調度問題的策略主要包括動態重調度策略、並行或分

布策略、人機交互策略、多目標策略等。

① 動態重調度策略　考慮到實際生產系統有諸多不確定因素和隨機性，因此在調度過程中，往往需要進行車間的重調度。對重調度的研究得出的觸發方式主要有連續性重調度、週期性重調度、事件驅動重調度和週期性與事件驅動相結合的重調度。

② 並行或分布策略　許多學者認識到了車間調度的複雜性，提出了用並行或分佈的方法對問題進行研究和求解。

③ 人機交互策略　對於柔性生產車間的調度問題已經有了很長時間的研究，但是至今仍未形成一套較爲完善的系統理論。在實際生產調度中，各種複雜因素的相互影響和調度的多目標性，研究者爲了得到滿意的調度結果，往往需要根據決策者經驗和所學知識，這爲人機交互策略與手段提供了可能。研究和生產實踐表明人機交互策略可以在極爲有限的時間內和背景知識下解決複雜的實際問題。

④ 多目標策略　實際車間調度問題大多是多目標問題，往往需要同時考慮最小化最大加工時間和設備的最大利用率等生產目標，而現實問題是這些目標很有可能產生相互衝突。人工智能方法可以利用算法很好地解決車間調度的多目標優化的問題，這爲多目標車間調度提供了很好的解決方案。人工智能方法的出現，能夠克服數學規劃和仿真方法的不足，避開大規模的數學計算而得到最優的調度策略。

7.1.3　調度規則

生產調度問題主要分爲兩大問題：調度問題的建模和優化算法的求解。早期調度問題研究主要針對小規模調度問題進行數學參數化（如數學規劃方法等）和優化方法（如分支定界和動態規劃等）的精確求解。伴隨著調度問題的複雜化和多維化，仿真建模方法開始被廣泛使用，人工智能、計算智能等優化方法也開始展現出計算效率上的優勢。但是，一個非常現實的問題是加工設備的多樣化和產品多樣化，而且一些關鍵信息存在諸多動態性和不確定性而影響優化結果。在研究中不難發現，人工智能和計算智能方法的研究大多仍然針對已有小規模生產問題進行仿真，無法適應實際的大規模生產問題。一旦在生產中狀態發生了變化，這些方法的背後會產生巨大的時間成本。由於調度規則具有低時間複雜度、動態適應調度環境等優點，所以能夠根據生產線的變化作出動態響應，這更加適用於求解動態性和不確定性的實際生產調度問題。

調度規則包含優先規則和啓發式規則。優先規則是指根據特定算法

計算工件的加工優先級，而啓發式規則只是簡單的經驗法則。在生產過程中，一旦有加工設備空閒，調度規則將根據工件的優先級或相關經驗選擇一個工件，並將其分配給加工設備。目前，科研工作者對調度規則進行了廣泛研究，並已經提出了 100 多種調度規則。根據不同的分類依據，這些調度規則可以被分爲兩大類，具體分類信息如表 7-1 所示。

表 7-1 調度規則的分類

分類依據	分類	描述
是否與時間相關	靜態規則	工件的加工優先級不隨時間變化
	動態規則	工件的加工優先級隨時間變化
複雜程度	簡單規則	優先級求解只包括一個參數,如加工工時、交貨期、緊急程度等
	組合規則	簡單規則的組合,在不同情況下選擇不同的規則
	加權規則	由簡單規則經加權組合後得到
	啓發式規則	經驗法則

　　基本調度規則是最原始的調度規則，其優先級求解表達式中一般只涉及 1～2 個參數。將基本調度規則進行改進或組合往往能夠得到性能更優的調度規則。目前已提出的調度規則中很多都是基本調度規則進行改進或組合的。基本調度規則如表 7-2 所示。

表 7-2 基本調度規則

名稱	描述	數學表達式
SIO	工件下一工序的加工時間越短,優先級越高	p_{ij}
LIO	工件下一工序的加工時間越長,優先級越高	$-p_{ij}$
SPT	工件加工時間越短,優先級越高	$\sum_{j=1}^{m_i} p_{ij}$
LPT	工件加工時間越長,優先級越高	$-\sum_{j=1}^{m_i} p_{ij}$
SRPT	工件剩餘加工時間越短,優先級越高	$\sum_{j \in SR_i} p_{ij}$
LRPT	工件剩餘加工時間越長,優先級越高	$-\sum_{j \in SR_i} p_{ij}$
AT	工件的投料時刻越早,優先級越高	r_i
FIFO	工件進入加工設備越早,優先級越高	r_{ij}
FOPNR	工件的剩餘工序數越少,優先級越高	$m_i - j + 1$

續表

名稱	描述	數學表達式
GOPNR	工件的剩餘工序數越多,優先級越高	$-(m_i-j+1)$
EDD	工件的交貨期越早,優先級越高	d_i
MDD	工件的改進貨期越早,優先級越高	$\max\left(d_i, t+\sum_{j\in SR_i} p_{ij}\right)$
MOD	工件工序的改進貨期越早,優先級越高	$\max\left(d_i-\sum_{j\in SR_i} p_{ij}, t+\sum_{j\in SR_i} p_{ij}\right)$
DS	工件的鬆弛時間越小,優先級越高	$d_i-t-\sum_{j\in SR_i} p_{ij}$
OSL	工件工序的鬆弛時間越小,優先級越高	$d_{ij}-t-p_{ij}$
ALL	工件的剩餘時間越小,優先級越高	d_i-t
CR	工件的臨界比越小,優先級越高	$\dfrac{d_i-t}{\sum_{j\in SR_i} p_{ij}}$
OCR	工件工序的臨界比越小,優先級越高	$\dfrac{d_{ij}-t}{p_{ij}}$
ALL/OPN	每一剩餘工序可用時間越小,優先級越高	$\dfrac{d_i-t}{m_i-j+1}$
S/OPN	每一剩餘工序鬆弛時間越小,優先級越高	$\dfrac{d_i-t-\sum_{j\in SR_i} p_{ij}}{m_i-j+1}$
S/WKR	每單位剩餘工作量鬆弛時間越小,優先級越高	$\dfrac{d_i-t-\sum_{j\in SR_i} p_{ij}}{\sum_{j\in SR_i} p_{ij}}$
WINQ	下一工序等待的總加工時間越小,優先級越高	$Y_{i,j+1}(t)$
NINQ	下一工序等待的總工序數越小,優先級越高	$N_{i,j+1}(t)$

注:p_{ij} 表示工序的加工時間;r_i 表示工件 i 的進入車間的時刻,即投料時刻;r_{ij} 表示工件 i 的工序 j 的開始加工時刻;d_i 表示工件 i 的交貨期;d_{ij} 表示工件 i 的工序 j 的完工時刻;SR_i 表示工件 i 的剩餘裝配工序集合;t 表示當前時刻;$i=1,2,\cdots,n$;$j=1,2,\cdots,m$;m_i 表示工件 i 的總工序數。調度規則的數學表達式的計算值越小,相應工件的優先級越高,即爲越優先選擇。

目前,已有大量學者對調度規則的性能進行了研究,其研究主要包括兩方面的内容,即調度效果評價和計算時間分析。調度效果是指對於給定的調度問題,針對特定調度規則評價指標,調度規則的計算結果與最優值的差距。計算時間是指對於給定調度問題,調度規則計算出最優加工工件的時間。調度規則常用的評價指標如表 7-3 所示。

表 7-3　調度規則常用的評價指標

類別	評價指標	數學表達式
基於工件流經時間	平均流經時間	$\overline{F} = \dfrac{1}{n} \times \sum_{i=1}^{n} F_i$
	最大流經時間	$F_{max} = \max\{F_i\}$
	流經時間方差	$\sigma^2(F) = \dfrac{1}{n} \times \sum_{i=1}^{n} (F_i - \overline{F})^2$
基於工件交貨期	平均拖期時間	$\overline{T} = \dfrac{1}{n} \times \sum_{i=1}^{n} T_i$
	最大拖期時間	$T_{max} = \max\{T_i\}$
	拖期時間方差	$\sigma^2(T) = \dfrac{1}{n} \times \sum_{i=1}^{n} (T_i - \overline{T})^2$
	拖期工件數	$n_T = \sum_{T_i > 0} l$
	拖期工件比例	$\lambda = \dfrac{n_T}{n} \times 100\%$

注：F_i 表示工件 i 的流經時間，即工件加工的生命週期；T_i 表示工件 i 的拖期時間；n 表示工件數；n_T 表示拖期工件數；$i = 1,2,\cdots,n$。

7.2　重卡裝配生產線設計及調度

　　總裝車間是汽車製造工藝過程的最後一道環節，以既定的裝配工藝路線順序爲基礎，按照特定的速度依次從一個工位移至下一工位，由基本操作單元在各個工作站逐步附加零部件，且以流水作業的方式最終將發動機、儀表、車門、車燈、中橋、後橋、輪胎和變速器等部件組裝到車身而形成一臺完整的汽車，然後出廠。

　　裝配工序通常是車身或者其他主部件就位後通過人工搬運操作拾取零部件，並將其放置在對應位置，連接緊固並檢查無誤後，將主部件放行至下一工位，然後該工位和工人迎來新的主部件，重複相同的裝配動作。裝配方式主要分爲螺紋連接法、黏接法和沖注法，其中螺紋連接法是最主要的連接緊固方法，大約占到汽車裝配作業工作量的 31%。車身從一條線轉移到另一條線大多通過升降機、側頂機等轉接設備配合完成。一些大的部件（如輪胎、座椅等）一般由物流運輸線自動運輸完成，小配件也會通過貨架、托盤等以人工搬運、叉車轉移等形式批量運輸而實

現物料供應。相比於其他車間，總裝車間的內部零部件供應最多、人工最密集、隨機變動因素最廣和作業內容複雜多樣，這使得保證裝配質量和提高總裝生產效率成為當前總裝設計的一大難題。

7.2.1　重卡裝配生產線設計

隨著中國城市化進程的加快和工業化水平的提高，社會的發展對交通運輸能力提出了更高的要求。重卡企業不斷開發出新產品並迅速替代老產品，重卡型號迅速增加。目前保證高端產品質量、成本和交貨期以及裝配生產線的優化和順暢，是中國眾多企業（包括重卡製造企業）共同追求的目標。重卡生產系統要求總裝生產線必須向柔性化和精益化方向發展，許多企業開始進行總裝線的柔性化改造。為了解決這一問題，多品種混流生產日益受到關注。多品種混流生產是一種基於柔性生產思想的生產模式，根據用戶需求，採用多品種混流裝配的生產方式以提高裝配線整體的生產效率。裝配是汽車生產製造系統的關鍵環節，約有 1/3 的工人從事有關的裝配作業，該成本占到了製造成本的 40％ 以上，但混流裝配在實際應用中也會遇到過程複雜、技術要求高和自動化程度不一等問題。在國際化競爭日益激烈的衝擊下，為了提高高端產品的質量、控制其成本和保證其交貨期，許多企業開始進行總裝線的柔性化創新改造。

訂單式的柔性化混流裝配線的平衡任務就是將各類資源利用最大化、時間最小化和使用合理化。基於此，製造企業應在空間和時間上對各類裝配物料的組織及產品的生產進行優化，一方面要保證設備的布局合理、上下工序銜接的順暢；另一方面要不斷提升裝配工人的操作效率、減少產品製造時間，以降低成本和效益最大化。根據目前的汽車行業特別是重卡生產，即使是機械化程度極高的企業，也會有 6％～11％ 的製程時間浪費在等待和延遲的過程中。因此，重卡柔性化生產線的平衡工作的改進與實施迫在眉睫。

合理的裝配線應採用模塊設計的方式，減少工位以簡化生產管理，盡量減少迂迴、停整和搬運，在生產可靠性的前提下保持裝配線生產的靈活性；按照生產線生成方式及生產線負荷平衡的原則進行工藝設計，合理安排生產線各工位作業內容並有效利用人力和面積，這不僅能使物流更加暢通，而且能有效提高生產效率。企業最終目的是要以高質量的產品、低成本、最短的交貨期以及最佳的投產時間去開拓市場。因此確定裝配線的設計原則如下。

① 流向合理，移動最短原則　裝配線布置設計應按照裝配工藝流程統一協調，保證物流設計的合理性，即整個產品裝配過程是連續的，中間沒有停頓、倒流和長距離運輸。合理的物流雖不產生任何附加價值，但可以減少在物流上所花費的人力、物力，以達到降低成本和改善質量的效果。在裝配線物流上，要求物的移動距離和運輸量盡量短、少，避免停滯、超越和堆積。

② 有效利用面積原則　在裝配線布置中，應充分有效地利用面積，設備間隔在保證一定維修空間下盡量減小。這不僅提高面積利用率，也減少工人所走的路程。選擇通道寬度時，需根據人流量、物流量來考慮。

③ 安全便於工作原則　安全生產是一件大事，它是裝配線布置的基本目標之一。保證工人工作安全，不僅降低生產管理費用，也改變工人的精神面貌，因為工人提心吊膽的工作是無法生產出高質量產品的。同時，在裝配線操作中，一定要強調活動，即整理、整頓、清潔、清掃、素養和安全。

④ 彈性原則　裝配線的布置設計一定要有靈活性，具備一定擴建和改動的適應性，即在花費最少費用的條件下，能方便地對裝配線布置進行調整。在裝配線設計階段必須對變化因素加以分析，留有餘地，以適應各種變化。

⑤ 簡單化原則　裝配線布置要力求簡潔，一目了然，使管理簡便，避免複雜化。

以上述裝配線布置指導思想和設計原則為基礎，根據市場需求的產品不斷進行更新、變化，滿足多品種產品的及時切換，提高了工藝水平，確保了產品質量，並使生產能力提高，可滿足拓寬配套市場占有率的要求。

中國某重卡公司新建汽車總裝車間，主導產品有 HOWO-N58、HOWO-K38 和 HOWO-S35 三大系列 12 個車型的重型載貨汽車整車，能夠滿足 12 種車型混流裝配和節拍要求。在 2018 年第一季度，該卡車生產企業總計收到訂單 18.2 萬輛，其中在 3 月份累計接到重卡訂單為 36000 輛，環比增長 26.3%。該重卡生產線人力資源是否安排合理、工序工位布局是否影響到裝配、設備工具是否配備齊全、物料組織與配送是否準時等因素，勢必會影響到該產品的質量和效益。

某企業的重卡裝配線工藝布局方案設計依據如下。

① 生產綱領　年設計生產能力為單班 30000 輛。工作制度按設備開動率 80% 計算為：全年 250 天，採用雙班制，單班 8h。生產節拍穩定在 4～5min。

② 生產任務　裝配現場主要承擔某車型的牽引車、自卸車、載貨車、水泥攪車型，目前是本企業最先進的裝配生產流水線。其中南線承擔著車輛的車架分裝，電瓶箱體、電氣閥類、制動系統、前後懸架、傳動軸、前後橋等安裝工作；北線承擔車輛的線束鋪設，轉向系統的安裝、發動機吊裝、燃油箱安裝、駕駛室吊裝、發動機進氣、排氣與冷卻系統的安裝，功能項調整，整車下線等工作。可加工 12 種以上不同的車型，車輛最大尺寸爲 13000mm×1300mm×700mm（長×寬×高），縱梁腹高爲 300～500mm，最大質量爲 5000kg。

③ 廠房數據　現場考察了裝配生產線的廠房。車間廠房總長爲 280m，總寬爲 117.5m，由總裝車間（包含中後橋分裝區）、發動機分裝車間和車架分裝車間 3 個車間組成。

④ 產品的技術規格　部分車型的技術規格如表 7-4 所示。

表 7-4　部分車型的技術規格

	車型 1	車型 2	車型 3	車型 4
驅動形式	6×4	4×2	6×2	4×2
軸距/mm	5800+1350	5000	1800+5600	4700
車身長度/m	10.6	9	12	9
車身寬度/m	2.496	2.55	2.55	2.496
車身高度/m	3.105	3.98	3.98	3.105
整車質量/t	10.5	7.88	10.875	6.12
額定載重/t	14.37	7.925	13.995	5.99
總質量/t	25	16	25	12.24
最高車速/(km/h)	110	101	110	101

爲了方便重卡柔性裝配線工位參數計算，假設裝配線操作工時爲 t_a；純工作時間爲 t_b；工時利用率爲 η，其值一般爲 70%～85%；設備開動率爲 τ，其值一般爲 80%～90%；裝配線節拍爲 T；年工作天數爲 D；每班工作小時數爲 h；休息時間爲 r；班次爲 N；年產能爲 W；裝配線工位數爲 M；工位人數爲 n，於是有

$$t_a = t_b \eta \tau \tag{7-1}$$
$$T = 60D\eta(h-r)N\tau/W \tag{7-2}$$
$$M = t_a/(n \times T) \tag{7-3}$$

根據生產經驗，取裝配車間總裝線操作工時 450min，設備開動率爲 85%，工時利用率爲 75%，年工作天數爲 250，每班工作小時數爲 8，休息時間爲 0.5h，班次爲 2。平均每個車位工作人員爲 5 人；年產能爲 120000 輛車。由上述數據代入式(7-1)～式(7-3) 中計算可得各裝配線工位參數。

裝配線生產節拍計算：$60 \times 250 \times 0.75 \times (8-0.5) \times 2 \times 85\% \times 60/$

120000＝11.9min/輛。

　　總裝線工位數計算：有效工位數＝450/(5×11.9)＝7.5個，實際採用工位數取9個。

　　在生產廠區中，總裝車間廠房的南側爲車架車間，東北側爲發動機分裝車間。依據總裝車間的結構特點，確定總裝配車間的主要物流流向爲自南向北，自西向東。

　　車架分裝布置在聯合廠房內，用於車架分裝面積：12780m²；設計兩條車架分裝線，用以板簧、前橋及穩定桿等零部件的分裝，其餘分裝布置在總裝配車間內完成。

　　總裝車間面積：16748m²，主要設計有一條 U 形整車裝配線。各類車型根據訂單進行混線生產。U 形線易於實現線平衡。各分裝線沿主線平行布置，便於線邊物流。車架分裝線在單獨一個車間，車架進入底盤線後翻轉。結合上述工位參數計算結果，將總裝線劃分爲9個區域（包含中後橋分裝區）分別對應工位參數中的9個工位。具體的裝配線平面布局方案如圖7-1所示。

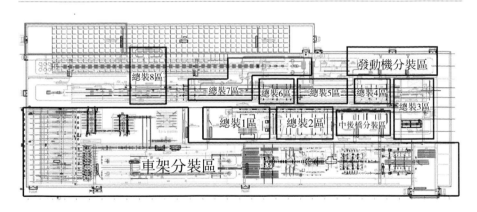

圖 7-1　裝配線平面布局方案

　　分別對車架分裝線、總裝線及發動機分裝線進行工藝流程設計，以滿足柔性化生產需求。

　　① 車架分裝線工藝流程設計　縱梁是重卡車架中的重要組成部件之一，縱梁質量對重卡整車有著重要的作用和影響。首先對縱梁進行表面處理。其次將主副梁進行拼合後，縱梁轉上鉚接線進行鉚接，並將加強板、支架與縱梁連接。然後通過橫梁將左右縱梁連接將車架拼接完成。接著鉚接板簧支架、橫梁下翼面鉚釘、發動機連接板支架完成反面鉚接；

翻轉後車架正面鉚接及固緊螺栓，並對車架總成進行校正、檢測。最後車架下線進入塗裝生產線進行電泳塗裝。車架分裝工藝流程如圖 7-2 所示。

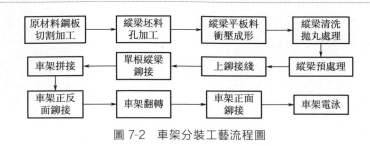

圖 7-2　車架分裝工藝流程圖

　　② 總裝線工藝流程設計　包括總裝線第 1 工位工藝流程、總裝線第 2 工位工藝流程、總裝線第 3 工位工藝流程、總裝線第 4 工位工藝流程、總裝線第 5 工位工藝流程、總裝線第 6 工位工藝流程、總裝線第 7 工位工藝流程、總裝線第 8 工位工藝流程、總裝線第 9 工位工藝流程，工藝流程分別如表 7-5～表 7-13 所示。

表 7-5　總裝線第 1 工位工藝流程

序號	工序名稱	序號	工序名稱
1	吊置車架及車架分裝總成上線	17	安裝 ABS 閥總成及適配閥
2	復緊平衡軸、導向板、限位塊螺栓力矩	18	安裝掛車閥
3	安裝前牽引鈎座	19	安裝後橋繼動閥
4	鬆裝方向機螺栓	20	安裝各類管路支架及過板直通接頭
5	安裝舉升缸支撐軸	21	安裝排氣管支架
6	安裝駕駛室左、右前支架	22	吊裝平衡軸鬆裝總成
7	安裝發動機前支撐	23	安裝平衡軸總成(鬆裝、緊固、復緊)
8	安裝前穩定桿或前橫梁	24	分裝及安裝電磁閥總成
9	安裝保險槓支架或前置消聲器吊架	25	安裝後橋限位塊
10	安裝前防護支架	26	安裝導向板總成
11	安裝前簧左、右後支架吊耳	27	安裝二位五通閥及雙向單通閥
12	分裝及安裝氮氧傳感器	28	安裝後簧前支架
13	安裝垂臂支板總成	29	安裝後簧後支架
14	安裝穿線護套及嵌條	30	安裝後擋泥板支架
15	安裝底盤管路(含制動管路、水管、鋼管)	31	產品件掃描
16	安裝前橋繼動閥		

表 7-6　總裝線第 2 工位工藝流程

序號	工序名稱	序號	工序名稱
1	安裝 V 形推力桿	9	分裝小瓦筒及 5L 筒
2	安裝側置備胎架	10	安裝小瓦筒及 5L 筒
3	點擊上線打印隨車單、黏貼底盤號	11	吊裝及安裝電瓶箱分裝總成並復緊螺栓
4	安裝橫梁總成（托架及元寶梁）	12	產品件掃描
5	安裝前橋限位塊	13	分裝及安裝四迴路保護閥
6	安裝減振器上支架	14	安裝鋼管固定支架
7	安裝前簧左、右後支架	15	安裝排氣管支架或管線束護套
8	分裝及安裝支架筒		

表 7-7　總裝線第 3 工位工藝流程

序號	工序名稱	序號	工序名稱
1	預裝後板簧	12	分裝傳動軸
2	安裝前板簧總成	13	吊裝傳動軸
3	安裝繼動閥	14	吊裝及安裝前軸總成
4	連接捆紮四迴路閥及儲氣筒管路	15	分裝及安裝轉向阻尼減振器
5	連接固定支架筒處管路	16	分裝及安裝前穩定桿總成
6	鋪設中、後橋差速鎖管路	17	安裝後穩定桿托架
7	連接固定中、後橋繼動閥處管路	18	安裝後拖鈎
8	安裝發動機左、右後支架	19	產品件掃描
9	安裝空濾器左、右支架	20	分裝及安裝空壓機鋼管
10	安裝支撐角板	21	緊固前板簧夾板螺栓
11	安裝黃油嘴、鎖緊板簧銷鎖		

表 7-8　總裝線第 4 工位工藝流程

序號	工序名稱	序號	工序名稱
1	連接中橋傳動軸	10	緊固前橋中心螺栓
2	連接中、後橋傳動軸	11	分裝及安裝減振器
3	安裝中、後橋板簧夾板	12	後橋 U 形螺栓緊固及復緊
4	緊固下推力桿螺栓	13	安裝前下防護總成
5	緊固前橋 U 形螺栓	14	緊固前橋中心螺栓
6	安裝進氣道支架	15	分裝及安裝減振器
7	安裝後穩定桿	16	緊固後橋 U 形螺栓緊固及復緊
8	加注黃油	17	安裝前下防護總成
9	翻轉擺渡車架並互檢螺栓、推力桿等		

表 7-9　總裝線第 5 工位工藝流程

序號	工序名稱	序號	工序名稱
1	安裝轉向器總成	18	安裝油濾器支架總成
2	安裝後橋限位塊	19	安裝柄桿、擺臂總成
3	安裝駕駛室後懸置支架分裝總成	20	安裝軸座總成
4	安裝前輪後翼子板支架	21	安裝轉向助力缸油管
5	緊固後簧壓板及力矩	22	安裝助力缸總成
6	安裝中、後橋制動管路	23	安裝轉向直拉桿
7	安裝減振器	24	安裝燃油箱支架及加強板
8	安裝發動機楔形支撐總成	25	安裝燃油箱總成
9	緊固後簧 U 螺栓並檢測力矩	26	布設、連接、固定各類線束
10	緊固 V 形雙頭螺栓及安裝管路支架	27	連接固定前橋 ABS 線束
11	分裝及安裝液壓手動油泵	28	連接中、後橋 ABS 線束及差速管路
12	安裝尿素箱	29	安裝分線盒及線束插接
13	安裝起動機線束	30	連接 SCR 線束
14	安裝發動機前支撐	31	安裝牽引座大板
15	鋪設舉升缸管路及連接	32	安裝牽引座支撐彎板及橫梁
16	安裝保險槓拉板	33	牽引座連接板
17	安裝限位拉帶支座	34	產品件掃描

表 7-10　總裝線第 6 工位工藝流程

序號	工序名稱	序號	工序名稱
1	直行定位調整	15	分裝及安裝中冷器進氣管
2	緊固直拉桿及力矩檢測	16	鋪設燃油管路及連接發動機油管
3	連接變速箱和傳動軸	17	連接油箱管路
4	安裝發動機分裝總成、緊固傳動軸吊架	18	安裝雙油箱換向閥及油管
5	連接電瓶箱內各類線束	19	安裝變速箱橫梁或管梁
6	連接起動機線束及捆紮固定發動機線束	20	分裝及安裝離合器助力缸
7	安裝及連接空壓機軟管	21	安裝離合器油管
8	阻尼減振器調整、固緊	22	安裝及連接尿素管路
9	安裝前制動分室及管路	23	安裝下進氣道支架及進氣道總成
10	分裝前制動分室及管路	24	連接變速箱管路、緊固液壓鎖舉升油管
11	安裝方向機與助力缸連接管路前部	25	安裝散熱器下水管
12	安裝轉向器油管路及支架	26	拆裝 TGA 前橫梁
13	安裝連接發電機線束及穿裝發動機線束	27	掃描產品件
14	固定換擋軟軸、轉子泵管路連接		

表 7-11　總裝線 7 工位工藝流程

序號	工序名稱	序號	工序名稱
1	加注柴油	17	連接空調管路
2	安裝空濾器總成	18	安裝機油加注管及口蓋
3	安裝油浴式空氣濾清器總成	19	安裝蓄電池及連接電源線
4	安裝油濾器連接管及進氣管	20	安裝牽引鞍座
5	安裝空濾器進氣管	21	連接鞍座連接板
6	安裝空濾器出氣管	22	連接及固定膨脹水箱水管
7	分裝及安裝車下啓動開關	23	安裝散熱器分裝總成及連接水管
8	安裝後置備胎架	24	檢查中、後橋齒輪油
9	安裝掛車裝置及掛車接頭	25	加注中、後橋輪邊油
10	安裝消聲器總成	26	分裝前防鑽(含油底殼保護柵、保護板)
11	安裝排氣管路	27	安裝前防鑽保護架分裝總成及氣喇叭
12	安裝立式消聲器或前置消聲器	28	加注黃油
13	分裝及安裝蝶閥	29	安裝轉向油罐及連接油管
14	安裝中冷器出氣管	30	産品件掃描
15	連接中冷器進氣管	31	連接 SCR 管路、線束
16	安裝發動機機油尺及固定油門拉索		

表 7-12　總裝線第 8 工位工藝流程

序號	工序名稱	序號	工序名稱
1	加注防凍液、轉向液壓油	16	安裝七孔插座及連接線束
2	安裝輪胎	17	連接腳油門、手油門
3	吊裝駕駛室及固定	18	安裝下踏板及小支架
4	安裝備胎	19	安裝保險槓支架及大燈支架
5	連接空調管路及壓縮機線束	20	檢查變速箱油
6	連接轉向軸	21	安裝保險槓分裝總成
7	分裝及安裝側標誌燈支架及側標誌燈	22	連接變速箱操縱軟軸及連接高低擋氣管
8	安裝前軸擋泥板	23	插接固定燈線及側標誌燈線束
9	安裝駕駛室舉升撐條	24	捆紮電瓶箱線束
10	安裝駕駛室舉升油缸、連接油管	25	安裝電瓶箱蓋
11	加注液壓油、連接舉升缸及翻轉駕駛室	26	安裝走臺板或格柵
12	連接固定制動管路	27	連接尿素箱及發動機加熱水管
13	分裝及安裝暖風水管	28	掃描産品件
14	連接變速箱線束及里程表線束	29	安裝後整體式擋泥板支架
15	連接駕駛室線束及安裝盒蓋		

表 7-13　總裝線第 9 工位工藝流程

序號	工序名稱	序號	工序名稱
1	提車下線	12	加注尿素
2	加注離合器油	13	轉向器行程限位閥的調整
3	安裝後尾燈支架、連接線束	14	調整駕駛室鎖緊機構、調整駕駛室後懸置
4	啓動發動機、檢查發動機油、調節怠速		
5	固緊踏板	15	安裝副駕駛側儀表臺下護面總成
6	打分室	16	檢查制動和離合系統
7	檢查及排除三漏	17	加注洗滌液
8	落駕駛室	18	發動機泵油
9	安裝油箱蓋	19	分裝及安裝後輪罩
10	錄入整車檔案、檢查掃描信息、EOL 標定	20	空調充氟
		21	整車補漆
11	補加轉向油	22	掃描産品件

③ 發動機分裝線工藝流程設計　發動機分裝線工藝流程如表 7-14 所示。

表 7-14　發動機分裝線工藝流程

序號	工序名稱	序號	工序名稱
1	分裝轉向器	15	安裝發動機隔熱板
2	分裝散熱器、中冷器、冷凝器、防蟲網	16	安裝變速箱上支架
3	分裝牽引鞍座	17	鬆裝離合器從動盤、壓盤
4	發動機配置確認	18	緊固離合器壓盤
5	吊運發動機上線	19	分裝前置消聲器及立式消聲器
6	安裝發動機支撐托架	20	安裝變速箱雙頭螺栓及緊固螺母
7	吊裝發動機上循環線	21	安裝變速箱分離軸承、安裝變速箱
8	加注發動機油及變速箱油	22	變速箱上安裝氣管接頭
9	分裝及安裝轉向助力葉片泵及接頭管路	23	安裝散熱器進、出水膠管及支架
10	安裝下水管支架	24	分裝換擋軟軸
11	安裝壓縮機及空調管路	25	安裝換擋軟軸
12	分裝及安裝空壓機出氣管	26	拆裝發動機風扇
13	分裝及安裝加速裝置	27	安裝變速箱操縱軟軸
14	産品件掃描	28	安裝 D12 進氣管或 EGR 線束

新設計的重卡裝配線工藝布局與舊裝配線對比分析如表 7-15 所示。

表 7-15　新設計的重卡裝配線工藝布局與舊裝配線對比分析

對比對象	舊的工藝布局	新的工藝布局	對比分析
工藝布局	內飾和總裝在兩個廠區內飾線直線性布置，分佈在車間的北側，底盤線 U 形布置分佈在車間的南側	總裝車間的南側爲車架聯合廠房，東北側爲發動機分裝車間，各生產線基本平行布置，便於線邊物流	工藝裝備成本降低，利於生產管理，利於調高柔性化
車架生產與總裝的關係	車架靠運輸車輛送到總裝車間	車架預裝、車架鉚焊和塗裝布置在一個聯合廠房內	車架生產與車架預裝相鄰，提高了生產效率
分裝線設置	設發動機分裝線	設發動機分裝線和車架分裝線	採用模塊化裝配，減輕主線負荷

7.2.2　重卡裝配生產線調度

某卡車企業主要裝配生產線全長 396m，主要由一條 U 形整車裝配線和兩條預裝線組成，年設計能力達到 3 萬輛；共有 11 個生產班組（圖 7-3），3 個輔助班組；共有 28 個工位，6 個質量控制點工序，1 個 AUDIT 評審工序，3 個質量檢查門，整個分部布局合理，分配均勻。目前節拍穩定在 4～5min。

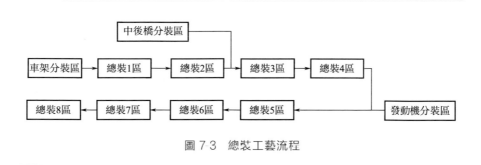

圖 7.3　總裝工藝流程

裝配現場分部主要承擔某車型的牽引車、自卸車、載貨車、水泥攪車型，目前是某卡車企業最先進的裝配生產流水線，年設計能力實現了多品種、多車型的混線裝配，是一條標準化程度較高的柔性裝配生產線。

南線共有 5 個班組，10 個工位，4 個分裝工位。其中有 1 個質量控制點，1 個質量檢查門。承擔著車輛的車架分裝以及電瓶箱體、電氣閥類、制動系統、前後懸架、傳動軸、前後橋等安裝工作。

北線共有 6 個班組，18 個工位，包括 AUDIT 評審工序、5 個質量控制點、2 個質量檢查門。承擔車輛的線束鋪設，轉向系統的安裝，發動機吊裝、燃油箱安裝、駕駛室吊裝，發動機進氣、排氣與冷卻系統的安裝，功能項調整、整車下線等工作。

重卡柔性生產線有以下幾個調度特點。

① 非搶先式生產　所謂非搶先式生產是指當某個產品的某道工序在某個設備上生產時，不能因爲其他產品這道工序的生產而暫時中斷此產品工序的生產。所以重卡企業應掌握生產計劃，並嚴格按照生產計劃組織和執行生產。

② 物料平衡性　所謂物料平衡性就是生產調度所調度的全部物料在整個生產流程中必須滿足物料平衡。因此要求重卡企業生產調度系統時刻監控各個車間的供應能力和生產能力。

③ 資源限制性　重卡企業生產資源即設備的數量、裝配能力、存儲能力，生產的零件及裝配過程的裝配體都是有一定的使用限制範圍的。

④ 時間限制性　重卡企業需要根據訂單來決定生產，那麼所輸出的產品也同樣要求符合所規定的輸出時間，也就是符合規定的交貨期，才能達到客戶滿意度。

由生產線調度理論可知，生產調度是一個宏觀的概念，其包含很多方面。結合重卡柔性生產線實際生產情況，分析得出以下兩個研究目標。

① 生產計劃優化　重卡企業一般按照同一車型同批裝配，制定生產計劃，即裝配完成一種車型的所有訂單再裝配完成另一種車型。考慮裝配車型轉換需要對生產設備進行調整或者重新布置產生的成本，考慮車間柔性化程度的提高，生產線的轉化成本已有了較大減少，故本研究對生產線的生產轉化成本爲固定的較小值，即可以忽略裝配轉化成本。因此可以通過優化生產計劃，即不同車型混合裝配，減小裝配總用時，提高柔性裝配生產線的生產效率。

② 裝配線布置合理化　現有生產線由於裝配工序繁多、零件及設備較多，人員、物流流通較大，故裝配線布置合理化有利於合理有效地利用面積。由上述裝配線設計原則可知，有效利用面積可以縮短工人所走的路程及物流線調度的時間。但實際生產線普遍存在布置不合理、裝配設備及零件隨意擺放的現象。而生產線是長時間不間斷工作的，現場安排及更改布置會耗費大量生產時間，利用仿真技術可以預先對裝配線進行仿真模擬，進而快速對裝配線進行布置。

7.3 重卡柔性裝配生產線數學模型

對於重卡柔性裝配生產線調度優化問題，由於生產線調度優化包括很多方面，這裡選取生產計劃的合理排序問題和合理優化裝配線布置問題這兩方面進行建模和仿真，對兩個問題的求解均可對生產線進行優化。生產線的布置優化，需要先確定生產計劃排序。故生產優化時需要先進行生產計劃優化以確定生產計劃排序，然後再進行生產線的布置優化。當然，也可以根據實際生產情況只優化其中之一，即只進行生產計劃的合理排序，或者不改變原有的生產計劃只進行生產線的布置優化。

生產線調度屬於目標優化問題，主要考慮最短的生產完成時間、最小化延期完成訂單時間等時間目標。本文以最短的生產完成時間為性能指標，目標函數 F 為

$$F = \text{Min} C_{\max} \tag{7-4}$$

對於生產計劃的合理排序問題，結合生產線實際情況，給定如下約束條件。

a. 由於重卡企業會根據經驗制定工時表，故假定車型 M_j 在工位 C_i 上裝配的時間 P_{ij} 已知且為定值，其中 M_j 為第 j 種車型，$M = \{M_1, M_2, \cdots, M_n\}$；$C_i$ 為第 i 個工位，$C = \{C_1, C_2, \cdots, C_m\}$；$P_{ij}$ 為車型 M_j 在工位 C_i 上需要裝配的時間。

b. 由於重卡柔性裝配生產線工序確定且難以變動，故作業排序應符合工藝性約束，即假定各個加工工序保持固定的先後順序（即各個加工工序順序不變），且前一項工序完成後，後一項工序才能開始裝配。

c. 由於重卡柔性裝配生產線車體及部分重要零部件由軌道運送且很多加工設備只針對一個工位的裝配，故應符合機器約束，即假定一個工位只對應一個裝配任務。該工位完成一個車輛的裝配任務後，再開始下一個車輛的裝配任務（即每個工位只能加工一個車輛，不能同時加工兩個）。

d. 由於重卡柔性裝配生產線的裝配工藝複雜，故假設各個工位在給指定車型裝配時的工序都是事先給定好的，不能隨意改變。

結合重卡柔性裝配生產線調度的實際情況，生產計劃合理排序問題的目標函數 F_q 為

$$F_q = \text{Min}\{T_{J_q}\} \tag{7-5}$$

式中　J_q——第 q 種裝配順序；

T_{Jq} ——第 q 種裝配順序的總用時。

對於合理優化裝配線布置問題，給定如下約束條件。

a. 由於重卡柔性裝配生產線車體及部分重要零部件由軌道運送，而提供動力的電動機的轉速一定，故假設裝配生產線的物流運輸速度爲定值。

b. 由於重卡柔性裝配生產線中的某些設備的位置難以移動，故將總的空間去除不可移動設備的空間，所剩空間稱爲可分配空間。設可分配的總空間大小爲 V 且一定，設備區 s 的空間大小爲 V_s，裝配生產線 k 的空間大小爲 V_k，滿足：

$$V = \sum_{s=1}^{s} V_s + \sum_{k=1}^{k} V_k \tag{7-6}$$

結合約束條件及前述分析得出對於合理優化裝配線布置問題的目標函數 F_t 爲

$$F_t = \text{Min} \sum_{k=1}^{k} T_k \tag{7-7}$$

式中　T_k ——裝配生產線 k 的調度時間。

對生產計劃的合理排序問題，分析裝配順序，裝配調度順序的集合爲

$$J_q = \{ Q_{j_1 k_1}, \ Q_{j_1 k_2}, \ \cdots, \ Q_{j_1 k_{n j_1}}, \ Q_{j_2 k_1}, \ \cdots, \ Q_{j_n k_n j_n} \} \tag{7-8}$$

式中　Q_{jk} ——第 k 個 M_j 車型開始進行裝配；

　　　n ——需要裝配的車型數；

　　　n_j ——需要裝配車型 M_j 的個數。

調度的總車輛數（即每個車型數量的總和）爲

$$N = n_1 + n_2 + \cdots + n_n \tag{7-9}$$

其中包含的元素個數（即調度序列的個數）爲

$$S = C_S^{n_1} C_{S-n_1}^{n_2} C_{S-(n_1+n_2)}^{n_3} \cdots C_{S-(n_1+n_2+\cdots+n_{n-1})}^{n_n} = \prod_{i=1}^{n} C_{S-\sum_{j=1}^{n-1} n_j}^{n_i} \tag{7-10}$$

目標函數 F_q 的求解就是從 J_q 中求得一種或者多種調度序列，使生產完成時間 T_{Jq} 最短。

對合理優化裝配線布置問題，定義位置序列 H_p 爲

$$H_p = \{ O_1, \ O_2, \ \cdots, \ O_w \} \tag{7-11}$$

式中　O_w ——設備或貨架 w 的擺放位置。

通過不斷實驗得到最優的位置序列，使裝配生產線 k 調度時間 T_k 縮短，得到最優解 F_t。

綜合上述兩類最優解，爲了進一步用較少的數學計算得到理想目標解，下面對各種算法進行討論研究。這裡需要用到優化算法來解決上述調度優化問題。常見的優化方法有以下幾種。

① 啓發式算法　啓發式算法受數學規劃法的限制。這種方法主要基於某些信息或規則啓發對其計算和推理，從而解出最優解或近似最優解。其特點是：計算量小，接近於現實，能應用於動態調度優化系統。可以分爲三個類別：簡單規則、複雜規則和啓發式規則。簡單規則有先進先出規則、最短加工時間規則、最早交付規則等經典規則。其他規則其實是簡單規則的多次組合或加權組合。

② 仿真法　仿真法的應用是測試啓發式算法和調度規則的第一種工具。然後，通過組合使用簡單優化規則，或與簡單優先規則組合使用啓發式規則，組合優化優於簡單優先級規則。因此，仿真法是人機交互的一種靈活方式。

③ 人工神經網絡算法　人工神經網絡算法是通過模仿動物神經網絡行爲特點，進行分佈式並行信息處理的數學模型。人工神經網絡是多數量、相互關聯的、簡單的單元的網絡系統。人工神經網絡並不是人腦神經網絡系統的真實寫照，它只是將人腦思維邏輯形象化的一種簡化版。

④ 蟻群算法　蟻群算法是根據生物界螞蟻群居尋找食物的過程創造的。螞蟻找食並不是通過螞蟻之間直接接觸進行交流信息，而是將信息散佈在環境之中，其他螞蟻通過環境中信息量的多少來進行判斷並尋找路徑，這樣就形成了信息引導路徑，越短的路徑信息量越大。它的特點就是通過反饋、分佈式協助找到最優路徑，其所得的解具有有效性和實用性。

⑤ 遺傳算法　遺傳算法是模擬達爾文生物進化論的自然選擇和遺傳學機理的生物進化過程的計算模型，是一種通過模擬自然進化過程搜索最優解的方法。遺傳算法的特點是：搜索時不只是局部最優，還有著優秀的全局搜索性能；有固定的並行性，可以做大規模的並行分佈式處理；容易結合其他技術，形成性能更好的解決問題的方法。

⑥ 組合優化方法　由於各種優化算法都存在不同優缺點，在此基礎上，人們進一步將各類優化算法組合，並慢慢成爲熱點。這種組合可以改進各種優化方法的缺點，並再次進行優化，從而達到最優調度。現在，這種組合調度方法已經成爲一種最有效的生產線調度優化方法。

爲了更明顯地表示各類優化方法的優缺點，列出如表 7-16 所示的優

化方法對比。

表 7-16　優化方法對比

種類	優點	缺點
啓發式算法	計算量小,動態調度優化,速度快	表現不穩定,依賴於實際問題
仿真法	易於人機交互	精度不易保證
人工神經網絡算法	具有很強的非線性擬合能力	需要足夠充分的數據
蟻群算法	具有很強的魯棒性和搜索較好解的能力	求解速度慢
遺傳算法	過程簡單,具有可擴展性	對初始種群的選擇有一定依賴
組合優化方法	改進各種優化方法的缺點,並再次進行優化,達到最優	算法複雜,計算量大

　　分析生產計劃的合理排序、合理優化裝配線布置求解過程,發現解的共同特徵爲空間較大,且爲離散序列。經過分析與比較,選擇遺傳算法與仿真法相結合的組合優化方法來解決重卡生產線調度優化問題爲最佳。利用 Plant Simulation 軟件進行計算機仿真,爲生產計劃的合理排序、合理優化裝配線布置求解提供了一種可行的思路。

7.4　基於遺傳算法的生產調度優化

7.4.1　遺傳算子的設計

　　遺傳操作是模擬生物基因遺傳的做法。在遺傳算法中,通過編碼組成初始群體後,遺傳操作的任務就是對群體的個體按照它們對環境適應度(適應度評估)施加一定的操作,從而實現優勝劣汰的進化過程。從優化搜索的角度而言,遺傳操作可使問題的解一代又一代優化,並逼近最優解。

　　個體遺傳算子的操作都是在隨機擾動情況下進行的。因此,群體中個體向最優解遷移的規則是隨機的。需要強調的是,這種隨機化操作和傳統的隨機搜索方法是有區別的。遺傳操作進行高效的有向搜索,而不是如一般隨機搜索方法進行無向搜索。適應度越大的個體,被選擇的可能性就越大。選擇的遺傳算子有以下 3 個。

　　(1)變異算子

　　變異算子隨機改變單個基因。對於任務分配,變異算子隨機地從分

配集合中確定一個值，或者從定義的間隔中選擇，然後分配給所選擇的基因。對於序列任務，變異算子交換兩個隨機選擇的基因。變異算子工作原理如圖 7-4 所示。

（2）反轉算子

對於順序和選擇任務，反轉算子首先選擇隨機反轉範圍，然後反轉該範圍內的基因序列。反轉算子工作原理如圖 7-5 所示。

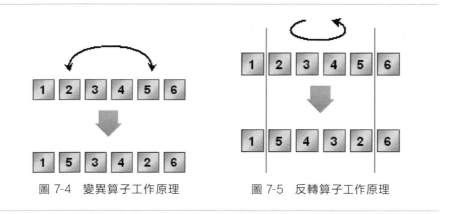

圖 7-4　變異算子工作原理　　　圖 7-5　反轉算子工作原理

（3）交叉算子

與變異算子和反轉算子不同，交叉算子被應用於兩條染色體。它們在這兩者之間進行項目交換。首先選擇兩個隨機交叉點，然後交換這兩個點之間的範圍。交叉算子工作原理如圖 7-6 所示。

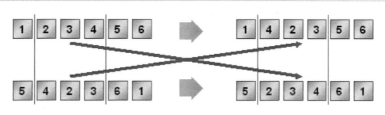

圖 7-6　交叉算子工作原理

使用交叉算法可以得到較好的解決方案，因爲存在最優解的範圍被保留的可能性很高，因此在優化仿真中將多次使用。

7.4.2　基於 Plant Simulation 的遺傳算法求解

a. 對生産計劃的合理排序問題，可以利用 Plant Simulation 軟件中

的遺傳算法模塊進行求解。遺傳算法是一種基於生物自然選擇與遺傳機理的隨機搜索方法，尤其適用於處理採用傳統搜索方法難以解決的複雜和非線性問題。Plant Simulation 軟件中的遺傳算法工具 GAwizard 採用的遺傳算子主要包括變異算子、反轉算子和交叉算子。在建立生產線仿真模型的基礎上，利用遺傳算法，求解生產計劃的合理排序問題的基本流程如圖 7-7 所示。

　　首先給定生產計劃並對其進行編碼得到初始序列 J_0；然後定義優化方向爲最小值，世代數爲 r，最大值爲 R；接著通過循環進行遺傳算子及仿真得到各群體序列的總用時 T_{Jq}，直到達到指定的最大世代數 R 爲止；最後比較所有的序列，得到 T_{Jq} 最小的序列即爲最優解 F_q。

　　b. 對於合理優化裝配線布置問題，應用窮舉法和軟件仿真實驗進行求解。給定工人的工作安排及工作區域，確定可移動貨架及設備的可擺放位置，通過軟件實驗方法得到不同位置序列 H_p 的加工所用時間，比較得到最短時間對應的位置序列即爲最優解 F_t。裝配線布置求解流程如圖 7-8 所示。

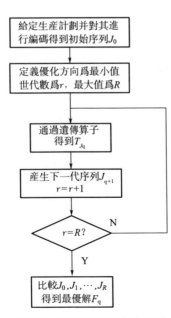

圖 7-7　遺傳算法基本流程圖

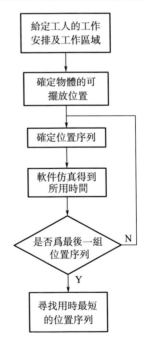

圖 7-8　裝配線布置求解流程圖

　　在 Plant Simulation 軟件中利用「工人池」工具設定工人數量、工作位置和加工任務等，在「出行方式」選擇「在區域內自由移動」，使工人在避開障礙物前提下選擇最短路徑。在 3D 狀態下顯示實體「禁止區域」，可以準確地得到工件擺放位置，在「事件控制器」中查看仿真時間。

第8章

裝配生產綫
調度仿真

　　以重卡柔性生產線的調度系統爲研究對象，針對現有重卡柔性生產線裝配效率的提高及合理優化裝配線布置這一問題，通過改善重卡柔性生產線生產計劃提高生產線生產效率以及應用 Plant Simulation 軟件對生產線進行仿真模擬。在數據採集與處理的基礎上優化生產計劃順序時，首先對現有生產線簡化並進行數學建模，然後通過分析得出應用遺傳算法實現對生產計劃順序的重新調配及排序，最後利用 Plant Simulation 軟件進行遺傳算法仿真。合理化工廠布置規劃，通過設計和改進現有生產線結構，利用 SolidWorks 軟件進行 3D 建模，並利用 Plant Simulation 軟件進行 3D 仿真，實現生產線的合理布置，提高生產效率，有效利用有限的工廠面積。

8.1　仿真理論

8.1.1　仿真的概念

　　仿真是利用模型復現實際系統中發生的本質過程，並通過對系統模型的實驗來研究存在的或設計中的系統，又稱模擬。VDI（Verein Deutscher Ingenieure，德國工程師協會）將仿真定義爲在一個模型中進行實驗的系統，包括其動態過程。它旨在更好地將設計成果轉移到實際工廠之中。進行仿真的一般步驟爲：首先調研要建模工廠的實際生產狀況，並收集創建仿真模型所需的數據；然後對實際工廠進行抽象化建模；之後在仿真模型中運行實驗，即執行仿真運行，並得到仿真結果；最後進行數據分析並得出最終方案，把所得結果作爲優化實際工廠的重要依據。

　　仿真的意義主要有以下幾點：提高現有生產設備的生產效率；減少規劃新生產設施的投資；減少庫存和吞吐時間；優化系統維度，包括緩衝區大小；通過早期的概念證明來降低投資風險；最大限度地利用製造資源；改進線路設計和時間表。

　　3D 仿真對調整優化生產加工區，合理安排工廠布置，規範、優化調整工作區的物流、人流通道具有重要意義。按照系統模型的不同，系統仿真主要分爲物理仿真和數學仿真。根據所研究的系統性質不同，系統仿真分爲三種類型，如離散型、連續型、離散-連續複合型。其中連續型仿真是指系統狀態隨時間連續狀態變化的情況，如多數工程系統，機電、

化工、電力等系統都屬於這類系統，連續型仿真則是指系統狀態變化是離散的，多數非工程系統（如管理、交通、經濟）都屬於離散事件系統；而離散-連續複合型是兩者兼有。在某些情況下對於同樣的系統，既可以採用離散性變化（即突然變化）的模型進行仿真，也可以採用連續性變化（即光滑變化）的模型進行仿真。通常，仿真時間是系統仿真的主要自變量，其他的變量爲因變量（因變量是仿真時間的函數）。

系統仿真的類型往往與因變量的特點有關。

① 離散型仿真　在離散型仿真中，因變量在與事件時間相關的具體仿真時間點呈離散性時間變化。而仿真時間可以是連續性的或是離散性的，這取決於因變量的離散性變化可在任何時間點發生或僅能在某些特殊時間點發生。爲了維護保障系統，可以採用離散型仿真進行研究。

② 連續型仿真　在連續型仿真中，因變量隨仿真時間呈連續性變化。同樣的，仿真時間可以是連續性的，也可以是離散性的。

③ 複合型仿真　在複合型仿真中，因變量可以作連續性變化及離散性變化，或者作連續性變化並具有離散性突變。它的自變量——仿真時間可以是連續性的或是離散性的。在維修供應品儲供系統中，爲了滿足維修需求的耗用，庫存量隨著時間作連續性變化減少。當進行庫存補充時，庫存量離散性增加，其增量等於庫存項目的訂貨批量。

8.1.2　離散事件系統仿真步驟

① 數據收集　數據收集的對象是仿真建模需要的相關數據。仿真建模的過程是一個從簡單到詳細的漸進過程，每個階段都需要收集、整理有關數據。這些數據大多是仿真模型中各種實體的屬性，如生產工藝、生產設備、搬運設備、設施布置、裝配時間等。

② 仿真要素的抽象　仿真模型是根據仿真分析目標的要求對實際系統的一種簡化。簡化包含合理取捨與整合。將與研究目標不相關的部分去掉，相關性較小的部分則簡化，相關性大的部分則盡可能保持實際系統原狀。

③ 仿真系統建模　仿真系統建模就是將仿真概念模型轉化爲計算機能夠存儲、識別和處理的計算機模型。可以採用專門的仿真建模語言如 GPSS/H 或普通的計算機語言如 C、Pascal 等，而更多的是利用專門的建模仿真工具如 Plant Simulation 等。

④ 仿真模型檢驗　仿真模型檢驗分爲兩步進行：首先檢驗仿真模型本身是否存在邏輯錯誤，檢查程序的語法、控制結構、輸入參數等是否正確；然後檢驗仿真模型與相應實際系統的特性是否符合。

⑤ 運行仿真模型　在計算機上運行建立好的仿真模型，了解運行過程中不同輸入的情況對輸出的影響。

⑥ 仿真結果分析　仿真結果分析用於確定仿真結果的可信度和精度、整理仿真結果以及確定實驗結果和數據的評價標準，爲決策的制定提供參考依據。離散事件系統仿真的一般步驟如圖 8-1 所示。

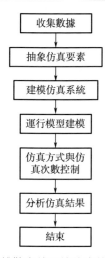

圖 8-1　離散事件系統仿真的一般步驟

8.2　數據的採集與處理

在建模仿真過程中，數據採集是一個重要環節。一個車間內部的數據類型主要包括產品、產量、工藝流程、服務、時間五種類型，這也是進行建模仿真的基本數據需求。考慮本次研究的優化問題是時間，故採集某卡車企業裝配車間所裝配車型的工時表，表中既可以得到各個車型的加工時間，也可以得到工藝工序，爲仿真提供實際生產數據。在實際生產中，除了班組內部和吊裝工序可以實現靈活調動外，各工位不能出現較大變動，避免出現工序交叉、工序顛倒的問題。對工序進行模塊化處理，工時表如表 8-1～表 8-11 所示。

表 8-1　車架分裝工時表　　　　　　單位：min

班組	序號	工序	參考車型	4×2			6×4				8×4			6×2	
				N58	K38	S35	K38	S32	043	B40	046	k46	B36	S25	S32
車架分裝	1	安裝前牽引鉤座	五崗	5	5	5	5	5	5	5	5	5	5	5	5
	2	鬆裝方向機螺栓		2	2	2	2	2	2	2	2	2	2	2	2
	3	安裝舉升缸支撐軸		3	3	3	3	3	3	3	3	3	3	3	3
	4	安裝駕駛室左、右前支架		12	12	12	12	12	12	12	12	12	12	12	12
	5	安裝發動機前支撐		5	5	5	5	5	5	5	5	5	5	5	5
	6	安裝前穩定桿或前橫梁		6	6	6	6	6	6	6	6	6	6	6	6
		小計		33	33	33	33	33	33	33	33	33	33	33	33
	7	安裝保險槓支架或前置消聲器吊架		4	4	4	4	4	4	4	5	5	5	4	4
	8	前防護支架		8	8	8	8	8	8	8	8	8	8	8	8
	9	安裝前簧左、右後支架吊耳		11	11	6	11	6	11	11	10	10	10	0	10
	10	分裝及安裝氮氧傳感器		6	6	6	6	6	6	6	6	6	6	6	6
	11	安裝垂臂支板總成		0	0	0	0	0	0	0	5	5	5	12	0
	12	安裝穿線護套及嵌條		10	10	10	10	10	10	10	10	10	10	10	10
		小計		39	39	34	39	34	39	39	44	44	44	40	38
	13	安裝底盤管路（含制動管路、水管、鋼管）		60	60	60	60	60	60	60	70	70	70	75	70
	14	安裝前橋繼動閥		0	0	0	0	0	0	0	6	6	6	6	0
	15	安裝 ABS 閥總成及適配閥		7	7	7	7	7	7	7	7	7	7	7	7
	16	安裝掛車閥		0	0	6	0	6	0	0	0	0	0	6	0
	17	安裝後橋繼動閥		6	6	6	0	0	0	0	0	0	0	6	6
	18	安裝各類管路支架及過板直通接頭		12	12	12	12	12	12	12	12	12	12	12	12
		小計		85	85	91	79	85	79	79	95	95	95	112	95
	19	安裝排氣管支架		0	0	0	0	0	0	0	4	4	4	4	0
	20	吊裝平衡軸鬆裝總成		0	0	0	7	7	7	7	7	7	7	0	0
	21	安裝平衡軸總成（鬆裝、緊固、復緊）		0	0	0	40	40	40	40	40	40	40	0	0

續表

班組	序號	工序	參考車型	4×2			6×4				8×4			6×2	
				N58	K38	S35	K38	S32	043	B40	046	k46	B36	S25	S32
車架分裝	22	分裝及安裝電磁閥總成	五崗	10	10	10	10	10	10	10	10	10	10	10	10
	23	安裝後橋限位塊		3	3	3	8	8	8	8	8	8	8	3	3
	24	安裝導向板總成		0	0	0	10	7	7	10	7	10	10	0	0
		小計		13	13	13	75	72	72	75	75	79	79	17	13
	25	安裝二位五通閥及雙向單通閥		2	2	2	2	2	2	2	2	2	2	2	2
	26	安裝後簧前支架		6	6	6	0	0	0	0	0	0	0	10	10
	27	安裝後簧後支架		6	6	6	0	0	0	0	0	0	0	10	0
	28	安裝後擋泥板支架		0	0	0	12	0	0	0	0	0	0	9	12
	29	產品件掃描		8	8	8	8	8	8	8	8	8	8	8	8
				22	22	31	10	22	10	10	10	10	10	39	32
		調整後:五崗合計		192	192	202	236	246	233	236	258	261	261	241	211

表 8-2　總裝 1 工時表　　　　　　單位：min

班組	序號	工序	參考車型	4×2			6×4				8×4			6×2	
				N58	K38	S35	K38	S32	043	B40	046	k46	B36	S25	S32
總裝1	1	安裝側置備胎架	五崗	6	0	0	0	0	0	0	6	6	0	0	0
	2	點擊上線打印隨車單、黏貼底盤		9	9	9	9	9	9	9	9	9	9	9	9
	3	安裝橫梁總成（托架及元寶梁）		16	16	0	16	6	16	16	18	18	18	6	16
	4	安裝前橋限位塊		8	8	12	8	12	8	8	16	16	16	16	12
	5	安裝減振器上支架		8	8	12	8	12	8	8	16	16	16	16	12
		小計		47	41	33	41	39	41	41	65	65	59	47	49
	6	安裝前簧左、右後支架		0	0	12	0	12	0	0	20	20	20	16	12
	7	分裝及安裝支架筒		16	16	16	16	16	16	16	16	16	16	16	16
	8	分裝小瓦筒及5L筒		14	11	11	11	11	14	14	14	14	14	11	11
	9	安裝小瓦筒及5L筒		11	8	8	8	8	11	11	11	11	11	11	11
	10	吊裝及安裝電瓶箱分裝總成並復緊螺栓		20	20	20	20	20	20	20	20	20	20	20	20
		小計		61	55	67	55	67	61	61	81	81	81	76	70
	11	產品件掃描		6	6	6	6	6	6	6	8	8	8	6	6
	12	分裝及安裝四迴路保護閥		7	7	7	7	7	7	7	7	7	7	7	7
	13	安裝鋼管固定支架		5	5	5	5	5	5	5	5	5	5	5	5
	14	安裝排氣管支架或管線束護套		2	2	2	2	2	2	2	2	2	2	2	2
		小計		20	20	20	20	20	20	20	22	22	22	20	20
		調整後:五崗合計		128	116	120	116	126	122	122	166	168	162	143	139

表 8-3 總裝 2 工時表　　　　單位：min

班組	序號	工序	參考車型	4×2			6×4				8×4			6×2	
				N58	K38	S35	K38	S32	043	B40	046	k46	B36	S25	S32
總裝2	1	安裝繼動閥	五崗	8	8	8	8	8	8	8	8	8	8	8	8
	2	連接捆紮四迴路閥及儲氣筒管路		23	23	25	23	25	23	23	25	25	25	23	23
	3	連接固定支架筒處管路		12	12	12	12	12	12	12	12	12	12	12	12
	4	鋪設中、後橋差速鎖管路		5	5	5	5	5	5	5	5	5	5	5	5
	5	連接固定中、後橋繼動閥處管路		18	18	18	18	18	18	18	18	18	18	18	18
		小計		66	66	68	66	68	66	66	68	68	68	66	66
	6	安裝發動機左、右後支架		15	15	15	15	15	15	15	15	15	15	15	15
	7	安裝空濾器左、右支架		13	13	13	13	13	13	13	13	13	13	13	13
	8	安裝支撐角板		10	0	0	0	0	10	0	14	14	14	10	0
	9	安裝黃油嘴、鎖緊板簧銷鎖		12	12	6	12	6	12	12	18	18	18	18	12
	10	分裝傳動軸		15	0	0	0	0	15	0	20	20	20	15	0
		小計		65	40	34	40	34	65	40	80	80	80	71	40
	11	吊裝傳動軸		4	4	4	4	4	4	4	6	6	6	6	4
	12	吊裝及安裝前軸總成		20	20	20	20	20	20	20	35	35	35	35	18
	13	分裝及安裝轉向阻尼減振器		0	0	0	0	0	0	0	12	12	12	12	0
	14	分裝及安裝前穩定桿總成		30	30	30	30	30	30	30	30	30	30	30	30
	15	安裝後穩定桿托架		14	14	14	14	14	14	14	14	14	14	14	14
		小計		68	68	68	68	68	68	68	97	97	97	97	66
	16	安裝後拖鉤		9	9	3	11	3	11	11	11	11	11	3	3
	17	產品件掃描		8	8	8	8	8	8	8	8	8	8	8	8
	18	分裝及安裝空壓機鋼管		16	16	16	16	16	16	16	16	16	16	16	16
	19	緊固前板簧夾板螺栓		0	0	18	0	18	0	0	0	0	0	18	0
		小計		33	33	45	35	45	35	35	35	35	35	45	27
		調整後：五崗合計		232	207	215	209	215	234	209	280	280	280	279	199

表 8-4　中後橋分裝工時表　　　　　　單位：min

班組	序號	工序	參考車型	4×2			6×4				8×4			6×2	
				N58	K38	S36	K38	S32	043	B40	046	k46	B36	S25	S32
中後橋分裝	1	分裝中橋制動分室	五崗	0	0	0	8	8	8	8	8	8	8	0	8
	2	分裝後橋制動分室		8	8	8	8	8	8	8	8	8	8	8	8
	3	分裝中橋橡膠支座		15	15	15	15	15	15	15	15	15	15	15	15
	4	分裝後橋橡膠支座		15	15	15	15	15	15	15	15	15	15	15	15
		調整後：五崗合計		38	38	38	46	46	46	46	46	46	46	44	46

表 8-5　總裝 3 工時表　　　　　　單位：min

班組	序號	工序	參考車型	4×2			6×4				8×4			6×2	
				N58	K38	S36	K38	S32	043	B40	046	k46	B36	S25	S32
總裝 3	1	連接中橋傳動軸	五崗	12	12	12	12	12	12	12	12	12	12	12	12
	2	連接中、後橋傳動軸		0	0	0	12	12	12	12	12	12	12	0	12
	3	安裝中、後橋板簧夾板		6	6	6	6	6	6	6	6	6	6	6	6
	4	緊固下推力桿螺栓		18	18	0	18	18	18	18	18	18	18	0	0
		小計		36	36	18	48	48	48	48	48	48	48	18	30
	5	緊固前橋 U 形螺栓		12	12	12	12	12	12	12	24	24	24	24	12
	6	安裝進氣道支架		5	5	5	5	5	5	5	5	5	5	5	5
	7	安裝後穩定桿		16	16	16	16	16	16	16	16	16	16	16	16
	8	加注黃油		11	11	11	11	11	11	11	13	13	13	13	11
		小計		44	44	44	44	44	44	44	58	58	58	58	44
	9	翻轉擺渡車架並互檢螺栓、推力桿		22	22	22	22	22	22	22	22	22	22	22	22
	10	緊固前橋中心螺栓		5	5	5	5	5	5	5	10	10	10	10	5
	11	分裝及安裝減振器		15	0	15	0	0	0	0	0	0	0	15	0
	12	緊固後橋 U 形螺栓緊固及復緊		14	14	14	0	0	0	0	0	0	0	14	14
	13	安裝前下防護總成		8	8	8	8	8	8	8	8	8	8	8	8
		小計		64	49	64	35	35	35	35	40	40	40	69	49
		調整後：五崗合計		144	129	126	127	127	127	127	146	146	146	145	123

表 8-6　總裝 4 工時表　　　　單位：min

班組	序號	工序	參考車型	4×2			6×4				8×4			6×2	
				N58	K38	S36	K38	S32	043	B40	046	k46	B36	S25	S32
總裝4	1	安裝發動機分裝總成、緊固傳動軸吊架	五崗	31	31	31	31	31	31	31	31	31	31	31	31
	2	連接電瓶箱內各類線束		12	12	12	12	12	12	12	12	12	12	12	12
	3	連接起動機線束及捆紮固定發動機線束		14	14	14	14	14	14	14	14	14	14	14	14
	4	安裝及連接空壓機軟管		6	6	6	6	6	6	6	6	6	6	6	6
	5	阻尼減振器調整、固緊		0	0	0	0	0	0	0	4	4	4	4	0
		小計		63	63	63	63	63	63	63	67	67	67	67	63
	6	安裝前制動分室及管路		8	8	8	8	8	8	8	16	16	16	16	8
	7	分裝前制動分室及管路		3	3	3	3	3	3	3	3	3	3	3	3
	8	安裝方向機與助力缸連接管路前部		0	0	0	0	0	0	0	12	12	12	12	0
	9	安裝轉向器油管路及支架		13	13	13	13	13	13	13	13	13	13	13	13
	10	安裝連接發電機線束及穿裝發動機線束		13	13	13	13	13	13	13	13	13	13	13	13
		小計		37	37	37	37	37	37	37	57	57	57	57	37
	11	固定換檔軟軸、轉子泵管路連接		12	12	12	12	12	12	12	12	12	12	12	12
	12	分裝及安裝中冷器進氣管		5	5	5	5	5	5	5	5	5	5	5	5
	13	鋪設燃油管路及連接發動機油管		11	11	11	11	11	11	11	13	13	13	13	11
	14	連接油箱管路		11	11	11	11	11	11	11	13	13	13	13	11
	15	安裝雙油箱換向閥及油管		5	0	0	0	5	0	5	5	0	0	0	5
		小計		44	39	39	39	44	39	44	48	43	43	43	44
	16	安裝變速箱橫梁或管梁		13	14	10	14	10	13	10	13	14	10	10	13
	17	分裝及安裝離合器助力缸		9	9	9	9	9	9	9	9	9	9	9	9
	18	安裝離合器油管		3	3	3	3	3	3	3	3	3	3	3	3
	19	安裝及連接尿素管路		13	13	13	13	13	13	13	13	13	13	13	13
	20	安裝下進氣管支架及進氣管總成		8	0	8	0	8	8	8	8	0	8	8	8
		小計		46	39	43	39	43	46	43	46	39	43	43	46
	21	連接變速箱管路、理順變速箱兩側		14	14	14	14	14	14	14	14	14	14	14	14
	22	安裝散熱器下水管		12	12	12	12	12	12	12	12	12	12	12	12
	23	拆裝 TGA 前橫梁		0	0	12	0	12	0	0	0	0	0	0	0
	24	掃描產品件		3	3	3	3	3	3	3	3	3	3	3	3
		小計		29	29	41	29	41	29	29	29	29	29	29	29
		調整後：五崗合計		219	207	223	207	228	213	216	245	233	237	237	219

表 8-7　總裝 5 工時表　　　　　單位：min

班組	序號	工序	參考車型	4×2			6×4				8×4			6×2	
				N58	K38	S36	K38	S32	043	B40	046	k46	B36	S25	S32
總裝5	1	安裝後橋限位塊	五崗	0	0	0	8	8	8	8	8	8	8	0	0
	2	安裝駕駛室後懸置支架分裝總成		15	15	15	15	15	15	15	15	15	15	18	15
	3	安裝前輪後翼子板支架		9	9	9	9	9	9	9	9	9	9	12	9
	4	緊固後簧壓板及力矩		0	0	0	0	8	8	8	8	0	0	0	0
	5	安裝中、後橋制動管路		16	16	16	13	13	13	13	13	13	13	18	13
	6	安裝減振器		10	10	10	10	10	10	10	20	20	20	25	10
		小計		50	50	50	55	63	63	63	73	65	65	73	47
	7	安裝發動機楔形支撐總成		6	6	6	6	6	6	6	6	6	6	6	6
	8	緊固後簧U形螺栓並檢測力矩		0	0	0	22	22	22	22	22	22	22	0	0
	9	緊固V形雙頭螺栓及安裝管路支架		3	3	3	11	11	11	11	11	11	11	3	3
	10	分裝及安裝液壓手動油泵		6	6	6	6	6	6	6	6	6	6	6	6
	11	安裝尿素箱		13	13	13	13	13	13	13	16	16	16	20	14
	12	安裝起動機線束		11	11	11	11	11	11	11	11	11	11	18	11
		小計		39	39	39	69	69	69	69	72	72	72	53	40
	13	安裝發動機前支撐		6	6	6	6	6	6	6	6	6	6	6	6
	14	鋪設舉升缸管路及連接		12	12	12	12	12	12	12	12	12	12	16	12
	15	安裝保險槓拉板		6	6	6	6	6	6	6	6	6	6	6	6
	16	安裝限位拉帶支座		6	6	6	6	6	6	6	6	6	6	10	6
	17	安裝油濾器支架總成		0	8	0	8	0	0	0	0	8	0	0	0
		小計		30	38	30	38	30	30	30	30	38	30	38	30
	18	安裝柄桿、擺臂總成		0	0	0	0	0	0	0	8	8	8	11	0
	19	安裝軸座總成		0	0	0	0	0	0	0	8	8	8	11	0
	20	安裝轉向助力缸油管		0	0	0	0	0	0	0	8	8	8	11	0
	21	安裝助力缸總成		0	0	0	0	0	0	0	11	11	11	11	0
	22	安裝轉向直拉桿		5	5	5	5	5	5	5	10	10	10	13	5
	23	安裝燃油箱支架及加強板		11	11	11	11	11	11	11	11	11	11	11	11
		小計		16	16	16	16	16	16	16	56	56	56	68	16
	24	安裝燃油箱總成		12	12	12	12	12	12	12	12	12	12	0	12
	25	布設、連接、固定各類線束		35	35	35	40	40	40	40	45	45	45	45	40
	26	連接固定前橋 ABS 線束		9	9	9	9	9	9	9	9	9	9	9	9
	27	連接中、後橋 ABS 線束及差速管路		22	22	22	22	22	22	22	23	23	23	23	23
	28	安裝分線盒及線束插接		7	7	7	7	7	7	7	7	7	7	7	7
		小計		85	85	85	90	90	90	90	96	96	96	84	91
	29	連接 SCR 線束		6	6	6	6	6	6	6	6	6	6	6	6
	30	安裝牽引座大板		0	0	0	0	38	0	0	0	0	0	0	0
	31	安裝牽引座支撐彎板及橫梁		0	0	0	0	36	0	0	0	0	0	0	0
	32	牽引座連接板		0	0	0	0	8	0	0	0	0	0	0	0
	33	產品件掃描		7	7	7	7	7	7	7	7	7	7	7	7
		小計		13	13	13	13	95	13	13	13	13	13	13	13
		調整後：五崗合計		233	241	233	281	363	281	281	340	340	332	329	237

表 8-8　總裝 6 工時表　　　　　　　　單位：min

班組	序號	工序	參考車型	4×2			6×4				8×4			6×2	
				N58	K38	S36	K38	S32	043	B40	046	k46	B36	S25	S32
總裝6	1	安裝空濾器總成		13	13	13	13	13	13	13	13	13	13	13	13
	2	安裝油浴式空氣濾清器總成		0	16	0	16	0	0	0	0	16	0	0	0
	3	安裝油濾器連接管及進氣管		0	6	0	6	0	0	0	0	6	0	0	0
	4	安裝空濾器進氣管		11	13	11	13	11	11	11	11	13	11	11	11
	5	安裝空濾器出氣管		8	8	8	8	8	8	8	8	8	8	8	8
	6	分裝及安裝車下啓動開關		5	5	5	5	5	5	5	5	5	5	5	5
		小計		37	61	37	61	37	37	37	37	61	37	37	37
	7	安裝後置備胎架		12	0	0	12	0	12	12	12	0	12	0	0
	8	安裝掛車裝置及掛車接頭		4	0	8	0	8	4	0	4	0	0	8	8
	9	安裝消聲器總成		12	12	12	12	12	12	12	12	12	12	12	12
	10	安裝排氣管路		15	15	15	15	15	15	15	18	18	18	18	13
	11	安裝立式消聲器或前置消聲器		8	8	8	8	8	8	8	8	8	8	8	8
	12	分裝及安裝蝶閥		2	2	2	2	2	2	2	2	2	2	2	2
		小計		53	37	45	49	45	53	49	56	40	52	48	43
	13	安裝中冷器出氣管		7	7	7	7	7	7	7	7	7	7	7	7
	14	連接中冷器進氣管		5	5	5	5	5	5	5	5	5	5	5	5
	15	安裝發動機機油尺及固定油門拉索		5	5	5	5	5	5	5	5	5	5	5	5
	16	連接空調管路	五崗	2	2	2	2	2	2	2	2	2	2	2	2
	17	安裝機油加注管及口蓋		3	3	3	3	3	3	3	3	3	3	3	3
	18	安裝蓄電池及連接電源線		14	14	14	14	14	14	14	14	14	14	14	14
		小計		36	36	36	36	36	36	36	36	36	36	36	36
	19	安裝牽引鞍座		0	0	30	0	35	0	0	0	0	0	30	30
	20	連接鞍座連接板		0	0	0	0	4	0	0	0	0	0	0	0
	21	連接及固定膨脹水箱水管		12	12	12	12	12	12	12	12	12	12	12	12
	22	安裝散熱器分裝總成及連接水管		16	16	16	16	16	16	16	16	16	16	16	16
	23	檢查中、後橋齒輪油		5	5	5	9	9	9	9	9	9	9	5	5
	24	加注中、後橋輪邊油		12	12	12	12	12	12	12	12	12	12	12	12
		小計		45	45	75	49	88	49	49	49	49	49	75	75
	25	分裝前防鑽(含油底殼保護柵、保護板)		6	6	6	6	6	6	6	6	6	6	6	6
	26	安裝前防鑽保護架分裝總成及氣喇叭		18	18	18	18	18	18	18	18	18	18	18	18
	27	加注黃油		9	9	9	9	9	9	9	9	9	9	9	9
	28	安裝轉向油罐及連接油管		14	14	14	14	14	14	14	14	14	14	14	14
	29	產品件掃描		8	8	8	8	8	8	8	8	8	8	8	8
	30	連接SCR管路、線束		14	14	14	14	14	14	14	14	14	14	14	14
		小計		69	69	69	69	69	69	69	69	69	69	69	69
		調整後：五崗合計		240	248	262	264	275	244	240	247	255	243	265	260

表 8-9　總裝 7 工時表　　　　　　　　　　單位：min

班組	序號	工序	參考車型	4×2			6×4				8×4			6×2	
				N58	K38	S36	K38	S32	043	B40	046	k46	B36	S25	S32
總裝7	1	吊裝駕駛室及固定	五崗	20	20	20	20	20	20	20	20	20	20	20	20
	2	安裝備胎		20	15	15	15	15	20	20	20	15	20	15	15
	3	連接空調管路及壓縮機線束		7	7	7	7	7	7	7	7	7	7	7	7
	4	連接轉向軸		6	6	6	6	6	6	6	6	6	6	6	6
	5	分裝及安裝側標誌燈支架及側標誌		0	0	9	0	9	0	0	0	0	0	9	9
		小計		53	48	57	48	57	53	53	53	48	53	57	57
	6	安裝前軸擋泥板		12	12	12	12	12	12	12	12	12	12	12	12
	7	安裝駕駛室舉升撐條		3	3	3	3	3	3	3	3	3	3	3	3
	8	安裝駕駛室舉升油缸、連接油管		7	7	7	7	7	7	7	7	7	7	7	7
	9	加注液壓油、連接舉升缸及翻轉駕駛室		13	13	13	13	13	13	13	13	13	13	13	13
	10	連接固定制動管路		12	12	12	12	12	12	12	12	12	12	12	12
		小計		47	47	47	47	47	47	47	47	47	47	47	47
	11	分裝及安裝暖風水管		12	12	12	12	12	12	12	12	12	12	12	12
	12	連接變速箱線束及里程表線束		12	12	12	12	12	12	12	12	12	12	12	12
	13	連接駕駛室線束及安裝盒蓋		14	14	14	14	14	14	14	14	14	14	14	14
	14	安裝七孔插座及連接線束		4	0	10	0	10	4	0	4	0	0	10	10
	15	連接腳油門、手油門		5	5	5	5	5	5	5	5	5	5	5	5
	16	安裝下踏板及小支架		14	14	14	14	14	14	14	14	14	14	14	14
				61	57	67	57	67	61	57	61	57	57	67	67
	17	安裝保險槓支架及大燈支架		6	6	6	6	6	6	6	6	6	6	6	6
	18	檢查變速箱油		7	7	7	7	7	7	7	7	7	7	7	7
	19	安裝保險槓分裝總成		20	20	20	20	20	20	20	20	20	20	20	20
	20	連接變速箱操縱軟軸及連接高低擋氣管		14	14	14	14	14	14	14	14	14	14	14	14
	21	插接固定燈線及側標誌燈線束		7	7	13	7	13	7	7	7	7	7	13	13
		小計		54	54	60	54	60	54	54	54	54	54	60	60
	22	捆紮電瓶箱線束		2	2	2	2	2	2	2	2	2	2	2	2
	23	安裝電瓶箱蓋		2	2	2	2	2	2	2	2	2	2	2	2
	24	安裝走臺板或格柵		6	0	11	0	11	6	0	6	0	0	11	11
	25	連接尿素箱及發動機加熱水管		13	13	13	13	13	13	13	13	13	13	13	13
	26	掃描產品件		4	4	4	4	4	4	4	4	4	4	4	4
	27	安裝後整體式擋泥板支架		5	5	5	5	5	5	5	5	5	5	5	5
		小計		32	26	37	26	37	32	26	32	26	26	37	37
		調整後：五崗合計		247	232	268	232	268	247	237	247	232	237	268	268

表 8-10　總裝 8 工時表　　　　　　　單位：min

班組	序號	工序	參考車型	4×2 N58	K38	S35	6×4 K38	S32	043	B40	8×4 046	k46	B36	6×2 S25	S32
總裝8	1	安裝後尾燈支架、連接線束		12	12	12	12	12	12	12	12	12	12	12	12
	2	啓動發動機、檢查發動機油、調節怠速		6	6	6	6	6	6	6	6	6	6	6	6
	3	固緊踏板		4	4	4	4	4	4	4	4	4	4	4	4
	4	打分室		6	6	6	9	9	9	9	9	9	9	9	9
	5	檢查及排除三漏		18	18	18	18	18	18	18	18	18	18	18	18
		小計		46	46	46	49	49	49	49	49	49	49	49	49
	6	落駕駛室		8	8	8	8	8	8	8	8	8	8	8	8
	7	安裝油箱蓋		1	1	1	1	1	1	1	1	1	1	1	1
	8	錄入整車檔案、檢查掃描信息、EOL 標定		31	31	31	31	31	31	31	31	31	31	31	31
	9	補加轉向油		4	4	4	4	4	4	4	4	4	4	4	4
	10	加注尿素		5	5	5	5	5	5	5	5	5	5	5	5
		小計		49	49	49	49	49	49	49	49	49	49	49	49
	11	轉向器行程限位閥的調整	五崗	5	5	5	5	5	5	5	5	5	5	5	5
	12	調整駕駛室鎖緊機構、調整駕駛室後懸置		9	0	9	0	9	9	0	9	0	0	9	9
	13	安裝副駕駛側儀表臺下護面總成		12	12	12	12	12	12	12	12	12	12	12	12
	14	檢查制動和離合系統		2	2	2	2	2	2	2	2	2	2	2	2
	15	加注洗滌液		3	3	3	3	3	3	3	3	3	3	3	3
				31	22	31	22	31	31	22	31	22	22	31	31
	16	發動機泵油		3	3	3	3	3	3	3	3	3	3	3	3
	17	分裝及安裝後輪罩		0	0	12	0	12	0	0	0	0	0	18	14
	18	空調充氟		7	7	7	7	7	7	7	7	7	7	7	7
	19	整車補漆		4	4	4	5	5	5	5	5	5	5	5	5
	20	掃描產品件		2	2	2	2	2	2	2	2	2	2	2	2
		小計		16	16	28	17	29	17	17	17	17	17	35	31
		調整後：五崗合計		142	133	154	137	158	146	137	146	137	137	164	160

表 8-11　發動機分裝工時表　　　　　　單位：min

班組	序號	工序	參考車型	4×2			6×4				8×4			6×2	
				N58	K38	S35	K38	S32	043	B40	046	k46	B36	S25	S32
發動機分裝	1	分裝散熱器、中冷器、冷凝器、防蟲網	五崗	16	16	16	16	16	16	16	16	16	16	16	16
	2	分裝牽引鞍座		0	0	13	0	13	0	0	0	0	0	13	13
	3	發動機配置確認		10	10	10	10	10	10	10	10	10	10	10	10
	4	吊運發動機上線、檢查發動機及變速箱油、復緊變速箱		13	13	13	13	13	13	13	13	13	13	13	13
	5	安裝發動機支撐托架		9	9	9	9	9	9	9	9	9	9	9	9
	6	吊裝發動機上循環線		4	4	4	4	4	4	4	4	4	4	4	4
		小計		52	52	65	52	65	52	52	52	52	52	65	65
	7	加注發動機油及變速箱油		10	10	10	10	10	10	10	10	10	10	10	10
	8	分裝及安裝轉向助力葉片泵及接頭管路		13	13	13	13	13	13	13	13	13	13	13	13
	9	安裝下水管支架		2	2	2	2	2	2	2	2	2	2	2	2
	10	安裝壓縮機及空調管路		12	12	12	12	12	12	12	12	12	12	12	12
	11	分裝及安裝空壓機出氣管		14	14	14	14	14	14	14	14	14	14	14	14
		小計		51	51	51	51	51	51	51	51	51	51	51	51
	12	分裝及安裝加速裝置		6	6	6	6	6	6	6	6	6	6	6	6
	13	産品件掃描		8	8	8	8	8	8	8	8	8	8	8	8
	14	安裝發動機隔熱板		0	7	0	7	0	3	0	0	7	0	0	0
	15	安裝變速箱上支架		7	7	7	7	7	7	7	7	7	7	7	7
	16	鬆裝離合器從動盤、壓盤		12	12	12	12	12	12	12	12	12	12	12	12
		小計		33	40	33	40	33	36	33	33	40	33	33	33
	17	緊固離合器壓盤		8	8	8	8	8	8	8	8	8	8	8	8
	18	分裝前置消聲器及立式消聲器		6	6	6	6	6	6	6	6	6	6	6	6
	19	安裝變速箱雙頭螺栓及緊固螺母		8	8	8	8	8	8	8	8	8	8	8	8
	20	安裝變速箱分離軸承及在發動機上安裝變速箱		17	17	17	17	17	17	17	17	17	17	17	17
	21	變速箱上安裝氣管接頭		4	4	4	4	4	4	4	4	4	4	4	4
		小計		43	43	43	43	43	43	43	43	43	43	43	43
	22	安裝散熱器進、出水膠管及支架		9	9	9	9	9	9	9	9	9	9	9	9
	23	分裝換擋軟軸		6	6	6	6	6	6	6	6	6	6	6	6
	24	安裝換擋軟軸		11	11	11	11	11	11	11	11	11	11	11	11
	25	拆裝發動機風扇		7	7	7	7	7	7	7	7	7	7	7	7
	26	安裝變速箱操縱軟軸		10	10	10	10	10	10	10	10	10	10	10	10
	27	安裝 D12 進氣管或 EGR 線束		4	4	4	4	4	4	4	4	4	4	4	4
		小計		47	47	47	47	47	47	47	47	47	47	47	47
		調整後：五崗合計		226	233	239	233	239	229	226	226	233	226	239	239

　　爲了得到準確的仿真結果，並且能將離散化的生產時間連續化，在不失真實工序的前提下，對上述各表中的各個生產時間詳細地在模型中表達出來；同時爲了降低仿真模型的複雜程度及減少處理數據的工作量，在不影響仿真結果的情況下，建立仿真模型並對仿真模型進行簡化，假設：①仿真模型建立時未考慮機器的維修時間；②設備一般不會因爲搬運而處於停機待料狀態，所以在仿真模型中不考慮零件的搬運時間；③每個班組的加工時間按照實際加工時間的總和輸入仿真模型，即不考慮每個班組內部加工時間的分佈。

8.3　基於遺傳算法的生產線調度優化仿真

　　仿真技術以德國西門子公司的 Plant Simulation 軟件和法國達索公司的 Delmia 軟件爲主，能夠在數字化環境中進行模擬仿真，而且在汽車領域的仿真調度研究非常多，主要集中在以下幾個方面：車身存儲區的出入庫調度問題，混流裝配線中多車型的排序問題，車間生產線布局、混流生產線平衡、生產排程等問題，物流輸送系統的輸送路徑、吊具、托盤、叉車等所需數量等物流配置問題，工藝工位的加工、裝配和仿真，動作路徑的可行性分析等問題。

　　Plant Simulation 軟件提供了大量的物流設備和生產單元的模型庫，包括物流模塊、資源模塊、信息流模塊和用戶介面模塊。Plant Simulation 軟件採用時鐘推進機制，只要通過設置模型控制策略的觸發條件和執行的操作，就能實現對仿真過程的控制。Plant Simulation 軟件採用面向對象、圖形化、模塊化、多層次的建模方式，從而實現建模易用性和靈活性。對於需要精細控制、具備高度靈活性的部分，可以通過內嵌的 SimTalk 程序語言來實現。Plant Simulation 軟件還具有多種形式的接口，從而使其能夠和其他各類應用軟件進行良好的通信。Plant Simulation 軟件不僅可以建立 2D 仿真模型，還可以建立 3D 仿真模型，或者將已有的 2D 仿真模型轉換爲 3D 仿真模型，爲仿真模型提供一個更加直觀的 3D 仿真視角。

　　Plant Simulation 軟件具有面向時間的仿真和事件控制的仿真這兩個基本特點。Plant Simulation 軟件是一種離散的、事件控制的仿真程序，即它只確定在仿真模型中發生事件的時間點。這點與現實不同，在現實中時間是連續的。離散事件控制的仿真程序只考慮到事件的時間點，這對複雜的仿真過程是非常重要的。舉例來說：從進入加工站到離開，兩

者之間的任何運動對仿真都是無關緊要的，我們只關注入口和出口事件的正確性，當零件進入物流單元時 Plant Simulation 計算出時間直到它退出該對象，並將此退出事件輸入 EventController 的調度事件列表。因此，EventController 顯示的模擬時間是從一個事件跳躍到另一個事件的，並且 Plant Simulation 中的所有事件都是這種情況。

2D 仿真模型的建立是 3D 仿真的前提和基礎。建立 2D 仿真模型需要對實際生產線進行抽象化處理以得到各個加工單元，進而得到工廠的簡化模型。然後根據實際生產線的物流情況，將各個加工單元進行物料線的連接。Plant Simulation 軟件提供了連線方式，以表示物流的先後順序，連接完成後仿真系統就能自動實現預先設定的物料流動。圖 7-1 所示的裝配線平面布局方案的仿真模型的 2D 物流圖如圖 8-2 所示。

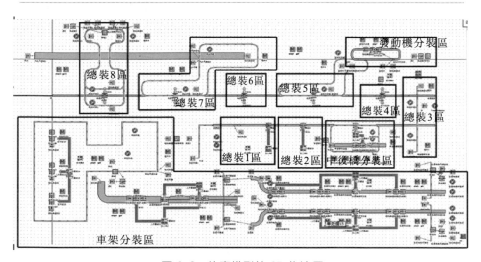

圖 8-2　仿真模型的 2D 物流圖

應用 Plant Simulation 軟件對生產線調度優化，首先要對生產線進行抽象化處理並建模，下面給定仿真模型的約束條件。

a. 不考慮機器在生產過程中的失效。

b. 不考慮零部件在上下工序間的運輸時間，投料節拍與所在工序時間同步。

c. 備料區零部件充足。

根據上述約束條件建立裝配線的模型，如圖 8-3～圖 8-13 所示。

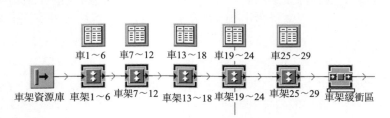

圖 8-3　車架分裝區

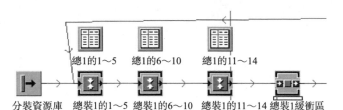

圖 8-4　總裝 1 區

圖 8-5　總裝 2 區

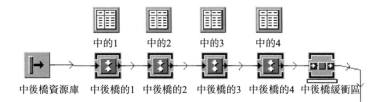

圖 8-6　中後橋分裝區

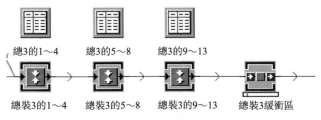

圖 8-7　總裝 3 區

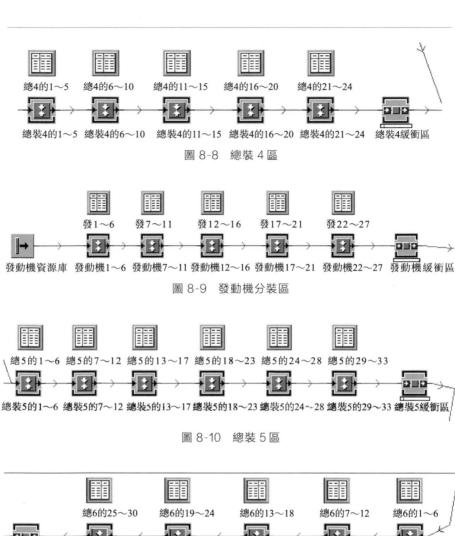

總4的1～5　總4的6～10　總4的11～15　總4的16～20　總4的21～24

總裝4的1～5　總裝4的6～10　總裝4的11～15　總裝4的16～20　總裝4的21～24　總裝4緩衝區

圖 8-8　總裝 4 區

發1～6　發7～11　發12～16　發17～21　發22～27

發動機資源庫　發動機1～6　發動機7～11　發動機12～16　發動機17～21　發動機22～27　發動機緩衝區

圖 8-9　發動機分裝區

總5的1～6　總5的7～12　總5的13～17　總5的18～23　總5的24～28　總5的29～33

總裝5的1～6　總裝5的7～12　總裝5的13～17　總裝5的18～23　總裝5的24~-28　總裝5的29～33　總裝5緩衝區

圖 8-10　總裝 5 區

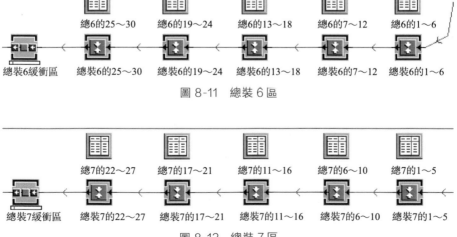

總6的25～30　總6的19～24　總6的13～18　總6的7～12　總6的1～6

總裝6緩衝區　總裝6的25～30　總裝6的19～24　總裝6的13～18　總裝6的7～12　總裝6的1～6

圖 8-11　總裝 6 區

總7的22～27　總7的17～21　總7的11～16　總7的6～10　總7的1～5

總裝7緩衝區　總裝7的22～27　總裝7的17～21　總裝7的11～16　總裝7的6～10　總裝7的1～5

圖 8-12　總裝 7 區

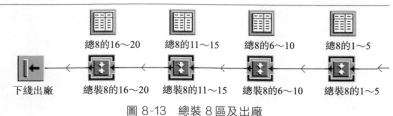

圖 8-13　總裝 8 區及出廠

　　圖 8-3～圖 8-13 各個單元的名稱與前文所述對應，即由實際加工線按班組抽象出的裝配單元。緩衝區是指分裝完成後物件的存儲區，根據實際生產情況給定車架緩衝區、中後橋緩衝區和發動機緩衝區的存儲量分別爲 8、8 和 8。然後給定各個裝配單元的時間，將上述整理的工時表匯總，填入表文件中並分別添加到各個裝配單元中，以設定好各個加工單元的加工時間。

　　基於 Plant Simulation 軟件中的 GAWizard 遺傳算法工具，設計遺傳算法工具參數，具體步驟如下。

　　（1）給定生產計劃表

　　給定生產計劃即訂單爲：5 輛車型 1、5 輛車型 3、7 輛車型 8 和 3 輛車型 11 共 20 輛卡車。將數據輸入生產計劃表文件中，生產順序從表格的第一輛卡車到最後一輛卡車。根據第 3 章的數學建模對該生產計劃的數學描述爲

$$J_0 = \{Q_{j1k1},\ Q_{j1k2},\ Q_{j1k3},\ Q_{j1k4},\ Q_{j1k5},\ Q_{j3k1},\ Q_{j3k2},\ Q_{j3k3},$$
$$Q_{j3k4},\ Q_{j3k5},\ Q_{j8k1},\ Q_{j8k2},\ Q_{j8k3},\ Q_{j8k4},\ Q_{j8k5},\ Q_{j8k6},$$
$$Q_{j8k7},\ Q_{j11k1},\ Q_{j11k2},\ Q_{j11k3}\} \tag{8-1}$$

生產計劃表如圖 8-14 所示。

　　（2）設定遺傳算法參數

　　打開「遺傳算法範圍‘框架’」，定義「優化方向」爲最小值，「世代數」爲 15，「世代大小」爲 30，「個體觀察」數爲 1，如圖 8-15 所示。

　　（3）添加仿真對象、適應度計算方法及運行仿真

　　設置優化參數，將建立好的生產計劃表添加到其中，選擇按方法計算適應度選項，設定遺傳算法程序，如圖 8-16 所示。單擊優化中的「Start」選項仿真即運行，等待仿真結束後，計算出最佳適應度值爲 3615，並提示仿真完成及運行仿真所用時間，如圖 8-17 所示。

MU

	object 1	integer 2	string 3	table 4	integer 5	integer 6	string 7		string 8
string	MU	Number	Name	Attrib...	Orig	Chrom			
1	.模型.MU...	1	車型1						
2	.模型.MU...	1	車型1						
3	.模型.MU...	1	車型1						
4	.模型.MU...	1	車型1						
5	.模型.MU...	1	車型1						
6	.模型.MU...	1	車型3						
7	.模型.MU...	1	車型3						
8	.模型.MU...	1	車型3						
9	.模型.MU...	1	車型3						
10	.模型.MU...	1	車型3						
11	.模型.MU...	1	車型8						
12	.模型.MU...	1	車型8						
13	.模型.MU...	1	車型8						
14	.模型.MU...	1	車型8						
15	.模型.MU...	1	車型8						
16	.模型.MU...	1	車型8						
17	.模型.MU...	1	車型8						
18	.模型.MU...	1	車型11						
19	.模型.MU...	1	車型11						
20	.模型.MU...	1	車型11						

圖 8-14　生產計劃表文件

圖 8-15　遺傳算法參數設定

```
M 模型.框架.GAWizard.calculateFitness                    _  □  ×
  1  -- result = fitness (evaluation of an individual_)
  2  -- called by: endSim
  3  -> real
  4  result := root.eventcontroller.simTime
  5
```

圖 8-16　仿真程序設定

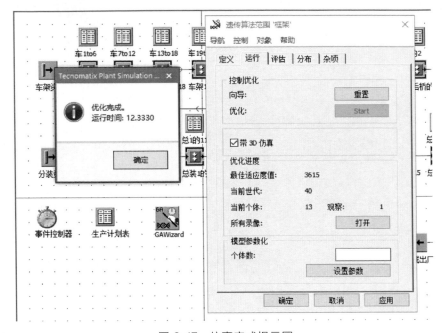

圖 8-17　仿真完成提示圖

　　仿真結束後，打開生產計劃表發現生產計劃已經被重新排列，如圖 8-18 所示。

　　對優化後的生產計劃數學描述爲

$$J_0 = \begin{cases} Q_{j11k1}, \ Q_{j8k1}, \ Q_{j11k2}, \ Q_{J8k2}, \ Q_{j8k3}, \ Q_{j8k4}, \ Q_{j8k5}, \ Q_{j8k6}, \\ Q_{j8k7}, \ Q_{j11k3}, \ Q_{j3k1}, \ Q_{j3k2}, \ Q_{j3k3}, \ Q_{j3k4}, \ Q_{j1k1}, \ Q_{j1k2}, \\ Q_{j3k5}, \ Q_{j1k3}, \ Q_{j1k4}, \ Q_{j1k5} \end{cases}$$

(8-2)

　　優化得到的生產時間進化性能圖如圖 8-19 所示，圖中可以得到遺傳算法中每一代的性能改進。

	object 1	integer 2	string 3	table 4	integer 5	integer 6	s
string	MU	Number	Name	Attributes	Orig	Chrom	
1	.模型.MU.S25_62	1	車型11		18	1	
2	.模型.MU.O46_84	1	車型8		14	2	
3	.模型.MU.S25_62	1	車型11		19	3	
4	.模型.MU.O46_84	1	車型8		15	4	
5	.模型.MU.O46_84	1	車型8		13	5	
6	.模型.MU.O46_84	1	車型8		11	6	
7	.模型.MU.O46_84	1	車型8		12	7	
8	.模型.MU.O46_84	1	車型8		16	8	
9	.模型.MU.O46_84	1	車型8		17	9	
10	.模型.MU.S25_62	1	車型11		20	10	
11	.模型.MU.S35_42	1	車型3		10	11	
12	.模型.MU.S35_42	1	車型3		8	12	
13	.模型.MU.S35_42	1	車型3		7	13	
14	.模型.MU.S35_42	1	車型3		6	14	
15	.模型.MU.N58_42	1	車型1		4	15	
16	.模型.MU.N58_42	1	車型1		5	16	
17	.模型.MU.S35_42	1	車型3		9	17	
18	.模型.MU.N58_42	1	車型1		1	18	
19	.模型.MU.N58_42	1	車型1		3	19	
20	.模型.MU.N58_42	1	車型1		2	20	

圖 8-18　優化後的生產計劃表

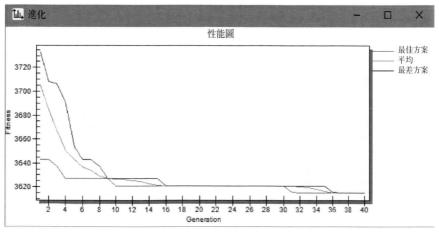

圖 8-19　進化性能圖

利用「時間控制器」可以得到仿真所用的時間，通過仿真時間可以更爲直接地得到仿真的結果。在 Plant Simulation 系統中，時間的表示格式爲「天：小時：分鐘：秒：萬分之一秒」，優化前的運行時間如圖 8-20 所示，優化後的運行時間如圖 8-21 所示。

圖 8-20　優化前的運行時間

圖 8-21　優化後的運行時間

8.4　裝配車間的 3D 仿真

Plant Simulation 軟件支持建立 3D 仿真模型，爲仿真模型提供全三維的仿真視角；另外，爲改進工廠布置和合理利用面積，提供可視化的模型基礎，方便管理人員或技術人員改進和優化生產線。

通過 3D 仿真，一方面可以充分利用空間，合理化車間布局，優化物料流動路線（即縮短物料運輸路線的距離），進而降低物流成本；另一方面可以爲各個加工單元添加工人的工作安排，通過仿真快速制定工人工作計劃安排，爲工人的管理工作帶來極大便利。

由於實際工廠布置十分複雜，影響零件物流的因素較多並可能隨機發生，這給建立裝配線 3D 仿真系統帶來很大困難。因此，在與實際生產加工情況相符條件下，對裝配線進行抽象、簡化處理。3D 仿真目的是優化工廠布置，在遵循實際生產情況下，假設仿真系統滿足以下條件。

a. 各加工設備、運送設備、車體零件和物料存儲區的尺寸在長度、寬度和高度上與實際相同，結構可進行簡化處理。

　b. 所有不可移動的加工單元、軌道等的位置完全按照實際生產線的相對位置來擺放；對物料存儲區、工具箱等可調整的實體，在原有生產線的基礎上進行優化調整。這是由於不可移動的對象在實際工廠中位置也是很難改變的，故不優化不可移動對象的布置。

　c. 工人的人行通道是在布置優化結束後進行的，工人必須沿設計的通道行走至工作區域，且每個工人的行走速度爲同一定值。

　d. 不考慮物流調度的隨機性因素，如物料損壞、設備損壞等。

　車體建模爲 3D 仿真提供仿真對象，即爲建立好的 Plant Simulation 2D 仿真模型中的裝配單元、零件物料源等提供裝配實體模型。首先對車體的各個主要零部件進行建模，需要建模的主要零部件有車架、中後橋、發動機和駕駛室；其次是建立其他零部件（如輪胎、車座、前橋等）；然後將建立的模型一同導入裝配體中裝配，建立車體的裝配實體模型。

　由於重卡柔性生產線是模塊化的（即由分裝和總裝組成），並非一條流水線作業。而吊裝是實現實體從分裝線到總裝線的重要形式。吊裝是指利用吊車等起升機構將物料運送至指定軌道，對於仿真和模擬來講，2D 仿真是無法實現這一點的；在 3D 仿真模型中則不同，在 3D 仿真模型中可以設定軌道高度，從而對吊裝進行仿真。因此，實現較好的吊裝效果，除了對車體的 3D 建模之外，還要對吊裝設備進行建模。車架吊臂、駕駛室吊臂和中後橋吊臂的 3D 模型分別如圖 8-22～圖 8-24 所示。

圖 8-22　車架吊臂 3D 模型

圖 8-23　駕駛室吊臂 3D 模型

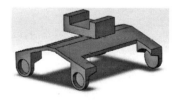
圖 8-24　中後橋吊臂 3D 模型

　仿真系統的建立由以下幾個步驟完成。

（1）3D 模型的導入

以車架模型的導入爲例，首先要將 3D 模型保存爲標準 3D 格式 STEP，右擊框架中的車架實體，選擇「在 3D 中打開」，將 Plant Simulation 軟件中自帶的實體模型刪除後選擇編輯菜單中的「導入圖形」，選擇「車架.STEP」文件，然後設定好圖形的位置、角度及縮放，使圖形位於座標的中心位置，這樣 3D 模型的導入完成，車架模型導入效果如圖 8-25 所示。其他模型的導入方法與車架模型的導入方法相同。

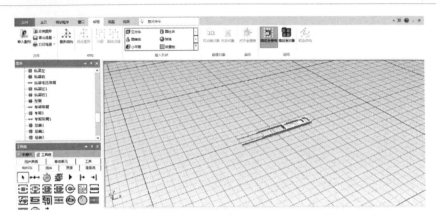

圖 8-25　車架模型導入效果圖

（2）吊裝位置的設定

以發動機吊裝爲例，右擊框架中的車架吊臂，選擇「在 3D 中打開」，再將模型導入後，右鍵選擇「編輯 3D 屬性」，在「MU 動畫」中添加路徑，如圖 8-26 所示。其他吊裝位置的設定步驟與車架吊臂相同。

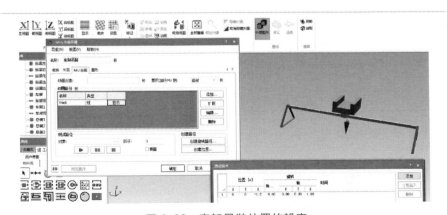

圖 8-26　車架吊裝位置的設定

（3）仿真動畫的觸發控制

製作複雜的仿真動畫，需要用程序進行設定。Plant Simulation 軟件是基於 C＋＋的仿真軟件，支持面向對象的觸發式程序設計。以中後橋吊裝控制爲例，爲實現在中後橋吊裝時中後橋吊臂需等待總裝線進入中後橋安裝區域時才運行，在 2D 視圖下首先在軌道上設定傳感器，然後在傳感器上添加觸發程序「.MUs. 中後橋吊臂 .create（.模型.框架.中後橋吊臂）」，最後將「中後橋吊臂物流源」的創建時間改爲觸發器，如圖 8-27 所示。其他控制方法類似於中後橋吊裝的控制。

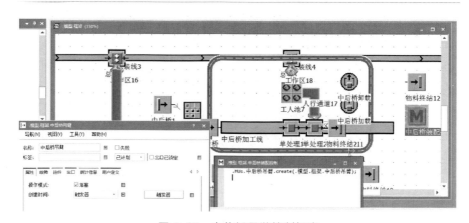

圖 8-27　中後橋吊裝控制設定

（4）工人的工作安排

以縱梁焊接爲例，首先在「工具箱-資源」中選擇「工人池」，將「工人池」拖入到框架中，其次爲工人池添加「協調器」，然後添加「工作區」到裝配單元的附近並拖入裝配單元，接著設定工人及各個加工單元的加工任務和數量，最後合理安排人行通道，如圖 8-28 所示。其他工人的工作安排步驟與縱梁焊接類似。

將遺傳算法仿真模型中的工時表及生產計劃表文件移植到 3D 仿真模型的對應加工單元中，然後在「事件控制器」中選擇實時後運行仿真。仿真動畫的整體效果圖如圖 8-29 所示，仿真動畫局部效果圖如圖 8-30、圖 8-31 所示。通過運行 3D 仿真，可以直觀地了解工廠的布置和加工情況，爲改進工廠布置和合理利用面積提供可視化的模型基礎，極大地方便了管理人員或技術人員對生產線調度的改進和優化。

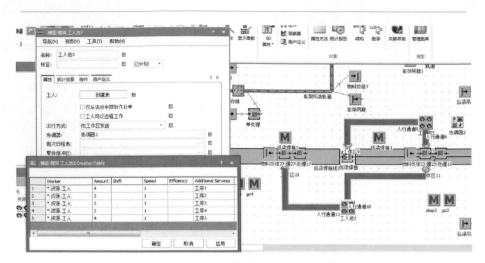

圖 8-28　縱梁焊接工人的工作安排

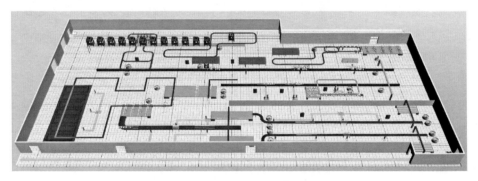

圖 8-29　仿真動畫的整體效果圖

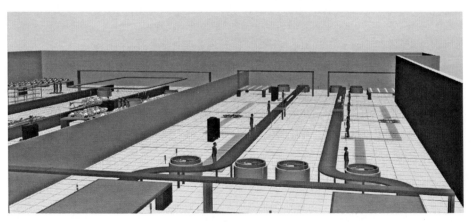

圖 8-30　動畫仿真局部效果圖 1

圖 8-31　動畫仿真局部效果圖 2

參考文獻

［1］ 譚建榮，劉達新，劉振宇，等．從數字製造到智能製造的關鍵技術途徑研究[J].中國工程科學，2017，19（3）：39-44.

［2］ Zhou Ji, Li Peigen, Zhou Yanhong, et al. Toward New-Generation Intelligent Manufacturing[J]. Engineering, 2018, 4（1）: 11-20.

［3］ Qing Li, Qianlin Tang, Iotong Chan, et al. Smart manufacturing standardization: Architectures, reference models and standards framework[J].Computers in Industry, 2018, 101: 91-106.

［4］ Fei Tao, Qinglin Qi, Ang Liu, et al. Data-driven smart manufacturing[J].Journal of Manufacturing Systems, 2018, 48: 157-169.

［5］ Qinglin Qi, Fei Tao, Ying Zuo, et al. Digital Twin Service towards Smart Manufacturing [J].Procedia CIRP, 2018, 72: 237-242.

［6］ Jinjiang Wang, Yulin Ma, Laibin Zhang, et al. Deep learning for smart manufacturing: Methods and applications[J].Journal of Manufacturing Systems, 2018, 48: 144-156.

［7］ 盧秉恒．互聯網＋智能製造是中國製造2025的抓手[J].汽車工藝師，2016，1：15-18.

［8］ Jay Lee, Hossein Davari, Jaskaran Singh, et al. Industrial Artificial Intelligence for industry 4. 0-based manufacturing systems［J］. Manufacturing Letters, 2018, 18: 20-23.

［9］ Ray Y. Zhong, Xun Xu, Eberhard Klotz,

et al. Intelligent Manufacturing in the Context of Industry 4. 0: A Review[J].Engineering, 2017, 3（5）: 616-630.

［10］ 葉凱威．噴塗車間智能製造系統關鍵技術研究[D].杭州：浙江大學，2018.

［11］ 孫文峻．壓鑄車間智能製造系統關鍵技術的研究與系統開發 [D].杭州：浙江大學，2017.

［12］ 徐凱．壓鑄車間智能製造系統軟件架構設計及開發研究[D].杭州：浙江大學，2017.

［13］ 李清，唐驀璘，陳耀棠，等．智能製造體系架構、參考模型與標準化框架研究[J].計算機集成製造系統，2018，24（3）：539-549.

［14］ 趙東標，朱劍英．智能製造技術與系統的發展與研究[J].中國機械工程，1999，10（8）：927-931.

［15］ 張范良．基於知識的汽車覆蓋件模具智能裝配系統的研究[D].哈爾濱：哈爾濱理工大學，2009.

［16］ 董一巍，李曉琳，趙奇．大型飛機研製中的若干數字化智能裝配技術[J].航空製造技術，2016，1/2：58-63.

［17］ 金杜挺．基於工業 4. 0 的軸承智能裝配機械系統研究 [D].杭州：杭州電子科技大學，2017.

［18］ 李龍．基於工業 4. 0 的軸承智能裝配控制系統研究 [D].杭州：杭州電子科技大學，2017.

［19］ 張國祥．面向電梯零部件智能製造的切削參數優化及知識庫研究與開發[D].無錫：江南大學，2017.

［20］ 朱梅玉，李夢奇，文學，等．汽輪機轉子

動葉片裝配序列智能優化[J].航空動力學報，2017，32（10）：2536-2543.

[21] 劉檢華．產品裝配技術[J].機械工程學報，2018，54（11）：1.

[22] 劉檢華，孫清超，程暉，等．產品裝配技術的研究現狀、技術內涵及發展趨勢[J].機械工程學報，2018，54（11）：2-28.

[23] 宋利康，鄭堂介，朱永國，等．飛機脈動總裝智能生產線構建技術[J].航空製造技術，2018，61（1/2）：28-32.

[24] 劉煒，劉峰，倪陽咏，等．航天複雜產品智能化裝配技術應用研究[J].宇航總體技術，2018，2（1）：33-36.

[25] 鍾艷如，姜超豪，覃裕初，等．基於本體的裝配序列自動生成[J].計算機集成製造系統，2018，24（6）：1345-1356.

[26] 陶小剛．基於全三維模型的制導航空炸彈智能裝配及仿真技術研究[D].瀋陽：瀋陽理工大學，2018.

[27] 龍田．智能製造中的生產調度優化問題研究[D].綿陽：西南科技大學，2016.

[28] Qiang Su. Computer aided geometric feasible assembly sequence planning and optimizing[J].International Journal of Advanced Manufacturing Technology，2007，33（1-2）：48-57.

[29] G. Bala Murali, B. B. V. L. Deepak, M. V. A. Raju Bahubalendruni, et al. Optimal assembly sequence planning using hybridized immune-simulated annealing technique[J].Materials Today；Proceedings，2017，4（8）：8313-8322.

[30] 古天龍，張勁．基於模型檢驗集成規劃系統的機械裝配序列規劃[J].計算機集成製造系統，2008，14（9）：1781-1790.

[31] Somaye Ghandi, Ellips masehian. A breakout local search（BLS）method for solving the assembly sequence planning problem[J].Engineering Applications of Artificial Intelligence，2015，39：245-266.

[32] Ismail Ibrahim, Zuwaine Ibrahim, Hamzah Ahmad, et al. An assembly sequence planning approach with a rule-based multi-state gravitational search algorithm[J].International Journal of Advanced Manufacturing Technology，2015，79（5-8）：1363-1376.

[33] Shana Shiang-Fong Smith, Greg C. Smith, Xiaoyun Liao. Automatic stable assembly sequence generation and evaluation[J].Journal of Manufacturing Systems，2001，20（4）：225-235.

[34] 徐周波，肖鵬，古天龍，等．基於混沌混合算法的裝配序列規劃[J].計算機集成製造系統，2015，21（12）：3200-3208.

[35] Y. Wang, J. H Liu. Chaotic particle swarm optimization for assembly sequence planning[J].Robotics and Computer-Integrated Manufacturing，2010，26（2）：212-222.

[36] 李明宇，吳波，胡友民．一種混合算法在裝配序列規劃中的應用研究[J].機械科學與技術，2014，33（5）：647-651.

[37] Hui Wang, Yiming Rong, Dong Xiang. Mechanical assembly planning using ant colony optimization[J].Computer-Aided Design，2014，47（2）：59-71.

[38] 曾冰，李明富，張翼．基於改進螢火蟲算法的裝配序列規劃方法[J].計算機集成製造系統，2014，20（4）：799-806.

[39] Chien-Cheng Chang, Hwai-En Tseng, Ling-Peng Meng. Artificial immune systems for assembly sequence planning exploration[J].Engineering Applications of Artificial Intelligence，2009，22（8）：1218-1232.

[40] Hanye Zhang, Haijiang Liu, Lingyu Li. Research on a kind of assembly sequence planning based on immune algorithm and particle swarm optimization Algorithm[J].International Journal of Advanced Manufacturing Technology，

2014, 71（5-8）: 795-808.

[41] X. F. ZHA, S. Y. E. LIM, S. C. FOK. Integrated knowledge-based Petri net intelligent fexible assembly planning[J]. Journal of Intelligent Manufacturing, 1998, 9（3）: 235-250.

[42] Tianyang Dong, Ruofeng Tong, Ling Zhang, et al. A knowledge-based approach to assembly sequence planning[J]. International Journal of Advanced Manufacturing Technology, 2007, 32（11-12）: 1232-1244.

[43] Elise Gruhier, Frederic Demoly, Olivier Dutartre, et al. A formal ontology-based spatiotemporal mereotopology for integrated product design and assembly sequence planning[J]. Advanced Engineering Informatics, 2015, 29（3）: 495-512.

[44] Yung-Yuan Hsu, Pei-Hao Tai, Min-Wen Wang, et al. A knowledge-based engineering system for assembly sequence planning[J]. International Journal of Advanced Manufacturing Technology, 2011, 55（5-8）: 763-782.

[45] 李榮, 付宜利, 封海波. 基於連接結構知識的裝配序列規劃[J]. 計算機集成製造系統, 2008, 14（6）: 1130-1135.

[46] 劉林, 賈慶浩, 熊志勇. 基於工程語義的虛擬裝配序列規劃[J]. 機械設計與製造, 2013（8）: 44-47.

[47] Ming C. Leu, Hoda A. Elmaraghy, AndrewY. C. Nee, et al. CAD model based virtual assembly simulation, planning and training[J]. CIRP Annals-Manufacturing Technology, 2013, 62（2）: 799-822.

[48] Sotiris Makris, George Pintzos, Loukas Rentzos, et al. Assembly support using AR technology based on automatic sequence generation[J]. CIRP Annals-Manufacturing Technology, 2013, 62（1）: 9-12.

[49] Rainer Müller, Matthias Vette, Leenhard Hörauf, et al. Consistent data usage and exchange between virtuality and reality to manage complexities in assembly planning[J]. Procedia Cirp, 2016, 44: 73-78.

[50] Li-Ming Ou, Xun Xu. Relationship matrix based automatic assembly sequence generation from a CAD model[J]. Computer-Aided Design, 2013, 45（7）: 1053-1067.

[51] ZhouPing Yin, Han Ding, HanXiong Li, et al. A connector-based hierarchical approach to assembly sequence planning for mechanical assemblies[J]. Computer-Aided Design, 2003, 35（1）: 37-56.

[52] Wang Hui, Xiang Dong, GuangHong Duan, et al. Assembly planning based on semantic modeling approach[J]. Computers in Industry, 2007, 58（3）: 227-239.

[53] 于嘉鵬, 王健熙. 基於遞歸循環的層次化爆炸圖自動生成方法[J]. 機械工程學報, 2016, 52（13）: 175-188.

[54] Kyoung-Yun Kim, Hyungjeong Yang, Dong-Won Kim. Mereotopological assembly joint information representation for collaborative product design[J]. Robotics and Computer Integrated Manufacturing, 2008, 24（6）: 744-754.

[55] Elise Gruhier, Frederic Demoly, Samuel Gomes. A spatiotemporal information management framework for product design and assembly process planning reconciliation[J]. Computers in Industry, 2017, 90: 17-41.

[56] 孟瑜, 古天龍, 常亮, 等. 面向裝配序列規劃的裝配本體設計[J]. 模式識別與人工智能, 2016, 29（3）: 203-215.

[57] Romeo M Marian, Lee HS Luong, Kazem Abhary. Assembly sequence planning and optimisation using genetic algorithms Part I. Automatic generation of feasible assembly sequences [J]. Applied Soft Computing Journal, 2003, 2 (3): 223-253.

[58] Tianyang Dong, Ruofeng Tong, Ling Zhang, et al. A collaborative approach to assembly sequence planning[J].Advanced Engineering Informatics, 2005, 19 (2): 155-168.

[59] Qiang Su. A hierarchical approach on assembly sequence planning and optimal sequences analyzing [J]. Robotics and Computer-Integrated Manufacturing, 2009, 25 (1): 224-234.

[60] Mohamed Kashkoush, Hoda Elmaraghy. Knowledge-based model for constructing master assembly sequence [J]. Journal of Manufacturing Systems, 2015, 34: 43-52.

[61] Yoonho Seo, Dongmok Sheen, Taioun Kim. Block assembly planning in shipbuilding using case-based reasoning[J].Expert Systems with Applications, 2007, 32 (1): 245-253.

[62] Shipeng Qu, Zuhua Jiang, Ningrong Tao. An integrated method for block assembly sequence planning in shipbuilding[J].International Journal of Advanced Manufacturing Technology, 2013, 69 (5-8): 1123-1135.

[63] 王禮健, 錢衛榮, 王煒華. 基於連接關係穩定性的子裝配體識別[J].航空製造技術, 2012 (3): 87-91.

[64] Frederic Demoly, Xiu-Tian Yan, Benoit Eynard, et al. An assembly oriented design framework for product structure engineering and assembly sequence planning [J]. Robotics and Computer-Integrated Manufacturing, 2011, 27 (1): 33 46.

[65] 袁寶勛, 褚學寧, 李玉鵬, 等. 基於產品設計數據的裝配序列定量化評價方法[J].計算機集成製造系統, 2014, 20 (4): 807-816.

[66] Shana Smith, Li-Yen Hsu, Gregory C. Smith. Partial disassembly sequence planning based on cost-benefit analysis [J]. Journal of Cleaner Production, 2016, 139: 729-739.

[67] 嚴雋琪. 製造系統信息集成技術[M].上海: 上海交通大學出版社, 2001: 3-5.

[68] Mo Jianzhong, Cai Jianguo, Zhang Zongmao, et al. DFA-oriented assembly relation modeling [J]. International Journal of Computer Integrated Manufacturing, 1999, 12 (3): 238-250.

[69] Somayé Ghandi, Ellips Masehian. Assembly sequence planning of rigid and flexible parts[J].Journal of Manufacturing Systems, 2015, 36 (7): 128-146.

[70] 陳大亨, 張彪, 宮華. 基於粒子群優化算法的裝配序列規劃研究[J].瀋陽理工大學學報, 2016, 35 (4): 8-41.

[71] Frederic Demoly, Aristeidis Matsokis, Dimitris Kiritsis. A mereotopological product relationship description approach for assembly oriented design[J]. Robotics and Computer-Integrated Manufacturing, 2012, 28 (6): 681-693.

[72] 譚光宇, 李廣慧, 陳棟. 基於圖的子裝配識別與裝配序列規劃[J].機器人, 2001, 23 (1): 68-72.

[73] D. F. Baldwin, T. E. Abell, M. -C. M. Lui, et al. An integrated computer aid for Gener-ating and Evaluating Assembly Sequences for Me-chanical Products [C]. IEEE Transactions on Robotic-s and Automation, 1991, 7 (1): 78-79.

[74] 胡小梅, 朱文華, 俞濤. 基於有向約束圖

的裝配序列並行化方法研究[J].機械設計與製造，2010，4：163-165.

［75］ 劉翔，李世其，王峻峰，等 . 產品分層分級的交互式拆卸裝配序列規劃[J].計算機集成製造系統，2014，20（4）：785-792.

［76］ Gottipolu R B，Ghosh K. An integrated approach to the generation of assembly sequences [J]. International Journal of Computer Application in Technology，1995，8（3/4）：125-138.

［77］ Y. Z. Zhang，J. Ni，Z. Q. Lin，et al. Automated sequencing and sub-assembly detection in automobile body assembly planning [J]. Journal of Materials Processing Technology，2002，129（1-3）：490-494.

［78］ 王成恩，于宏，于嘉鵬，等 . 複雜產品裝配規劃系統[J].計算機集成製造系統，2011，17（5）：952-960.

［79］ Seyda Topaloglu，Latif Salum，Aliye Ayca Supciller. Rule-Based Modeling and Constraint Programming Based Solu-tion of The Assembly Line Balancing Problem [J]. Expert Systems with Applications，2012，39：3484-3493.

［80］ 李燦林，蔡銘，童若鋒，等 . 基於規則和爆炸圖的裝配序列規劃[J].計算機輔助設計與圖形學學報，2004，16（8）：1106-1113.

［81］ Bonneville F，Perrard C，Henrioud J M. A Genetic Algorithm to Generate and Evaluate Assembly Plans［C］.Proceedings of the IEEE Symposium on Emerging Technology and Factory Automation. New Jersey，USA，1995：231-239.

［82］ Chen Shiangfong，Yong-Jin Liu. A Multi-Level Genetic Assembly Planner［C］.Proceedings of the 2000 Design Engineering Technical Conference. Baltimore，USA，2000：10-13.

［83］ 韓曉東，蔡勇，蔣剛 . 基於改進的遺傳算法的裝配序列規劃[J].機械設計與製造，2009，3：212-214.

［84］ G. Dini，F. Failli，B. Lazzerini，et al. Generation of Optimized Assembly Sequences Using Genetic Algotithms [J]. Annals of CIRP，1999，48（1）：17-20.

［85］ 魏巍，郭晨，段曉東，等 . 基於蟻群遺傳混合算法的裝配序列規劃方法[J].系統仿真學報，2014，26（8）：1684-1691.

［86］ 董天陽，童若鋒，張玲，等 . 基於知識的智能裝配規劃系統[J].計算機集成製造系統，2005，11（12）：1692-1697＋1768.

［87］ Kyoung-Yun Kim，Hyungjeong Yang，Dong-Won Kim. Mereotopological assembly joint information representation for collaborative product design[J].Robotics and Computer-Integrated Manufacturing，2008，24（6）：744-754.

［88］ Dong Yang，Rui Miao，Wu Hongwei，et al. Product configuration knowledge modeling using ontology Web language [J]. Expert Systems with Applications，2009，36（3）：4399-4411.

［89］ Kyoung-Yun Kim，David G. Manley，Hyungjeong Yang. Ontology-based assembly design an dinformation sharing for collaborative product development [J].Computer-Aided Design，2006，38（12）：1233-1250.

［90］ 劉德忠，費仁元 . 裝配自動化（第 2 版）[M].北京：機械工業出版社，2007.

［91］ 李紹炎 . 自動機與自動線（第 2 版）[M].北京：清華大學出版社，2015.

［92］ 鍾元 . 面向製造和裝配的產品設計指南（第 2 版）[M].北京：機械工業出版社，2016.

［93］ [美]傑弗里 · 布斯羅伊德等 . 面向製造及裝配的產品設計[M].林宋譯 . 北京：機械工業出版社，2015.

［94］ 周驥平，林崗 . 機械製造自動化技術[M].

北京：機械工業出版社，2014.

[95] 張冬泉，鄂明成．製造裝備及其自動化技術[M].北京：科學出版社，2017.

[96] 何用輝．自動化生產線安裝與調試[M].北京：機械工業出版社，2015.

[97] ［美］傑弗里·布斯羅伊德．裝配自動化與產品設計[M].熊勇家等譯．北京：機械工業出版社，2009.

[98] 馬凱，肖洪流．自動化生產線技術[M].北京：化學工業出版社，2017.

[99] 張春芝．自動生產線組裝、調試與程序設計[M].北京：化學工業出版社，2011.

[100] 李玉和，劉志峰．微系統自動化裝配技術[M].北京：電子工業出版社，2008.

[101] ［美］理查德·克勞森．裝配工藝——精加工、封裝和自動化[M].熊永家等譯．北京：機械工業出版社，2008.

[102] 劉文波，陳白寧，段智敏．火工品自動裝配技術[M].北京：國防工業出版社，2010.

[103] 陳繼文，王琛，于復生等．機械自動化裝配技術[M].北京：化學工業出版社，2019.

[104] 丁博，于曉洋，孫立鎬，等．基於本體的協同裝配關係模型[J].哈爾濱理工大學學報，2013，18（4）：42-46.

[105] 楊奇彪，楊志宏，劉長安，等．基於面接觸特性的裝配方向的自動識別和提取[J].山東大學學報（工學版），2010，40（1）：73-77.

[106] 韓志仁，梁文馨，劉春峰，等．基於CATIA裝配件位置信息提取與重構技術研究[J].航空製造技術，2016（11）：103-105＋109.

[107] 周江奇，來新民，金隼，等．基於產品模型數據交換標準的裝配連接關係識別和提取[J].計算機集成製造系統，2006，12（8）：1203-1210.

[108] 方坤禮，蔣曉英．基於實例推理的機床專用夾具虛擬裝配技術[J].機電工程，2009，26（8）：25-26＋36.

[109] 張影，周江奇，金隼，等．基於實例的推理在車身裝配順序規劃中的應用[J].機械，2005，32（2）：37-39.

[110] 張禹，白曉蘭，張朝彪，等．基於實例推理的數控車床智能模塊組合方法[J].機械工程學報，2014，50（1）：120-129.

[111] 于嘉鵬，王成恩，張聞雷，等．基於優先規則篩選的裝配序列規劃方法[J].東北大學學報（自然科學版），2009，30（11）：1636-1640.

[112] 李燦林，蔡銘，童若鋒，等．基於規則和爆炸圖的裝配序列規劃[J].計算機輔助設計與圖形學學報，2004，16（8）：1106-1113.

[113] 付宜利，田立中，儲林波．基於模糊評判的裝配序列生成[J].哈爾濱工業大學學報，2002，34（6）：739-742.

[114] 馬紅占，褚學寧，劉振華，等．基於人因仿真分析的裝配序列評價模型及應用[J].中國機械工程，2015，26（5）：652-657.

[115] 張嘉易，王成恩，馬明旭，等．產品裝配序列評價方法建模[J].機械工程學報，2009，45（11）：218-224.

[116] Tönshoff H. K, Menzel E, Park H. S. A knowledge-based system for automated assembly planning[J].CIRP Annals-Manufacturing Technology，1992，41（1）：19-24.

[117] 李榮，付宜利，封海波．基於連接結構知識的裝配序列規劃[J].計算機集成製造系統，2008，14（6）：1130-1135.

[118] Rudi Studer, V Richard Benjamins, Dieter Fensel. Knowledge Engineering: Principles and methods[J].Data and Knowledge Engineering，2008，25（1-2）：167-197.

[119] Thomas R. Gruber. Towards principles for the design of ontologies used for knowledge sharing[J].International Journal of Human-Computer Stud-

ies，1995，43（5/6）：907-928.

［120］ 賈慶浩．基於工程語義的虛擬裝配序列
規劃[D].廣州：華南理工大學，2012：
20-22.

［121］ ALLEN J. Maintaining knowledge a-
bout temporal intervals[J].Communica-
tions of the ACM，1983，26（11）：
832-843.

［122］ 萬昌江，古颺，魯玉軍．語義推理驅動
的協同裝配技術[J].計算機集成製造系
統，2010，16（9）：1852-1858.

［123］ 呂美玉，侯文君，李翔基．智能裝配工
藝規劃中的層次化裝配語義模型[J].東華
大學學報（自然科學版），2010，36
（4）：371-375＋401.

［124］ 段振雲，郭凱，王琪．基於 SolidWorks
的二次開發創建協同設計系統[J].組合機
床與自動化加工技術，2007，2：110-
112.

［125］ 平功輝，楊關良，歐陽清．利用 VB 對
SolidWorks 的二次開發[J].機械設計與
製造，2006，1：73-75.

［126］ 王文波，涂海寧，熊君星．SolidWorks
2008 二次開發基礎與實例（VC＋＋）
[M].北京：清華大學出版社，2009.

［127］ 于洋，賀棟，魏蘇麒．基於 SolidWorks
二次開發的智能裝配技術研究[J].機械設
計與製造，2011（3）：60-62.

［128］ 萬昌江，李仁旺．基於端口自動匹配的
產品智能裝配建模技術[J].計算機集成製
造系統，2011，17（7）：1389-1396.

［129］ 何來坤，繆健美，劉禮芳，等．基於
Ontology 與 Jena 的研究綜述[J].杭州師
範大學學報（自然科學版），2013，12
（5）：467-473.

［130］ 萬佳佳．裝配序列規劃的知識與編碼研
究[D].武漢：華中科技大學，2015.

［131］ 景武，趙所，劉春曉．基於 DELMIA 的
飛機三維裝配工藝設計與仿真[J].航空製
造技術，2012，12：80-86.

［132］ 譚慧猛，朱文華，王琛，等．DELMIA 在

支線飛機概念總裝仿真中的應用[J].機械
設計與製造，2010，1：86-88.

［133］ Wen-Chin Chen，Pei-Hao Tai，Wei-
Jaw Deng，et al. A three-stage inte-
grated approach for assembly se-
quence planning[J].Expert Expert Sys-
tems with Applications，2008，34：
1777-1786.

［134］ Dalvi Santosh D. Optimization of As-
sembly Sequence Plan Using Digital
Prototyping and Neural Network [J].
Procedia Technology，2016，23：
414-422.

［135］ Wen-Chin Chen，Yung-Yuan Hsu，Ling-
Feng Hsieh，et al. A systematic opti-
mization approach for assembly se-
quence planning using Taguchi meth-
od，DOE，and BPNN[J].Expert Sys-
tems with Applications，2010，37：
716-726.

［136］ 張晶，崔漢國，朱石堅．基於人工神經
網絡的裝配序列規劃方法研究[J].武漢理
工大學學報（交通科學與工程版），
2010，34（5）：1053-1056.

［137］ ［美］盧格（Luger G. F.）．人工智能：
複雜問題求解的結構和策略[M].郭茂祖等
譯．北京：機械工業出版社，2009.

［138］ ［美］羅素（Russell S. J.），［美］諾
維格（Norvig P.）．人工智能：一種現
代的方法（第 3 版）[M].殷建平等譯．北
京：清華大學出版社，2013.

［139］ Wen-Chin Chen，Yung-Yuan Hsu，
Ling-Feng Hsieh，etc. A systematic
optimiz sequence planning using
Taguchi rnethod，DOE，and BPNN
［J］. Expert Systems with 726.

［141］ 方清城．Matlab R2016a 神經網絡設計
與應用 28 個案例分析[M].北京：清華大
學出版社，2018.

［142］ 顧艷春．Matlab R2016a 神經網絡設計
應用 27 例 [M].北京：電子工業出版

社，2018.

[143] Matthias Amen. Heuristic methods for cost-oriented assembly line balancing: a comparison on solution quality and computing time [J]. International Journal of Production Economics, 2001, 69 (3): 255-264.

[144] Ruey-Shun Chen, Kun-Yung Lu, Pei-Hao Tai. Optimizing assembly planning through a three-stage integrated approach[J].International Journal of Production Economics, 2004, 88: 243-256.

[145] Wen-Chin Chen, Shou-Wen Hsu. A neural-network approach for an automatic LED inspection system[J].Expert Systems with Applications, 2007, 33 (3): 531-537.

[146] Tiam-Hock Eng, Zhi-Kui Ling, Walter Olson, et al. Feature based assembly modeling and sequence generation[J]. Computers and Industrial Engineering, 1999, 36 (1): 17-33.

[147] Romeo M. Marian, Lee H. S Luong, Kazem Abhary. Assembly sequence planning and optimization using genetic algorithms: Part I. Automatic generation of feasible assembly sequences[J]. Applied Soft Computing, 2003, 2 (3): 223-253.

[148] Yao S, Yan B, Chen B, et al. An ANN-based element extraction method for automatic mesh generation[J]. Expert Systems with Applications, 2005, 29 (1): 193-206.

[149] Kyoung-Yun Kim, Hyungjeong Yang, Dong-Won Kim. Mereotopological assembly joint information representation for collaborative product design[J].Robotics and Computer Integrated Manufacturing, 2008, 24 (6): 744-754.

[150] HongSeok Park. A Knowledge-Based System for Assembly Sequence Planning[J].International Journal of the Korean Society of Precision Engineering, 2000, 1: 35-42.

[151] Prajakta P. Pawar, Santosh D. Dalvi, Santosh Rane. Evaluation of Crankshaft Manufacturing Methods-An Overview of Material Removal and Additive Processes [J]. International Research Journal of Engineering and Technology, 2015, 2 (4): 118-122.

[152] Priyanka Mathad, Santoch D. Dalvi, Chandra bahu. Application of 3D CAD Modeling for Aerospace Mechanisms [J].International Journal of Multidisciplinary Research & Advances in Engineering, 2015, 7 (3), 21-36.

[153] Sudasan Rachuri, Young-Hyun Han, Sebti Foufou, et al. A Model for Capturing Product Assembly Information [J]. Journal of Computing and Information Science in Engineering, 2006, 6 (1): 11-21.

[154] Tsin-C. Kuo, Samuel H. Huang, Hong-C. Zhang. Design for manufacture and design for 'X': Concepts, applications, and perspectives[J].Computers & Industrial Engineering, 2001, 41: 241-260.

[155] Lai Hsin-Yi, Huang Chin-Tzwu. A systematic approach for automatic assembly sequence plan generation[J]. International Journal of Advanced Manufacturing Technology, 2004, 24: 752-763.

[156] Yange Liu, Wei Liu, Yimo Zhang. Inspection of defects in optical fibers based on back-propagation neural networks[J]. Optics Communications, 2001, 198 (4-6): 369-378.

[157] Maier H R, Dandy G C. Understand-

ing the behaviour and optimising the performance of back-propagation neural networks: an empirical study [J]. Environmental Modelling & Software, 1998, 13（2）: 179-191.

[158] Murata N, Yoshizawa S. Network information criterion-determining the number of hidden units for an artificial neural network model[J]. IEEE Transaction on Neural Network, 1994, 5: 865-872.

[159] 石炳坤，賈曉亮，白雪濤，等．複雜產品數字化裝配工藝規劃與仿真優化技術研究[J].航空精密製造技術，2014，50（1）: 46-48.

[160] 徐璐．複雜產品的可裝配性評價技術研究[D].瀋陽: 瀋陽理工大學，2009.

[161] 劉順濤，陳雪梅，趙正大，等．基於CATIA 二次開發的數模信息提取及組織技術研究 [J]. 航空製造技術，2014（19）: 78-80.

[162] 崔嘉嘉．時空工程語義知識驅動的產品智能裝配序列規劃研究[D].濟南: 山東建築大學，2018.

[163] 劉奧．基於 CATIA/DELMIA 的產品裝配序列規劃及仿真 [D].武漢: 華中科技大學，2014.

[164] 張興華．基於 CATIA 的數字化裝配信息建模與序列規劃研究[D].武漢: 武漢理工大學，2013.

[165] 白靜．基於語義的三維 CAD 模型可重用區域自動提取[J].計算機科學，2013，40（4）: 275-281.

[166] 施於人，鄧易元，蔣維．eM-Plant 仿真技術教程 [M].北京: 科學出版社，2009: 5-8.

[167] E. Muhl, P. Charpentier, F. Chaxel. Optimization of physical flows in an automotive manufacturing plant: some experiments and issues[J].Engineering Applications of Artificial Intelli-

gence, 2003, 16（4）: 293-305.

[168] Wonjoon Choi, Yongil Lee. A dynamic part-feeding system for an automotive assembly line[J].Computer & Industrial Engineering, 2002, 43（1-2）: 123-134.

[169] Marshall L. Fisher, Christopher D. Ittner. The impact of Product Variety on Automotive Assembly Operation: Empirical Evidence and Simulation Analysis[J].Management Science, 1999, 45（6）: 771-786.

[170] Ricardo Mateus, J. A Ferreira, Joao Carreira. Multicrieia decision analysis（MCDA）: Central Porto high-speed railway station[J].European Journal of Operational Research, 2008, 187（10）: 1-18.

[171] Ming Miin Yu, Erwin T. J. Lin. Efficiency and effectiveness in railway performance using a multi-activity network DEA model[J].Omega, 2008, 36（6）: 1005-1017.

[172] 曹振新，朱雲龍．混流轎車總裝配線上物料配送的研究與實踐[J].計算機集成製造系統，2006，12（2）: 285-291.

[173] 黃剛，邵新宇，饒運清．多目標混流裝配計劃排序問題[J].華中科技大學學報（自然科學版），2007，35（10）: 84-86.

[174] 蘇子林．車間調度問題及其進化算法分析[J].機械工程學報，2008，44（8）: 242-247.

[175] 范華麗，熊禾根，蔣國璋，等．動態車間作業調度問題中調度規則算法研究綜述[J].計算機應用研究，2016，33（3）: 648-653.

[176] 李豆豆．生產調度的啓發式規則研究綜述[J].機械設計與製造工程，2014，43（2）: 51-56.

[177] 王寶璽，賈慶祥．汽車製造工業學[M].

北京：機械工業出版社，2007：120-125.

[178] 戴伯堯．基於 Plant Simulation 模具生產車間調度策略仿真研究[D].廣州：廣東工業大學，2012.

[179] 王雷頂．面向汽車總裝生產線的仿真研究與應用[D].南京：南京航空航天大學，2016.

[180] 劉偉．某重卡總裝車間多品種混線生產工藝方案優化及設計[D].北京：清華大學，2013.

[181] 高貴兵，岳文輝，張道兵，等．基於馬爾可夫過程的混流裝配線緩衝區容量研究[J].中國機械工程，2013，24（18）：2524-2528.

[182] 黃鵬，唐火紅，何其昌，等．混流汽車裝配線緩存區配置優化[J].合肥工業大學學報（自然科學版），2017（9）：1168-1171＋1268.

[183] 謝展鵬．基於候鳥優化算法的有限緩衝區流水車間調度優化研究[D].武漢：華中科技大學，2015.

[184] 李華．基於 eM-Plant 的汽車焊裝生產線仿真與優化技術研究[D].成都：西南交通大學，2013.

[185] Nima Hamta, S. M. T. Fatemi Ghomi, F Jolai, et al. A hybrid PSO algorithm for a multi-objective assembly line balancing problem with flexible operation times, sequence-dependent setup times and learning effect[J].International Journal of Production Economics，2013，141（1）：99-111.

[186] Arya Wirabhuana, Habibollah Haron, Muhammad Rofi Imtihan. Simulation and Re-Engineering of Truck Assembly Line [C].Second Asia International Conference on Modelling & Simulation. IEEE Computer Society, 2008, 783-787.

[187] S. Santhosh Kumar, M. Pradeep Kumar. Cycle Time Reduction of a Truck Body Assembly in an Automobile In-dustry by Lean Principles[J].Procedia Materials Science，2014，5：1853-1862.

[188] 樂美龍，于航，張少凱．裝卸同步工藝下的集卡配置仿真研究[J].江蘇科技大學學報（自然科學版），2013（6）：596-601.

[189] Harun Resit Yazgan, Semra Boran, Kerim Goztepe. Selection of dispatching rules in FMS: ANP model based on BOCR with choquet integral[J].The International Journal of Advanced Manufacturing Technology，2010，49（5-8）：785-801.

[190] 陳廣陽．汽車生產線緩衝區設計及排序問題研究[D].武漢：華中科技大學，2007.

[191] 韓建明．混合型汽車裝配線的重排序方法研究[D].南京：東南大學，2015.

[192] 黃國安．基於 Plant Simulation 的汽車混流裝配線仿真研究與優化[D].濟南：山東大學，2012.

[193] 何家盼．多品種柔性化裝配線設計與仿真研究[D].蘇州：蘇州大學，2014.

[194] 林巨廣，武文杰，蔡磊，等．基於 Plant Simulation 的白車身側圍焊裝線仿真與優化[J].組合機床與自動化加工技術，2015（8）：111-114.

[195] 李愛平，郭海濤．基於 Plant Simulation 仿真的汽車裝配生產系統返修調度分析[J].中國工程機械學報，2018，16（1）：75-81.

[196] 蔡磊．基於遺傳算法的汽車焊裝線平衡研究及仿真驗證[D].合肥．合肥工業大學，2016.

[197] 王振江．作業車間調度屬性選擇及調度規則挖掘方法研究[D].北京：北京化工大學，2016.

[198] 安玉偉，嚴洪森．汽車同步裝配線生產計劃與調度集成優化[J].控制與決策，2011，26（5）：641-649.

[199] Min Liu, Cheng Wu. Genetic algorithm using sequence rule chain for multi-objective optimization in re-entrant micro-electronic production line [J]. Robotics and Computer-Integrated Manufacturing, 2004, 20（3）: 225-236.

[200] Hong-Sen Yan, Qi-Feng Xia, Min-Ru Zhu, et al. Integrated Production Planning and Scheduling on Automobile Assembly Lines [J]. IISE Transactions, 2003, 35（8）: 711-725.

[201] Vinodh Sankaran. A particle swarm optimization using random keys for flexible flow shop scheduling problem with sequence dependent setup times[D]. Clemson University, 2009.

[202] Grangeon N, Leclaire P, Norre S. Heuristics for the re-balancing of a vehicle assembly line[J]. International Journal of Production Research, 2011, 49（22）: 6609-6628.

[203] Liu Ai Jun, Yang Yu, Liang Xue Dong, et al. Dynamic Reentrant Scheduling Simulation for Assembly and Test Production Line in Semiconductor Industry [J]. Advanced Materials Research, 2010, 97-101: 2418-2422.

[204] Luis Pinto Ferreira, Enrique Ares Gómez, Gustavo C. Pelaez Lourido, et al. Analysis and optimisation of a network of closed-loop automobile assembly line using simulation[J]. International Journal of Advanced Manufacturing Technology, 2012, 59（1-4）: 351-366.

機電產品智慧化裝配技術

作　　者：陳繼文、楊紅娟、張進生

發 行 人：黃振庭

出 版 者：崧燁文化事業有限公司

發 行 者：崧燁文化事業有限公司

E-mail：sonbookservice@gmail.com

粉 絲 頁：https://www.facebook.com/
　　　　　sonbookss/

網　　址：https://sonbook.net/

地　　址：台北市中正區重慶南路一段六十一號八
　　　　　樓 815 室

Rm. 815, 8F., No.61, Sec. 1, Chongqing S. Rd.,
Zhongzheng Dist., Taipei City 100, Taiwan

電　　話：(02) 2370-3310

傳　　真：(02) 2388-1990

印　　刷：京峯彩色印刷有限公司（京峰數位）

律師顧問：廣華律師事務所 張珮琦律師

國家圖書館出版品預行編目資料

機電產品智慧化裝配技術 / 陳繼
文 , 楊紅娟 , 張進生著 . -- 第一版 .
-- 臺北市：崧燁文化事業有限公司 ,
2022.03
　　面；　公分
POD 版
ISBN 978-626-332-126-7(平裝)
1.CST: 機械製造 2.CST: 人工智慧
446.89　　111001511

電子書購買

臉書

定　　價：500 元

發行日期：2022 年 03 月第一版

◎本書以 POD 印製